高等教育环境类专业产教融合创新教材

XIANDAI SHUIYE RENZHI YU TANSUO

现代水业认知与探索

| 曾鸿鹄　李海翔　陆燕勤　主编 |

中国环境出版集团 · 北京

图书在版编目 (CIP) 数据

现代水业认知与探索 / 曾鸿鹄，李海翔，陆燕勤主编 . —北京：中国环境出版集团，2022.6

高等教育环境类专业产教融合创新教材

ISBN 978-7-5111-5177-3

Ⅰ. ①现… Ⅱ . ①曾… ②李… ③陆… Ⅲ . ①给排水系统—高等学校—教材 Ⅳ . ① TU991

中国版本图书馆 CIP 数据核字（2022）第 102919 号

出 版 人 武德凯
责任编辑 赵楠婕
责任校对 薄军霞
装帧设计 岳 帅

出版发行 中国环境出版集团
（100062 北京市东城区广渠门内大街 16 号）
网 址：http://www.cesp.com.cn
电子邮箱：bjgl@cesp.com.cn
联系电话：010-67112765（编辑管理部）
010-67162011（第四分社）
发行热线：010-67125803，010-67113405（传真）
印 刷 玖龙（天津）印刷有限公司
经 销 各地新华书店
版 次 2022 年 6 月第 1 版
印 次 2022 年 6 月第 1 次印刷
开 本 787 × 1096 1/16
印 张 19
字 数 390 千字
定 价 76.00 元

前言

2020年9月22日，习近平主席在第75届联合国大会一般性辩论上的讲话中提出："中国将提高国家自主贡献力度，采取更加有力的政策和措施，二氧化碳排放力争于2030年前达到峰值，努力争取2060年前实现碳中和。"水务行业作为发展经济与保障民生的基础产业，在"双碳"目标背景下，进行了城市水系统全链条关键环节的碳排放量影响因素分析，以便后续核算碳排放数据，促进城市水系统节能减排目标实现。城市水系统由水源（地表水和地下水）、供水管网、自来水厂、排水管网和污水处理厂组成。在水的输送环节中，原水、供水及污水由于水质差异，在直接排放温室气体方面存在明显不同，如一般认为原水的输送系统、自来水厂生产和供水的输送系统不直接排放温室气体，而污水处理厂由于处理工艺不同排放温室气体的情况有所不同，如厌氧消化处理会在消化环节产生二氧化碳以及甲烷气体，若采用焚烧工艺，则会在燃烧时产生二氧化碳等温室气体。除直接排放外，电耗、能耗及药品消耗等间接排放也是影响碳排放的因素，并且电力、能源及药剂的碳排放因子影响都远超直接排放产生的二氧化碳、甲烷等碳排放因子，对碳排放贡献极大。应从资源转化、能源回收和低碳和谐角度，打破"以物质摧毁物质、能源摧毁能源"的传统处理模式，打造资源、能量提取及转化工厂，建立适合中国国情的面向未来城市水系统的技术体系。

每一类产业都需要相应学科和专业支持才能发展。"给排水科学与工程"是水务行业的主干学科，作为"稳经济、促发展"的社会基石，它将如何保证水的社会良性循环作为研究对象，在水量和水质两个方面中，以保证水质为优先。加强给排水科学与工程与化学和生物学的融合，保持学科传统，向城市水资源，市政水工程，建筑水工程，工业水工程，农业水工程，以及节水、节能、减排产业等方向拓展，是"双碳"目标背景下市场经济和水业发展的要求。

《现代水业认知与探索》为给排水科学与工程专业开设的一门专业技术概述类课程。设置课程的主要目的是使大学生对我国给排水科学与工程有大概的了解，增强他们的生态危机意识，提高他们的生态文明建设能力，以服务新时代国家生态文明建设重大战略；使学生比较全面地了解给排水科学与工程的内容、所涉及领域和发展情况，初步构建专业基础知识体系；提升学生的知识运用能力、知识创新能力以及解决实际问题的能力。

本书主要包括水资源利用与保护，市政管道工程系统，水处理工程，建筑给水排水工程，水工程施工及经济，水工程法律及规范，水工程设备及自控等方面的知识点；教学的重点和难点是如何融合新时代与之相关的科学研究新进展、实践新经验、社会新变化，只有将知识与文化有机融合，遵循以学生发展为中心理念，才能提高学生的知识创新能力、知识运用能力、知识创造能力和解决实际问题的能力。

参与本书编写的人员有曾鸿鹄（前言）；李海翔（拓展篇第五章）；陆燕勤（历史篇第一章、基础篇第九章）；林华（历史篇第二章）；张华和朱红祥（基础篇第四章）；许立巍、冀广鹏和宋玉峰（拓展篇第一章）；王燕舞和王晓飞（基础篇第三章、拓展篇第二章）；魏彩春和周坚毅（基础篇第七章、拓展篇第四章）；黄海涛（基础篇第五章）；赵文玉（基础篇第二章）；谢益平（基础篇第一章）；魏明蓉（基础篇第六章）；曹长春、肖何平和徐莲瑛（拓展篇第三章）；周自坚（基础篇第八章）。章节中的案例由广西博世科环保科技股份有限公司、广西环保产业投资集团有限公司、深圳市水务（集团）有限公司、北京城市排水集团有限责任公司等提供，曾鸿鹄、李海翔、陆燕勤任主编。

本书编写过程中，查阅和检索了大量期刊、新闻、论文和著作，同时还得到广西博世科环保科技股份有限公司、广西环保产业投资集团有限公司、广西壮族自治区水利电力勘测设计研究院有限责任公司、桂润环境科技股份有限公司、广西金水建设开发有限公司、北控水务集团有限公司等企业的多位专家学者的鼎力支持，在此一并表示感谢。本书的出版得到了桂林理工大学生态环保现代产业学院、岩溶地区水污染控制与用水安全保障协同创新中心、水污染控制国家级实验教学示范中心、环境污染防治与生态保护国家级虚拟仿真实验教学示范中心、桂林理工大学教材建设基金等的经费资助。

因笔者水平有限，文中的不当之处在所难免，欢迎批评指正。

目录

—— 历 史 篇 ——

—— 基 础 篇 ——

—— 拓展篇 ——

历史篇

第一章　现代水业的发展

一、水业

水是人类生存和发展不可或缺的物质资源和战略性经济资源。水务行业（简称水业）关系国计民生，与人们的日常工作、生活息息相关，是社会进步和经济发展的重要支柱。

广义的水务行业主要从事原水保护、原水掘取、引水、制水、供水、用水、排水、污水处理、中水回用、水库设施建设、防洪灌溉、农田水利、水土保持等涉水单位或机构。狭义的水务行业一般仅从事引水、制水、供水、用水、排水、污水处理、中水回用等涉水单位或机构。

水务行业是从事水生产、污水处理等的企业或者行业的总称，是指由原水、供水、节水、排水、污水处理及水资源回收利用等企业构成的行业。水务行业产业链包括设备及配套材料供应、水务设施建设及运营、水务终端市场，如图 1-1 所示。

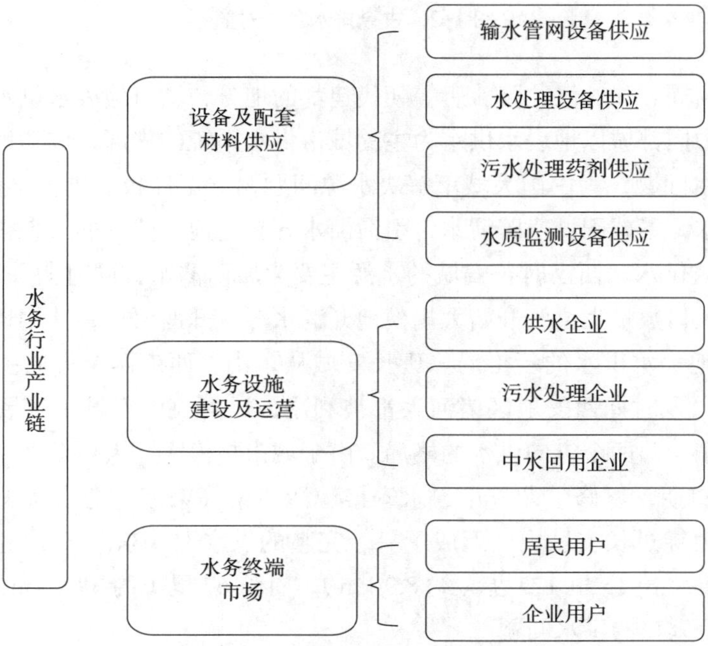

图 1-1　水务行业产业链

二、国内外水业概况

（一）中国水业发展

1. 古代水业

公元前 1600 年的商城（位于现在的河南省郑州市）曾是商朝的都城。考古发现城内北部和东北部为宫殿区，宫殿区东部建有蓄水池和输水管道等贮水设施，用以保证该区域的用水。安阳殷墟遗址下水道的三通结构，与今天市场上出售的家用下水道三通结构几乎一模一样（图 1-2）。春秋战国时期，中国城市排水技术有了巨大进步，《考工记》中写道："窦，其崇三尺。"这里所说的"窦"，是指宫中下水道。战国时期的城市中已有陶质的排水沟渠，称"陶窦"。

殷墟遗址陶质地下水道水管三通结构

现代铸铁排水管三通结构

图 1-2　古今排水管件对照

西安是西周、秦、汉、隋、唐等朝代建都的地方，城市地表水供水系统十分完备，开创了中国都城以地表水供水为主的城市供水系统的先河，成功地解决了古代大城市的供水问题，为中国大城市解决水源问题树立了样板。周代丰镐横跨沣水，依靠沣河供水。秦咸阳城横跨渭水，引渭河水开凿兰池，建立的人工蓄水库，为咸阳城东南地区供水。西汉时长安城的水源主要为城西潏水，同时凿井饮用地下水。到了东汉，人口数量大增，开始大规模地开辟水源，开凿渠道，饮用地面水，开辟了中国城市地表水供水的新格局。唐长安城从东南、西南两个方向引水入城，渠道密如蛛网，该时期西安地区诸河大都被利用，以解决西安城市发展中的供水问题，奠定了东、西两个方向供水的格局。由于城市规模大，人口众多，在城市供水方面，唐朝初期，整修了龙首渠、永安渠、清明渠等渠道，把水从长安城外引入城内，各渠道穿过长安城内，形成了一个完整的供水网，东西长 18 里 115 步（约 10.6 km），南北长 15 里 175 步（约 8.9 km），周长 67 里（约 38.6 km），妥善解决了长安城百万人口的供水问题。

广州最早的"自来水"工程出现在北宋，苏东坡贬居惠州时，恰逢广州瘟疫流行，全城苦无清洁水源，知州王古（字敏仲）向他求助，曾到白云山一游的苏学士建议王古在蒲涧的山岩下置一大石槽储水，用五根竹管驳接相连，随地高下，直入城中。竹子之间以麻缠之，漆涂之。在广州城中，则设一接水大石槽，将水储蓄起来。然后，再用五竹管将水分散引入城中各个方位，并设小石槽盛之，以便百姓汲取。同时，建议施工时在每根竹管上钻一个小孔，塞上绿豆，然后用竹钉封上，这样一旦竹管堵塞，很容易就能查出具体的堵塞部位。这便是广州最早的“自来水”工程。

2. 古代净水技术

我国唐代陆羽的《茶经·四之器》中有一段关于饮茶用水处理的阐述：“漉水囊若常用者，其格以生铜铸之，以备水湿，无有苔秽腥涩。意以熟铜苔秽、铁腥涩也。林栖谷隐者或用之竹木，木与竹非持久涉远之具，故用之生铜。其囊织青竹以卷之，裁碧缣以缝之，纽翠钿以缀之，又作绿油囊以贮之，圆径五寸，柄一寸五分。”这漉水囊，就是滤水用的滤水器，可供清洁净水之用。

中国是最先采用明矾降低水的浊度的国家，正式文字记载最早见于宋应星在明崇祯十年刻印的《天工开物》一书中。

2004年，浙江永嘉县溪口乡溪二村考古发现了一套400多年前明朝晚期保留完好的古代净水系统。它由5个大小不一、排列有序的水池组成。大的水池为8 m^2，小的仅为1.56 m^2。考古人员赶赴现场发掘后发现，整个水池的四壁均用大块鹅卵石垒砌而成，5个水池深浅不一，最深的为0.75 m，最浅的为0.58 m。原水从距村七八百米远的山麓用陶质水管引入1号池。这是一个铺满沙石、瓦砾的池子，长1 m多，宽约50 cm。水经过过滤后，再流进2号池。这个池子全部用砖头砌成，里面铺的是木炭。这是否是最早的“过滤—活性炭”处理工艺有待考证，不过这一初具现代净水处理工艺雏形的净水系统的出现，让人惊叹不已。水流过这两个池子后，通过池底的水管流进3号池。3号池是5个池中最大的，它是一个边长约2 m、深约1 m的正方形池子。它既是一个可用于储水的清水池，还可作为消防水池使用。3号池的水溢出后，再流进4号池，4号池呈“凹”字形，水池周边用砖镶嵌，底下用三块圆形的石块铺平，储存的水用于饮用，造型最为精致。5号池则是用来洗涤物品的，池底有小排水孔用于排放污水。在400多年前交通闭塞的山区，当地村民就设计建造了功能齐全的“净水系统”，说明我国古代劳动人民在建筑工程和水处理工艺上已具有很高的水平。

3. 现代水业发展

在市场与政策双轮驱动下，政府和企业共同探索、不断推进，造就了中国城市水业市场化层层深入、推陈出新的发展脉络。中国现代水业的发展共经历了四个阶段。

第一阶段是1998—2001年，技术拉动，外资涌入，摸着石头过河。

在很长一段时间内，政府一直是水业建设、管理和服务的主角。在此情况下，中国水业出现了建设滞后、不适应城市现代化发展等问题；政府也逐渐不能满足城市水业巨大的投资需求。

1998 年 9 月实施的《城市供水价格管理办法》，引发了城市水业深刻而长远的变革。20 世纪 90 年代后期，中国城市水业开始以 BOT（建设—运营—移交）方式进行探索，首次将触角探进了城市水业产权领域。在深化改革的进程中，投资环节的主体逐步从政府转变为企业。这一时期的城市水业属于技术引导型产业，一些中资、外资水务企业逐步在市场中崭露头角。

第二阶段是 2002—2009 年，资本拉动，进行市场化改革。

2002 年年底，建设部颁布了《关于推进市政公用行业市场化改革的意见》，明确了以推进城市水业改革和市场化为主要方向。以招商引资为起点，逐步规范扩大市场准入，打破区域行业的垄断，中国城市水业改革进入市场化阶段。

随着改革的深入，2004 年成为水业的产权改革年，水价改革政策、特许经营管理办法、投资体制改革文件等一系列规范性政策公布；2005 年是水业改革的监管年，水业的市场监管被真正提上了政府工作日程，以投资和建设为主导的管理体系逐渐形成。

第三阶段是 2010—2013 年，环保产业被列为战略性新兴产业，在大资本时代加速发展。

这一时期处于"十一五"收官到"十二五"开局阶段。如同宏观经济一样，金融危机余波渐去，受节能减排、投资拉动、水价调整等因素的影响，中国城市水业出现新气象。"十二五"期间，对氨氮和氮氧化物的控制需求及成本管控需求有所增加，这让提标改造、精细化运营成为行业重点，污泥处理处置技术水平提高，运营管理精细化需求引起了行业关注。

2010 年 9 月，国务院下发《关于加快培育和发展战略性新兴产业的决定》，明确将节能环保产业作为战略新兴产业之一。在国家战略性新兴产业规划的推动下，在环境服务业概念的引导下，行业进行了全新发展模式的探索。服务均等性扩展了水业服务范围，城市水业的市场正在快速向城镇扩展。

第四阶段是 2014—2017 年，环境治理进入效果显现时代，跨界共生重塑产业格局，"绿水青山就是金山银山"理念引领产业方向。

在这一时期，《水污染防治行动计划》的出台，让环境治理进入效果显现时代。后续《城市黑臭水体整治工作指南》的推出，将对民众满意程度和治理效果的关注提上了新的高度，带来了水业市场高速发展的新机遇。

环保要求越来越高，国际化、资本化、生态化、互联网四重力量推动了环境产业的变革与重构，企业承担的风险也在加大，水业市场在经过了"春秋时代""战国时代"后，重回战略合作时代。企业之间从上下游、甲乙方的关系过渡到了利益共同体关系。产业建设目标是构建"共赢"的生态，实现产业从"全能高手"到结构化供给改革的转变。

（二）国外水业概况

1. 古罗马水业

国外最早的自来水系统是古罗马人发明的（图 1-3）。公元前 4 世纪，古罗马就已开始修建引水渠，在罗马帝国的繁荣时期（公元 50—300 年）修建了数量庞大的引水渠，从苏格兰到伊拉克，从高加索山脚到撒哈拉沙漠，罗马帝国的引水渠无处不在，仅在高卢地区就修建了 300 多条。这些引水渠有的长几十千米，甚至数百千米。例如，西班牙的拉斯梅德拉斯的引水渠就长达 600 km，葡萄牙的特雷斯引水渠长达 230 km。修建引水渠是一项浩大的工程。在欧洲广袤的喀斯特地区修建引水渠，必须穿越当地复杂的地貌，这意味着要建设一系列的配套设施，包括引水渠道、跨越山谷河流的桥梁、虹吸管、水库等。最后，将水渠里的水注入用混凝土做成的水窖里进行净化，净化以后又通过水渠自流到分水池。分水池中有许多隔层把水分开，分水系统把来自水源地的水用渠道分流到城市中。在整个罗马帝国时期，罗马人每人每天可以享用 1 100 L 的水，而现在一般居民用水量每人每天仅为 200～300 L。

图 1-3　古罗马供水设施

古罗马的排水系统也是闻名遐迩的（图 1-4）。即使在维苏威火山爆发时，庞贝古城广场的排水功能也能独自发挥作用。庞贝古城的街道其实也是一条开放的渠道，可以把喷水池里的水、雨水、污水排掉。古罗马人运用水力学的原理建造排污系统并对污水进行集中处理，同时随着新城市的不断扩张，排污系统也在一年一年得到完善。古罗马城大量的清洁饮用水、街道上的污水都要通过渠道处理，最后才排到台伯河。另外，古罗马人还精心设计了路面排水系统，如在四通八达的公路上铺设用于排水的路牙子和沟槽，引导路面的水流到石头砌成的露天排水沟里，略微倾斜的路基也把路面上的水引入沟渠中。罗马帝国普通居民能够随意使用露天沟渠里流动的饮用水，并且利用地下渠道把生活污水带走。虽然不是刻意设计的，但古罗马人做到了把城市供水系统和排污系统有机联系在一起，利用供水渠道溢出来的水流把城市的污水带到地下排水管中，这为之后城市动态水环境的建立树立了榜样，并且产生了深远的影响。

图 1-4　古罗马排水设施

2. 国外现代水业

国外公共供水事业已有数百年的发展历史，英国、美国和法国相继形成了各具特色的现代化水务管理模式，建立了行之有效的水制度体系。这些水制度体系以市场为基础，配以行政的手段，主要包括三方面的内容：一是水法和水权，确定水的性质和权属；二是水管理，即水管理结构与管理组织；三是水政策，即水管理部门实施水法和水权的具体措施。

（1）英国水业

英国水业已经有近 200 年的历史，经历了一条循环式的发展路径，即由私人经营到收归国有再回归私人经营，也经历了从地方分散管理到流域统一管理的历史演变。虽然总体上可以将英国城市水业的历史概括为“市政分散经营—国有化—民营化”的大变革，然而变革的每个阶段实际上都存在着各自不同的发展思路与探索实践。

①从分散到集中（1974 年以前）

在英国，供水行业的发展早于污水处理行业，城市化和工业革命引起了英国国内水需求量的增加，也造成了对水资源的破坏和对水环境的污染。面对迅猛增长的水需求和日益严重的水污染，英国水务行业开始了由私有企业接管市政水务企业，到水务行业再次公有化的过程，到1907年，英国市政部门已控制了全国供水企业81%以上的净产量。在20世纪初期和中期，水务企业的收入并没有与地方政府的整体财政预算分开，还是由地方政府决定水费收入到底用于水务运营、水质提高，还是纳入地方财政预算统一支配。

②城市水务行业民营化（1989年以后）

1989年的英国城市水务民营化改革是世界上最大、最全面的政府所有权向投资者所有权转化的改革。1979年，撒切尔夫人领导的保守党政府开始执政，推行公用事业民营化，试图解决国有时期水业污染严重、基础设施更新不足等问题。1989年，撒切尔政府将英格兰和威尔士地区几乎所有与供水和污水处理相关的资产转归投资者所有。国有时期的10个地区水务局全部改制为提供产业一体化服务的流域性大型供排水公司，其股票在伦敦证券交易所上市交易，原有的管理职责全部剥离出来由专门的政府监管部门承担；国有时期已经存在的29家仅提供供水服务的私有小型水务企业被保留下来，为原有用户供水。为配合这次城市水业的民营化改革，英国政府根据事前已颁布和实施的各项法律条文，制定了较为完备的监管体系对水务企业进行监管。政府设立了水务监管局（原水务办公室）、饮用水监察署和环境署3个独立的监管机构，分别从经济、饮用水水质和环境保护三个方面实施监管。水务监管局每5年进行一次水价定期评审，其中包括审定水务企业的资本结构是否合理，估算收益率等。

（2）美国水业

美国的供水业务最初由私人公司承接。直到1842年纽约市政府修建供水设施，将克罗顿河的水引入城中，美国才出现了早期的大型市政供水项目。到1856年，美国共有供水设施83个，其中50个属于私人所有。内战后美国由于人口迅速增长，对疾病防治和消防保障的需求逐步扩大，到1866年，美国供水设施已增加到136个，到19世纪末，供水设施的数量已经超过3 000个，其中公私约各占一半。但从1900年起，公有设施的数量开始超过私有设施的数量，公有设施逐渐占据了主导地位。美国污水处理业务的发展与供水业务不同，大部分污水处理设施建立之初就是公有的。20世纪70年代，美国联邦政府开始投入大量资金建设污水处理厂，该时期是美国污水处理厂新厂建设和旧厂改扩建的高峰期。

美国供水行业和污水处理行业是公用事业中最分散的，绝大部分污水处理设施都属于政府所有。美国城市水业经历了“私有—公私并行—公有为主”的发展历程。目前，美国多数水务系统是公有的，属于各地地方政府。市政当局和其他非私有实体控制了全国85%的供水系统，为80%的人口提供服务。私有水务企业中的投资者则拥有全美国水务资产的10%，约仅占市场份额的15%，为全国20%的人口提供服务。美国的小型社区供水系统中43%属于公有，通常由地方政府负责管理，其余属于私人所有。

（3）法国水业

法国水务行业运行模式多为民营。民营公司参与水业的常见方式有签订管理合同、特许经营和租赁经营。从很早起，法国管理供水系统就以公私合营的模式为主。19世纪末，由于市政资金缺乏，供水系统是在民间民营资金的帮助下发展起来的；到20世纪，市政资金来源拓宽，市政当局才自建供水设施并负责全部的投资和运营；近年来，公私合营模式在法国比较盛行，管网由市政当局建设，大部分资产属于市政当局，民营部分只承担运营责任。在法国，污水系统的建立与发展比供水系统滞后，也主要采取公私合营的管理方式。

三、中国水业发展

中国水业已总体进入成熟期，其中供水行业处于成熟期后期，污水治理行业处于成熟期早期。总体上，水业未来的发展机会主要在二次供水、农村环境治理、黑臭水体治理、水环境综合治理等方面。

1. 未来一段时间更多的是由央企、国资主导的投资

对类似长江大保护、黄河大保护等水务基建类项目的需求仍然很大，民营企业的投资意愿较低，国资会主导这类项目，民营企业在这个过程中主要发挥自身在效率、技术、运营等方面的优势，处在“跟随跑”的状态。

2. 无接触经济、数字经济、智慧水务将加速发展

排水管网系统的优化、管网新建/改扩建、供水管网运行调度优化、防汛排涝等应急系统的建设、消毒加氯过程的智能控制、给水管网的漏损控制都会是未来水业发展的增长点。例如，2019年，由于“水十条”和节水要求，宁波等地智能水表市场火爆。

智慧水务近几年已经成为水务行业发展的热点，资金、技术、人才等都已向该行业流动，北控水务、兴蓉股份、启迪环境、华电水务等水务集团在近几年持续布局，利用智慧水务技术提升水务业务的竞争力，这代表了行业的发展方向。

3. 城镇污水管网提质工作快速推进

2019年，住房和城乡建设部（简称住建部）等三部委联合印发的《城镇污水处理提质增效三年行动方案（2019—2021年）》提出提质增效三年目标，即“地级及以上城市建成区基本无生活污水直排口，基本消除城中村、老旧城区和城乡接合部生活污水收集处理设施空白区，基本消除黑臭水体，城市生活污水集中收集效能显著提高”。

水环境治理是一项系统性工程，也是生态理念的先行示范，单纯通过提标改造，已无法解决目前我国水环境中存在的诸如工业点源直排、农业和城市的面源污

染、合流制管网的溢流污染、污染物排放不达标、黑臭水体等问题。

我国目前的水环境问题多集中在排水管网系统中，“黑臭在水里，根源在岸上，关键是排口，核心是管网”已成为水环境治理工作的重要共识。管网提质建设一方面有助于增强截污能力，减少无序排放；另一方面也可以最大限度地减少交叉污染，直排造成的污染也可以靠污水处理厂和管网解决。

4. 资源安全保护措施将全面升级

供水安全始终是我国经济社会发展中的重要问题。新冠肺炎疫情过后，保障水生态安全仍将是我国的长期战略目标，对我国社会的可持续发展、居民的身体健康等起到重要的支撑作用，笔者认为国家仍将持续加大对水生态安全（供水、污水处理、水环境）基础设施的建设力度和资本支持力度，水生态的一体化、系统化保护与治理工作也将持续推进。

5. 污泥无害化处置设施建设将提速

污泥产量和污水处理量高度相关，污水处理量的持续增长将进一步推动污泥处置需求的增长。一般来说，处理 1 万 m^3 的污水产生的污泥量在 10 t 左右（按 80% 含水率计算）。

目前污泥无害化处置设施的建设规模与目标仍有一定差距。污泥减量化仍是目前的主流处置路线，但资源化处置是未来的发展方向。根据美国北卡罗来纳大学教堂山分校（UNC）的 Mark D. Sobse 教授的研究结果，新型冠状病毒在水中和污泥中均能存活较长时间（尤其在低温条件下）。因此，污水处理工艺中对污泥的消毒处理是防止病毒二次污染的重要工作。武汉市在 2020 年 1 月 29 日至 2 月 18 日对全市的 26 个污水处理厂增加消毒工艺，污泥消毒剂用量共计 33.69 t，这表明了国家在新冠肺炎疫情期间对污泥处置的重视。

随着国家政策从“重水轻泥”转变为“泥水并重”，我国市政污泥处理行业迎来了快速成长的黄金期。

6. 行业深化整合

现阶段我国水业集中度不高，具有企业数量众多、规模化不足、区域分散等特点，尚未形成标杆性的龙头企业，国内最大的水务集团占据的市场份额也不足 5%。针对这种现状，近年来部分大中型水务企业采用外延式扩张的方式，通过并购整合打破技术及地域限制，实现快速扩张。

领先的水务企业积极开展收并购，做大做强，拓展业务布局，强化优势地位。它们选择的收并购对象主要包括两类：一类是水务企业，包括国内地方水务企业、中小民营水务企业及国外水务企业；另一类是技术型公司，水务企业通过资本市场收购或参股水务细分领域的该类公司。前者带来市场及项目，后者带来技术和人才。

第二章　现代水业支撑专业概述

现代水业是以水业投资为核心，集设备制造、工程设计、工程管理和运营服务于一体的大型综合性水业集团群。主要涉及原水、供水、节水、排水、污水处理及水资源回收利用等产业，相关专业包括给排水科学与工程、水利工程、土木工程等，其中给排水科学与工程为重要支撑专业。

一、给排水科学与工程专业历史沿革

给排水科学与工程专业原名为给水排水工程，于1952年设立，2012年教育部修订颁布的《普通高等学校本科专业目录》（2012年）将“给水排水工程”和“给排水科学与工程”专业名称统一确定为“给排水科学与工程”。其历史沿革分为以下五个阶段。

第一个阶段，给排水科学与工程依附于土木工程，尚未独立设置专业（1952年以前）。

在中华人民共和国成立前及成立初期，高等教育中没有独立设置给排水科学与工程专业，与其相关的基本教学内容设在土木工程专业中或作为土木工程专业的一个专门化方向。这一阶段孕育了给排水科学与工程专业的雏形，为我国早期给排水科学与工程专业的建设和专业教育的发展奠定了一定的基础。

第二个阶段独立设置了专业，是给排水科学与工程探索与成长阶段（1952—1965年）。

中华人民共和国成立后，国家开始大规模经济建设，对从事城市给排水、建筑给排水和工业给排水等工程领域的专业人才有大量需求，我国从1952年起在哈尔滨工业大学、清华大学、同济大学等高校设立了第一批给排水科学与工程专业。该阶段的给排水科学与工程的专业教育的教学内容仍带有强烈的土木工程痕迹；人才培养强调适应计划经济的需求，毕业生按计划分配，强调专业对口。

第三个阶段主要在“文革”期间，给排水科学与工程专业在动荡中坚持发展（1966—1976年）。

给排水科学与工程专业的发展停滞，部分高校接受工农兵大学生，学制为三年。各高校教师仍在困难条件下为给排水事业的发展和人才培养努力工作。

第四个阶段伴随着改革开放，是给排水科学与工程专业的建设恢复与发展阶段

（1977—1996 年）。

1977 年，我国恢复高考，第一批学生入学。这一阶段最初仍以传授水的“给”“排”知识为主，即主要关注水量和水输送问题，水处理方面的内容相对薄弱，这与当时我国该领域的技术发展水平和社会需求是基本适应的。

第五个阶段是专业教育改革深化、专业建设全面发展阶段（1996 年至今）。

此阶段是我国经济建设快速推进的时期，也是给排水行业大发展时期，在此阶段，给排水科学与工程专业也得到了快速发展。随着我国和世界科技的迅速发展，新兴学科、边缘学科和高新技术层出不穷，尤其是在全球性水污染等问题突显的背景下，给排水科学与工程解决的主要问题也从以水量问题为主转变为水量水质问题并重、水质问题更为突出。

二、给排水科学与工程专业发展特征

现阶段，给排水科学与工程专业的学科基础相应地由力学转变为生物学、化学和水力学，并且在大量吸收现代生物工程、化学工程和材料工程等领域最新成果的基础上，不断向高技术水平方向发展。

（一）水环境污染和水资源短缺导致学科内涵的变化

由于水环境污染，水中存在种类众多的微量持久性有机污染物、内分泌干扰物、藻毒素、微生物污染物等复杂污染物质，微污染水处理技术的系统研究及其规模化应用已成为专业的重点任务，与此密切相关的还有出厂水的化学和生物稳定性、输配水系统的二次污染防治和安全控制等问题。电子工业、超高压锅炉、医药制剂等行业对水质的高纯度要求也给水处理技术带来了严峻的挑战。在污水处理方面，尽管生活污水，低、高浓度工业废水治理技术和工程应用已经日趋成熟，但随着国家对污水排放标准和地表水环境质量标准的升级，如何将氮、磷等营养性物质以经济、稳定、高效的方式去除仍是目前关注的热点之一。污废水及其中污染物的资源化利用也受到高度重视。给排水科学与工程专业的内涵，由原来的以研究水的供给与排放为主转变为研究以水质安全为核心的水的良性社会循环。

（二）以改善水质为目的，新工艺、新材料的发展导致学科发展方向的变化

水质问题的日益突出使给排水科学与工程领域的传统技术和工艺难以满足当前水质改善的需要，新工艺不断涌现。当前，生物技术、膜技术、高级氧化技术和生态工程技术主导了水处理技术的发展方向。在新工艺迅速发展的同时，新材料在水处理领域也得到广泛应用。新工艺、新材料的发展拓宽了专业知识领域，由此带来了学科知识体系的变革、导致学科的多元化发展。

（三）高新技术的发展成为学科发展的新增长点

当前，给排水工程设施已不再局限于传统的土木结构型设施，设备型和设备集成型设施得到快速发展。同时，电子技术、信息技术、仿真模拟技术和自动控制技术在给排水工程中也得到了广泛应用。给排水工程设施的设备化、集成化，检测手段的仪表化、实时化，运行控制的自动化、智能化和工程设计的模块化、数字化已经成为行业发展的趋势和给排水科学与工程专业发展的新增长点。

参考文献

[1] 张攀 . 城市水务市场化改革及模式的路径选择研究 [D]. 兰州：兰州大学，2012.
[2] 薛涛 . 二十年水业纵深，贯穿生态未来 [J]. 城乡建设，2018(10): 6-13.
[3] 姚勤华，朱雯霞，戴轶尘 . 法国、英国的水务管理模式 [J]. 城市问题，2006(8): 79-86.
[4] 许宏 . 古代都邑排水系统的流变 [J]. 环球人文地理，2014(18): 20-22.
[5] 刘绪义 . 古代排水系统：良心、智慧和制度的交融 [J]. 中国人大，2016(15): 52-54.
[6] 郑晓云，邓云斐 . 古代中国的排水：历史智慧与经验 [J]. 云南社会科学，2014(6): 161-164，170.
[7] 张尧娉 . 古罗马水道研究的历史考察 [J]. 史学月刊，2020(7): 105-115.
[8] 潘明娟 . 古罗马与汉长安城给排水系统比较研究 [J]. 中国历史地理论丛，2017，32(4): 76-85.
[9] 郑晓云 . 欧洲水利遗产的历史内涵与现状 [J]. 中国水利，2018(11): 61-64.
[10] 朱超 . 隋唐长安城给排水系统研究 [D]. 西安：西北大学，2010.
[11] 陶克菲，赵惠芬，汪彬彬 . 我国古代排水、排污设施的变化及发展 [J]. 中国环境管理，2014，6(2): 32-35.
[12] 靳怀堾 . 中国古代城市与水——以古都为例 [J]. 河海大学学报（哲学社会科学版），2005，7(4): 26-33.
[13] 崔福义 . 我国给排水科学与工程专业进入规范化办学新阶段 [J]. 中国给水排水，2014，12(30): 25-29.
[14] 赵伟 . 给排水科学与工程专业面临的问题及发展趋势探讨 [J]. 科技视界，2021(2): 110-112.
[15] 张晓健 . 给排水科学与工程专业概况 [J]. 给水排水，2017，43(7): 141-144.
[16] 程凯 . 水务行业十四五发展趋势预测 [EB/OL]. [2020-06-09]. https: //huanbao.bjx.com.cn/hews/20200609/1079598.shtml.

基础篇

第一章　现代水资源概述

第一节　水资源概况

一、水资源的概念和特性

（一）水资源的概念

水是地球上普遍存在的物质，是由氢、氧两种元素组成的无机物，在常温常压下为无色无味的透明液体。在标准大气压下，水常温时是液态，零度以下是固态，100℃以上是气态。水具有流动性、不可压缩性，有很好的溶解能力，水的比热较大、热导率较低，是除汞以外液体中表面张力最大的。此外，水还具有其他特殊性质。由于这些特殊性质，水在自然界中发挥了巨大的作用，也造就了其在人类社会中的重要地位。然而，水由于具有流动性大、溶解能力强等特点，在与大气、土壤、岩石和生物接触的过程中会混入和溶入许多杂质，致使自然界几乎不存在“纯粹”的水（经特殊制备者除外），故而严格来说，自然界中的“水”都是含有一定数量有机和无机杂质的稀水溶液或稀水悬浮液。

一直以来，水在人们的日常生活和社会发展中扮演着重要的角色，是人类生存和发展必不可少的物质基础。毫无疑问，水是人类和地球上一切生物生存和发展所必需的、不可替代的一种特殊资源，是基础性的自然资源、战略性的经济资源和公共性的社会资源。

19 世纪欧洲的工业革命唤醒了人类改变自身生活环境和认识世界的渴望。随着科学的进步和社会的发展，人类对水资源的需求量越来越大，对水资源的认识也越来越深刻。由于对水作为自然资源的基本属性的认识程度和认识角度的差异，关于水资源的确切含义目前尚未有统一定论。随着时代的进步，水资源的概念也在不断丰富和发展。

国际上，水资源这一名词最早出现于 1894 年美国地质调查局（USGS）设立的水资源处（WRD），其业务范围主要涵盖对地表河川径流和地下水的观测，以及对相关资料的整编和分析等，可见，此处的水资源是陆面地表水和地下水的总称。《不列颠百科全书》将水资源解释为自然界一切形态的水，包括气态、液态和固态水的总量，在 1963 年英国的《水资源法》中，认为水资源是具有足够数量的可用水。

联合国教科文组织（UNESCO）和世界气象组织（WMO）在1988年对水资源的定义是“可供利用或有可能被利用的、具有足够数量和可用质量并能适应特定地区水需求且能长期供应的水源”。在2002年8月29日第九届全国人民代表大会常务委员会第二十九次会议通过修订的《中华人民共和国水法》指出，水资源包括地表水和地下水。显然，各方对水资源概念的认识存在着显著的差异，究其根本，还是因为水资源的储量有限，却用途广泛且不可替代，各方都对其十分重视。但它具有多种赋存环境和复杂转化机制，因此，从不同侧面给出的水资源的定义及其评价口径缺乏内在的一致性和层次性。

综上所述，水资源的定义有广义和狭义之分。广义的水资源是指地球上所有的水，即自然界中各种形态（气态、固态或液态）的水，不论它以何种形式、何种状态存在，都能够被直接或间接地利用，是人类社会的财富，属于自然资源的范畴。狭义的水资源是指人类在一定的经济技术条件下能够直接开发与利用的水。此外，狭义的水资源除了考虑水量还要考虑水质，不符合水质使用标准或在现有技术和经济条件下难以达到使用标准的水也不能视为水资源。

极地冰川是地球上最大的淡水资源库，但是由于远离人类聚居区，其利用很不经济；山地冰川利用起来虽然较极地冰川容易，但直接利用时会对环境造成不可恢复的破坏，因而只能利用自然融化的山地冰川水；海洋拥有地球上绝大部分水，但由于其含盐量高，仅少量应用于海水淡化、直接冲厕或工业冷却，还没有被人类大规模地利用。因此，不是任何地方、任何状态的水都是水资源。通常认为，自然界中的水，只有同时具备3个特性时才能被称为水资源：①可使用性，可作为生产资料或生活资料使用；②可获得性，在现有技术、经济条件下可以得到；③天然性，是天然（自然）形成的。

综上所述，“水资源”较为准确且完整的定义是人类长期生存、生活和生产活动中所需要的各种水，既包括对数量和质量的要求，又包括其使用价值和经济价值。鉴于水资源的固有属性，本书所论述的水资源主要是指狭义水资源，即与人类生活和生产活动、社会进步息息相关的淡水资源。

（二）水资源的特性

水是自然界重要组成物质，是环境中最活跃的要素，它不停地运动且积极参与自然环境中的一系列物理、化学和生物过程。水资源是在水循环背景下，随时空变化的动态自然资源，具有与其他自然资源不同的特性。

1. 循环性和可恢复性

水资源与固体资源的本质区别在于其流动性。水在太阳辐射及地球气象因素的作用下，会在气态、液态、固态三种形态下不断地转化、迁移，形成水的循环，使地球上的各类水体不断得到补给、更新，使水资源呈现循环性。在现代水文循环过程中，地表水、地下水始终处于流动状态，不断将系统内部的水量连同水中所含的物质排泄出去，同时接受外界水和溶质的补充。天然条件下，补水量、排水量在多年间可以大体平衡，一般不会出现盐分快速积累或亏损的现象，从而保证了各地段水流数量和水质的相对稳定性。当年水资源的耗用或流失，又可为来年的大气降水提供补给，形成资源消耗和资源补给的平衡，使水资源具有可恢复性，是一种再生性自然资源。

2. 有限性

就特定区域一定时段（以年为单位）而言，年降水量有或大或小的变化，但总体上是有限值的，这决定了区域年水资源的有限性。水资源的超量开采与消耗，或者动用了区域地表、地下水的静态储量，必将造成超量部分难以恢复，甚至不可恢复的状况发生，从而破坏自然生态环境的平衡。从多年均衡角度讲，水资源的平均年耗用量不得超过区域的多年平均资源量。

据估算，地球上含盐量低于 1 g/L 的淡水仅占全球水体总储量的 2.5%，而在这 2.5% 的全球淡水储量中，又有 70% 的水资源冻结在南极和格陵兰的冰川冰盖中，其余的大部分为土壤中的水分，或者是地下深处蓄水层中的水，不易开采，难以被人类使用。事实上，易于开采供人类直接使用的淡水资源还不足全球淡水资源的 1%，主要是江河、湖泊以及在现有技术条件下可以开采取用的地下水。据世界资源研究所的资料，世界每年再生性水资源总量约为 4.2×10^{13} m^3，但专家认为，稳定径流量只有约 1.4×10^{13} m^3，且其中约有 5×10^{12} m^3 流经沙漠而无法利用，故实际可利用的河川径流量约为 9×10^{12} m^3，占全球再生性水资源总量的 22%。从这个意义上说，地球上的淡水资源可利用量是“有限”的，并非用之不尽，取之不竭。

3. 时空分布的不均匀性

水资源在时间变化上的不均匀性表现为水资源量年际、年内的大幅度变化。区域年降水量因受水汽条件、气团运行等多种因素影响呈随机性变化，这使丰水年、枯水年水资源量相差悬殊，丰水年、枯水年交替出现或连旱、连涝都是有可能的。此外，水资源的年内变化也很不均匀，汛期水量集中，不便利用；枯水期水量锐减，又满足不了对水的需求，而且每年年内变化的情况也各不相同。另外，水资源量的时程变化与需水量的时程变化的不一致，也体现了另一种意义上的时间变化不均匀性。

水资源在空间变化上的不均匀性表现为因水资源量和地表蒸散发量的地带性变化而导致的水资源的空间分布不均匀。水资源的补给主要来源于大气降水，多年平均年降水量的地带性变化决定了水资源量在地区分布上的不均匀性。水资源地区分布的不均匀使各地区的水资源开发利用条件存在巨大的差别。水资源的地区分布与人口、土地资源的地区分布的不一致性，是又一种意义上的空间变化不均匀性。

4. 利用的多样性

水资源是人类生产和生活活动广泛利用的资源，不仅广泛应用于农业、工业和生活，还用于发电、水运、水产、旅游和环境改造等方面。根据其用途可将水资源分为灌溉资源、水能（力）资源、水运资源、水产养殖资源、旅游资源等。应针对不同水资源类型做出专项的水资源评价。在各种不同用途的水中，有的是消耗性用水，有的则是非消耗性或消耗量很小的用水，而且各类用途对水质的要求不同。这为水资源一水多用、充分发挥其综合效益创造了有利条件。

5. 利弊两重性

古人有言：水能载舟，亦能覆舟。体现的即是水的利弊两重性。古巴比伦发源于两河流域即幼发拉底河和底格里斯河流域；古埃及发源于尼罗河流域；古印度发源于印度河流域及恒河流域；古中国发源于黄河流域。四大文明古国都有一个共同点，就是建立在河川台地附近，这是因为有固定水源的地区，农业和商业较容易发展。由此可见，水资源的质、量适宜，且时空分布均匀，将为区域经济发展、自然环境的良性循环和人类社会进步做出巨大贡献。若水资源量在时间上变化不均匀，则会出现汛期水量过度集中造成洪涝灾害，枯水期水量枯竭造成旱灾的现象。因此，水资源的开发利用不仅在于增加供水量，满足对水资源的需求，还要考虑兴水利和除水害等措施。

二、水资源的基本现状

（一）世界水资源的现状

1. 世界水资源总量概况

地球表面约 71% 的面积被蓝色海洋覆盖，从太空看地球是蓝色的，因此地球又被称为“蓝色星球”。据联合国统计，地球上水资源的总储量为 13.86×10^8 km^3，其中 97.5% 都是咸水，含盐量低于 1g/L 的淡水仅有 0.35×10^8 km^3，仅占全球水体总储量的 2.5%。在这有限的淡水资源中，又有 70% 以上被冻结在南极和北极的冰盖中，加上高山冰川和永冻积雪，共 87% 的淡水资源难以利用。地球上各类水体的储量分布见表 1-1。

表 1-1　地球上各类水体的储量分布

水体种类	储水总量		咸水		淡水	
	水量 /km^3	比例 /%	水量 /km^3	占总咸水储量比例 /%	水量 /km^3	占总淡水储量比例 /%
海洋水	1 338 000 000	96.54	1 338 000 000	99.04	0	0
地表水	24 254 090	1.75	85 400	0.006	24 168 690	69
冰川冰盖	24 064 100	1.736	0	0	24 064 100	68.7
湖泊	176 400	0.013	85 400	0.006	91 000	0.26
沼泽	11 470	0.000 8	0	0	114 700	0.033

续表

水体种类	储水总量		咸水		淡水	
	水量 /km^3	比例 /%	水量 /km^3	占总咸水储量比例 /%	水量 /km^3	占总淡水储量比例 /%
河流	2 120	0.000 2	0	0	2 120	0.006
地下水	23 700 000	1.71	12 870 000	0.953	10 830 000	30.92
重力水	23 400 000	1.688	12 870 000	0.953	10 530 000	30.06
地下冰	300 000	0.022	0	0	300 000	0.86
土壤水	16 500	0.001	0	0	16 500	0.05
大气水	12 900	0.000 9	0	0	12 900	0.04
生物水	1 120	0.000 1	0	0	1 120	0.003
全球总储量	1 385 984 600	100	1 350 955 400	100	35 029 200	100

2. 世界水资源问题

（1）水资源短缺

世界上水资源最丰富的大洲是南美洲，其中尤以赤道地区水资源最为丰富。热带和亚热带地区约占陆地水资源总量的 1%。水资源较为缺乏的地区是中亚南部、阿富汗、阿拉伯和撒哈拉。亚洲的年径流量最多，其次为南美洲、北美洲、非洲、欧洲、大洋洲。从人均径流量的角度来看，全世界河流人均径流量约为 1 000 m^3。在各大洲中，大洋洲人均径流量最多，其次为南美洲、北美洲、非洲、欧洲、亚洲。表 1-2 展示了世界各大洲淡水资源的分布状况。

表 1-2 世界各大洲淡水资源的分布

名称	面积 / $\times 10^4$ km^2	年降水量		年径流量		径流系数	径流模数 / [L/（s · km^2）]
		mm	km^3	mm	km^3		
欧洲	1 050	789	8 290	306	3 210	0.39	9.7
亚洲	4 347.5	742	32 240	332	14 410	0.45	10.5
非洲	3 012	742	22 350	151	4 750	0.2	4.8
北美洲	2 420	756	18 300	339	8 200	0.45	10.7
南美洲	1 780	1 600	28 400	660	11 760	0.41	21
大洋洲[a]	133.5	2 700	3 610	1 560	2 090	0.58	51
澳大利亚	761.5	456	3 470	40	300	0.09	1.3
南极洲	1 398	165	2 310	165	2 310	1	5.2
全部陆地	14 902.5	800	118 970	315	47 030	0.39	10

a 不包括澳大利亚，但包括塔斯马尼亚岛、新西兰岛和伊里安岛等岛屿。

资料来源：李广贺 . 2015. 水资源利用与保护（第三版）. 中国建筑工业出社。

从地区分布角度来说，巴西、俄罗斯、加拿大、中国、美国、印度尼西亚、印度、哥伦比亚和刚果9个国家的淡水资源占世界淡水资源的60%。

自20世纪80年代起，随着世界经济发展、人口增长及城市日渐增多和扩张等，全球用水量以每年约1%的速度稳定增长。据联合国估计，到2050年全球需水量预计还将保持同样的增速，相比目前用水量将增加20%～30%，出现这一增长的主要原因是工业和生活用水持续增加。那时将有超过20亿人生活在水资源严重短缺的国家，约40亿人每年至少有一个月的时间遭受严重缺水的困扰。由于供水将更加不稳定和不确定，加上气候变化将加剧当前缺水地区的缺水程度，并给当今水资源仍然丰富的地区造成水资源压力，世界水资源面临的压力还将持续升高。

地表水和地下水的可持续供应对人类的发展和生态系统的演替，以及实现可持续发展目标至关重要，而缺水是实现水资源可持续供应时必然要面对的问题。导致缺水的主要原因包括人口增加、农业扩张、工业集约化发展、降雨不规律、发展过快、城市化、工业化和气候变化等。为了解决水资源短缺问题，人们已经开展了污水治理、雨水收集、污水回用等方面的技术方法研究。

（2）水污染

尽管自然生态系统运转也会产生水污染物，但远不及人口增长、城市化、农业扩张、交通运输以及工业废物排放等人类活动带来的污染影响显著。人类活动是造成水污染的主要原因，污染物包括来自点源（家庭污水、工业废水或污水管道污水排放；化粪池泄漏等）、汇水区非点源（广泛扩散的农业区灌溉、城市地区降雨和融雪后产生的地面径流）的病原体、营养物、重金属和有机化学品等。

1990年以来，在拉丁美洲、非洲、亚洲和太平洋地区，尽管大多数河流的状况相对良好，但仍有很多河流面临水质下降的问题。自2000年《欧盟水框架指令》通过以来，欧洲众多河流的水质有所改善。在美国，约有一半水域不符合保护水生生物的要求，超过40%的水域不符合娱乐用水水质标准。在世界范围内，很多湖泊和水库的水质因流动性差受到污染威胁，而且有污染物累积增加的趋势。

地下水污染源包括非点源农业污染和城市径流，废水处理、油气开采和水力压裂活动，采矿和工业活动。在某些情况下会发生自然污染，例如，地下水化石含水层被氯化钠、砷、氟化物等污染。未经妥善处理的受污染地下水对人类健康的影响尤其令人担心。

（二）我国水资源的现状

1. 我国水资源概况

我国幅员辽阔，河湖众多，水资源总量丰富。《第一次全国水利普查公报》显示，我国流域面积为50 km^2及以上的河流有45 203条，总长度为150.85万km；流域面积为100 km^2及以上的河流有22 909条，总长度为111.46万km；流域面积为 1 000 km^2 及以上的河流有 2 221 条，总长度为 38.65 万 km；流域面积为 10 000 km^2 及以上的河流有 228 条，总长度为 13.25 万 km。常年水面面积为 1 km^2 及以上的湖泊有 2 865 个，水面总面积为 7.80 万 km^2（不含跨国界湖泊境外面积）。其中，淡水湖 1 594 个，咸水湖 945 个，盐湖 166 个，其他 160 个。

2021 年我国水资源总量为 29 638.2 亿 m^3，其中，地表水资源量为 28 310.5 亿 m^3，地下水资源量为 8 195.7 亿 m^3，地下水与地表水资源不重复量为 1 327.7 亿 m^3。全国水资源总量占降水总量 45.3%，平均单位面积产水量为 31.3 万 m^3/km^2。2021 年各水资源一级区水资源量见表 1-3。

表 1-3　2021 年全国水资源一级区水资源量

水资源一级区	降水量 / mm	地表水资源量 / 亿 m^3	地下水资源量 / 亿 m^3	地下水与地表水资源不重复量 / 亿 m^3	水资源总量 / 亿 m^3
全国	691.6	28 310.5	8 195.7	1 327.7	29 638.2
北方 6 区	405.7	6 273.1	2 928.6	1 187.0	7 460.1
南方 4 区	1 197.2	22 037.4	5 267.1	140.7	22 178.1
松花江区	633.3	2 043.3	582.7	278.8	2 322.0
辽河区	725.9	584.8	231.4	112.3	697.1
海河区	838.5	473.2	405.2	261.5	734.8
黄河区	555.0	860.0	461.8	141.0	1 000.9
淮河区	1 059.3	1 064.4	503.0	289.3	1 353.7
长江区	1 152.8	11 079.0	2 624.8	107.1	11 186.2
其中：太湖流域	1 419.0	250.5	51.2	19.4	269.9
东南诸河区	1 748.3	1 981.0	464.1	16.2	1 997.2
珠江区	1 371.1	3 625.7	888.7	17.3	3 643.0
西南诸河区	1 036.0	5 351.8	1 289.5	0.0	5 351.8
西北诸河区	172.6	1 247.5	744.4	104.1	1 351.6

注：1. 北方 6 区指松花江区、辽河区、海河区、黄河区、淮河区、西北诸河区；
2. 南方 4 区指长江区（含太湖流域）、东南诸河区、珠江区、西南诸河区；
3. 西北诸河区计算面积占北方 6 区的 55.5%，长江区计算面积占南方 4 区的 52.2%。
数据来源：2021 年度《中国水资源公报》。

2. 我国水资源的特点

受特定的地理、气候、人口、经济等因素的影响，我国水资源状况有着自己的特点。

（1）我国水资源总量相对丰富，但平均水平很低

尽管我国河川径流总量居世界第六位，仅低于巴西、俄罗斯、加拿大、美国和印度尼西亚，但是由于我国国土辽阔，人口众多，按人口、耕地计算，人均和亩[①]均水资源占有量均低于世界平均水平。人均占有量仅为世界人均占有量的 1/3 左右，亩均占有量仅为世界亩均占有量的 3/4。据对 149 个国家和地区的最新统计，我国人均占有量在世界范围内居第 110 位。因此，处理好水与人双方的关系是一个艰巨且复杂的课题。

（2）我国水资源地区分布不均，水土比不平衡

由于降水量受大气环流、海陆位置及地形、地势等因素的影响，我国水资源量在地域上存在“南多、北少；东南多，西北少”的特点，并且与人口、耕地的分布不相适应。南方 4 区占全国总面积的 36.5%，耕地面积占全国总耕地面积的 36.0%，人口占全国总人口的 54.4%，但水资源总量却占全国水资源总量的 74.8%。人均水资源占有量为 4 180 m^3，约为全国平均值的 2 倍；亩均占有量为 4 130 m^3，约为全国平均值的 2.3 倍。西南诸河流域水资源丰富，但多崇山峻岭，人烟稀少，耕地也少，人均水资源占有量达 38 400 m^3，约为全国平均值的 15 倍；亩均占有量为 21 800 m^3，约为全国平均值的 12 倍。辽河、海河、黄河、淮河 4 个流域的总面积占全国面积的 18.7%，相当于南方 4 区面积的 1/2，但水资源总量仅为 2 702 亿 m^3，相当于南方 4 区水资源总量的 12%。同时，4 个流域多为大平原，耕地很多，耕地面积占全国总耕地面积的 45.2%，人口密度也较高，人口占全国总人口的 38.4%，这些导致区域水资源十分紧张。其中以海河流域最为突出，人均水资源占有量仅为 430 m^3，约为全国平均值的 16%；亩均水资源占有量仅为 251 m^3，约为全国平均值的 14%。南方水多耕地少，水量有余；北方耕地多而水量少，水资源短缺。

（3）我国水资源的年内分配不均，年际变化大

大部分地区的降水受季风影响，在年内有很大变化，汛期（4 个月）的降水量和径流量占全年的 60%～80%。我国水资源年内分布不均，年际变化也很大。我国主要河流都出现过几年水量较丰沛而另外一段时间水量较少的现象。例如，黄河在过去几十年中曾出现过连续 9 年（1943—1951 年）的丰水期；也曾出现过连续 28 年（1972—1999 年）的枯水期，其中断流 21 年，而且在 1991—1997 年年年断流，总断流时间达到 717 天，平均每年断流 102.4 天。我国降水量取决于冬夏季风的情况，每年冷暖气团的交汇随着季风强弱、进退早晚和滞留强度的变化而变化，年际相差很大。一些地区多水年洪水泛滥，少水年赤地千里。

降水量和径流量在时空上的剧烈变化给水资源的利用带来了困难。要充分利用水资源，须修建各种类型的水利工程来调节天然来水。我国水资源的这些特点决定了合理开发利用水资源这一任务的长期性、艰巨性和复杂性。

① 1 亩 =0.066 7 hm^2。

第二节 水的自然循环与水的社会循环

地球上水的储量指的是在某一瞬间储存在地球上不同空间的水的体积，可用来衡量不同类型水体直接量的多少。在自然界中，水并非静止不动，而是处于不断的运动过程中的，它在不断地循环、变化和更新。

水的循环分为自然循环和社会循环两种。

一、水的自然循环及其特点

（一）水的自然循环

在太阳辐射和地心引力驱动作用下，各种形态的水从海洋、湖泊、河流等广阔水面以及土壤表面、植物茎叶蒸发和蒸腾变成水蒸气，受大气运动的影响迁移至各处，水蒸气在上升和运移过程中遇冷凝结，又以降水的形式回到陆地和水体。降到地面的水，除被植物吸收和蒸发外，部分渗入地下形成地下径流；部分沿地表流动形成地面径流，随江河汇入海洋；还有部分重新蒸发回到空中，继续蒸发、迁移、凝结形成降水。这种水蒸发→降水→形成径流的过程周而复始、不停地重复，形成了水的自然循环，又称为水文循环（图 1-1）。

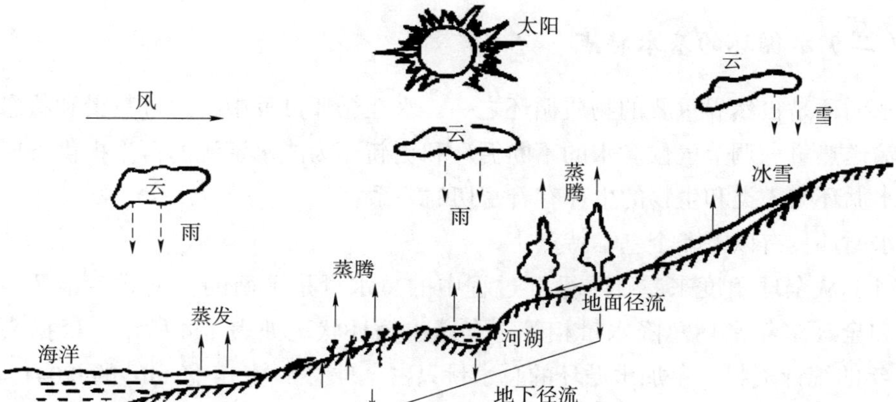

图 1-1 水文循环

地球上的水分布广泛，储量巨大，是水文循环的物质基础。太阳辐射和地球引力是形成水文循环的外因，为水文循环提供了水进行物理状态变化和运动所需的能量；水在自然界进行气态、液态、固态三种形态的转化则是水文循环的内因。显然，水文循环与气候、地理位置、地形、土壤、岩石和植被等自然因素有密切关系，并受人类活动的影响。降水、蒸发和径流是水文循环过程中三个最重要的环节，由这三个环节构成的水文循环决定着全球的水量平衡，也决定着一个地区的水资源总量。

根据自然界水文循环的途径，即循环过程涉及的范围，水文循环可分为大循环和小循环。

一般来说，水被蒸发后，凝结成雨，未经很大位移就降回原处附近，这种局部的循环路径称为小循环。小循环也可以理解为仅发生在海洋或陆地范围内的局部的水文循环，包括陆地—陆地水循环和海洋—海洋水循环。陆地—陆地水循环指陆地上的水，通过蒸发作用（包括江、河、湖、水库等的水面蒸发，潜水蒸发，陆面蒸发及植物蒸腾等）上升到大气中，凝结后又降落到陆地上。海洋—海洋水循环是指海洋蒸发的水汽在海洋上空凝结后，以降水的方式降落到海洋里。

水从海面蒸发后，被气流输送到大陆上空形成积云，然后以降水的形式降落到地面，再通过河流汇聚入海的这种海洋和陆地间的循环路径称为大循环，也叫外循环。大循环是大气圈、水圈、岩石圈之间的水分交换过程，因水的海陆不均匀分布及大气环流作用形成。在大循环中，水分一方面通过降水和蒸发在地面和大气间进行纵向交换，另一方面随河流在海洋和陆地之间进行横向交换。海洋从空中向陆地输送大量水汽，陆地则通过河流把水输送回到海洋。陆地也向海洋输送少量水汽，约占海洋蒸发量的 8%。

实际上，大循环与小循环之间有十分紧密的联系。大循环不是独立运行的循环，而是有众多小循环参与其中的循环。

（二）水循环的基本特点

水循环是自然界重要的物质循环之一。水在循环过程中，通过数量和状态的变化，输送热量、调节气候。水的不断循环和更新还为淡水资源的再生提供条件。因此，水循环与人类和生物的生存有着密切的关系。

水循环具有以下 4 个基本特点。

（1）从全球角度来看，水循环过程中的总水量是平衡的。全球多年平均总蒸发量和全球多年平均总降水量相等。全球水循环状况如表 1-4 所示。根据联合国 1978 年的统计资料，参加水循环的总水量只占全球总水量 14 亿 km^3 的 0.041%。

表 1-4 全球水循环状况[2]

分区	面积 / $\times 10^4$ km^2	水量 /km^3		
		蒸发	径流	降水
海洋	36 100	505 000	47 000	458 000
陆地	14 900	72 000	47 000	119 000
全球	51 000	577 000	—	577 000

（2）参与全球水循环的水，来自海洋部分的多于来自陆地的部分，且海洋的蒸发量大于降雨量。差额水量（47 000 km^3）通过大循环被气流输送并降落到大陆和岛屿，形成径流，在那里补给河流、湖泊、冰川、地下水，维持生态的平衡，保障人类活动与经济的发展。也就是说，海洋上的蒸发量等于海面降水量与陆地注入海洋的径流量之和。同时，陆地年平均降水量为 119 000 km^3，多于其蒸发量，也是因为算上了那部分径流量。不过，从海洋输送到陆地上空的水汽只占海洋总蒸发量的 9%，即海陆之间水交换的有效水量只是很小一部分。

（3）水循环不仅维持着地球上各类水体水量上的平衡，而且使水体不断更新。不同类型的水体循环更新周期差异很大，表 1-5 为各类水体的循环更新周期。由表可知，永冻带底冰、各类冰川、深层地下水和海洋水的更新周期很长，一般都在千年以上；大气水、河川水和土壤水等的更新周期较短，最为活跃。这些水较快的更新速度对人类获取淡水资源具有重要意义，这也是水资源成为地球上能自行恢复的资源（即可再生资源）的原因。从水资源利用的角度来看，水体更新速度越快，水资源可利用性就越高，受污染水体水质的恢复也越快。而极地冰川或深层地下水等更新周期较长的水体一旦受到污染，需要很长的时间才能恢复。

表 1-5　各类水体的循环更新周期

水体类型	更新周期	水体类型	更新周期
永冻带底冰	10 000a	沼泽	5 a
极地冰川和雪盖	9 700 a	土壤水	1a
海洋	2 500 a	河川水	16 d
高山冰川	1 600 a	大气水	8 d
深层地下水	1 400 a	生物水	几小时
湖泊	17 a	—	—

（4）水循环是自然界中主要的物质循环之一，是联系地球水圈、岩石圈、大气圈和生物圈及各类水体的纽带。通过水的形态变化，水循环在地球上输送热量、调节气候。水循环是地表物质迁移的强大动力和主要载体，通过侵蚀、搬运和堆积，塑造了丰富多样的地形。水循环使海洋不断地向陆地输送淡水，补充和更新陆地上的淡水资源，从而使水资源成为可再生资源。总之，水循环是陆地淡水资源形成、存在和永续利用的基本条件，对地球环境的形成、演化和人类的生存都起着重要的作用并对其产生了巨大影响。

二、水的社会循环

除上述水的自然循环外，水还因人类活动不断地迁移转化，形成了水的社会循环，或称水的人为循环。人类为了满足生活和生产的需要，要从各类天然水体中取用大量的水，有时还需做必要的净化处理以满足对用水质量的要求。这些水经使用后，混入了生活和生产过程中产生的各种污染物质，成了生活污水和生产废水，它们被排放出来以后，经过一定的净化处理，最终又流入天然水体，这一循环过程就是水的社会循环。水的社会循环如图 1-2 所示。

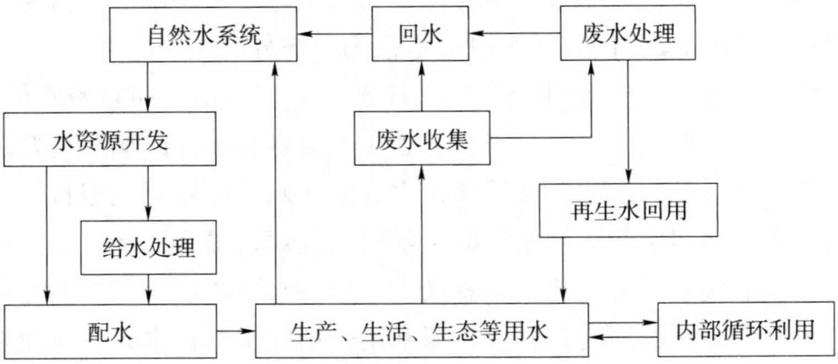

图 1-2　水的社会循环

在水的社会循环中，水的性质在不断地发生变化。生活用水中，只有很少一部分用于饮用或食物加工，满足生命对水的需求；大部分水用于洗涤、冲厕等清洁活动，这部分水经使用后会挟带大量污染物质。工业生产用水中，只有一部分水作为工业原料，大部分水被用于冷却、洗涤或其他目的，使用后水会被污染，其污染程度取决于工业生产部门的类型、用水性质及使用方式等。在农业生产中，化肥、农药使用量日益增加使降雨后的农田径流挟带了大量化学物质，这些渗入地面或进入地下水体，形成了面源污染。在水的社会循环中，生活污水和工农业生产废水的排放是形成自然界水污染的主要原因，也是水污染防治的主要对象。

在水的社会循环中，不可复原水与重新进入天然水体的回水之间的比例关系及回水的水质状况等，不仅对水循环的水质产生了直接影响，而且也部分改变了地球水循环的途径，使径流量和径流水质发生了变化，不可复原水在回水中所占比例降低和回水水质下降，导致区域河流、湖泊或地下水被污染，来水量大幅度减少，甚至导致河流、湖泊干涸，地下水位大面积下降等。不可复原水所占比例越大，对地球水循环的扰动就越强烈，引起的环境和生态灾害就越严重。因此，在研究地球水循环时，应关注社会水循环对自然径流的影响，以实现水的良性循环。

通俗来说，人类社会为生存与发展，向自然界“借”水，使用后处理干净再把水“还”给自然界。这个“借”与“还”的过程，就是水的社会循环。前面曾提到过的水的自然循环，无论是大循环还是小循环，都是地球上的水按客观规律进行的自然行为。人类活动，如森林采伐、荒地开垦、拦河筑坝、运河开凿、房屋建筑、修建道路机场、温室气体排放等都会影响蒸发、蒸腾、降水、径流，从而对水的自然循环产生一定的冲击和干扰，这些应当予以足够的重视。相对于自然的影响，人类在现阶段对水的自然循环所能施加的影响还是有限的、局部的，全球的水量每年总体上是平衡的。

影响水的社会循环的因素包含了人类在开发利用水资源过程中影响自然水系统的各种因素，不仅包括地表水、地下水水质、水量，水资源工程建设，水资源开发经费，从事水资源工作的人员及有关水资源政策、信息等，还包括这些因素之间的相互关系、各因素的发展变化及其可能出现的后果和应采取的控制对策等。

人们对水的社会循环的各个环节都可以施加重要影响。如在水的社会循环量的多少、使用后废水的水质与排放量，以及废水的处理程度等方面，人们均可以进行不同程度的控制。因此，人们应尽可能运用自己的影响力，使水的社会循环更加有效、合理，使人类社会得以可持续发展。这正是给排水科学和工程工作者应承担的主要任务。

第三节　水资源的开发与利用

一、全球水资源开发利用状况

1. 对水的需求和水的利用现状

自 20 世纪 80 年代以来，世界范围内的用水量约在以每年 1% 的速度增长。这一增长主要是由发展中国家和新兴经济体的需求激增带动的，但这些国家中多数国家的人均用水量仍然远低于发达国家的人均用水量。这一增长也是由人口增长、社会经济发展和消费模式变化等因素共同推动的。从产业角度分析，到目前为止，农业（包括灌溉、畜牧和水产养殖）是远超其他行业的最大用水行业，占全球年用水量的 69%。此外，工业（包括发电）用水占 19%，生活用水占 12%。

2019 年联合国《世界水发展报告》预计，全球对水的需求将持续以相近的速度增长，到 2050 年，用水量将比目前高出 20%～30%。其中大部分的水需求增长归因于工业和生活用水的增长，而农业用水在总用水量中所占的比例可能会下降，但从取水量和耗水量两方面来看，在未来几十年，农业仍将是最大的用水行业。

2. 水资源的可利用性

全球超过 20 亿人生活在高水资源压力的国家，有 22 个国家的水资源压力在 70% 以上，这些国家承受着沉重的水资源压力。水资源压力的增大表明，大量开采、使用水资源对资源的可持续性产生了很大的影响，用户之间发生冲突的可能性也会增加。

随着人口增加及其对水的需求增长、气候变化影响加剧，物理意义上的水资源压力可能会持续增加。气候变化加剧和日益增加的气候可变性可能导致极端天气在区域和流域尺度的不同季节发生。然而，在大多数情况下，干旱地区会变得更加干旱，湿润地区会变得更加潮湿，这样的气候变化很可能会加剧已经深受影响的地区的水资源压力。

3. 水质问题

无论是发达国家还是发展中国家都存在不同程度的水质问题，主要包括洁净水质水体减少、水形态变化及其产生的相关影响、新兴污染物增加以及水生入侵物种蔓延等。水体污染直接影响着将这些水源作为主要供水来源的人群，这将进一步限制其获得水的能力，并增加与水有关的健康风险，影响其生活质量。

目前，许多发展中国家仍然广泛存在霍乱、血吸虫病等与水相关的疾病。在这些国家，仅有极小比例的生活污废水和工业废水（在某些情况下低于 5%）在排放前得到了处理。富营养化仍然是最普遍的水污染问题之一，水中大部分营养物质来自农业污水的排放。预计在南亚和东亚的热带地区、非洲部分地区、中美洲和拉丁美洲的大多数地区，排放到地表水的营养物质在未来一段时间内将持续增加。

4. 水资源开发利用中的冲突事件

全球有 153 个国家共享 286 条国际河流和 592 个跨界含水层，与水相关的冲突时有发生。随着需水量的大幅度增加，水资源供需矛盾日益突出，水资源短缺问题日益严重。联合国在对世界范围内的水资源状况进行分析研究后发出警告："世界缺水将严重制约 22 世纪的经济发展，还可能导致国家间冲突。"据联合国教科文组织统计 2000—2009 年与 2010—2018 年，分别发生了 93 起和 263 起跨边界水冲突事件。

二、中国水资源开发利用状况

1. 水利工程建设基本情况

伴随着人口增长和经济的快速发展，我国水资源开发利用水平不断提高，建造了大量的水利工程设施。据《2019 年全国水利发展统计公报》，我国已建成水库 98 112 座，水库总蓄水库容达 8 983 亿 m^3。其中 1 亿 m^3 以上库容的大型水库有 744 座，1 000 万 m^3 至 1 亿 m^3 库容的中型水库有 3 978 座，10 万 m^3 至 1 000 万 m^3 库容的小型水库有 93 390 座。全国已累计建成日取水量大于等于 20 m^3 的供水机电井或内径大于等于 200 mm 的灌溉机电井 511.7 万眼。全国已建成各类装机流量不小于 1 m^3/s 或装机功率 50 kW 及以上的泵站 96 830 处，其中，大型泵站有 383 处，中型泵站有 4 330 处，小型泵站有 92 117 处。截至 2019 年年底，全国灌溉面积为 75 034 万 $hm^2$①，耕地灌溉面积为 68 679 万 hm^2，占全国耕地面积的 51.0%。全国节水灌溉工程的灌溉面积为 37 059 万 hm^2，高效节水工程的灌溉面积为 22 640 万 hm^2，

① $1\ hm^2=10^4\ m^2$

其中，喷灌、微灌面积为 11 598 万 hm^2，低压管灌的面积为 11 043 万 hm^2。

2. 水资源开发利用的基本情况

2021 年各水资源一级区的供水量和用水量如表 1-6 所示，由表可知 2021 年全国供水总量为 5 920.2 亿 m^3，占当年水资源总量的 20.0%。其中，地表水供水量为 4 928.1 亿 m^3，占供水总量的 83.2%；地下水供水量为 853.8 亿 m^3，占供水总量的 14.5%；其他水源供水量为 138.3 m^3，占供水总量的 2.3%。2021 年，全国用水总量为 5 920.2 亿 m^3。其中，生活用水为 909.4 亿 m^3，占用水总量的 15.4%；工业用水为 1 049.6 亿 m^3，占用水总量的 17.7%；农业用水为 3 644.3 亿 m^3，占用水总量的 61.5%；人工生态环境补水为 316.9 亿 m^3，占用水总量的 5.4%。

表 1-6　2021 年各水资源一级区的供水量和用水量　　单位：亿 m^3

水资源一级区	供水量				用水量				
	地表水	地下水	其他（非常规水源）	供水总量	生活	工业	农业	人工生态环境补水	用水总量
全国	4 928.1	853.8	138.3	5 920.2	909.4	1 049.6	3 644.3	316.9	5 920.2
北方 6 区	1 773.2	787.2	91.6	2 652.0	309.1	220.5	1 907.0	215.4	2 652.0
南方 4 区	3 154.9	66.6	46.7	3 268.2	600.3	829.1	1 737.3	101.5	3 268.2
松花江区	297.7	157.5	4.6	459.8	28.5	26.9	378.4	25.9	459.8
辽河区	89.2	90.3	7.5	187.0	31.7	19.3	124.8	11.2	187.0
海河区	208.7	128.1	28.9	365.8	70.4	40.7	176.1	78.5	365.8
黄河区	265.5	104.6	19.2	389.3	55.4	45.3	256.8	31.8	389.3
淮河区	428.1	127.9	24.7	580.8	100.1	71.7	367.0	42.0	580.8
长江区	2 003.7	39.9	28.9	2 072.5	345.1	633.0	1 030.9	63.5	2 072.5
其中：太湖流域	335.1	0.1	7.2	342.3	61.6	213.5	63.6	3.6	342.3
东南诸河区	286.7	3.3	6.6	296.6	68.9	62.2	145.8	19.6	296.6
珠江区	760.8	19.5	10.1	790.5	172.9	127.5	473.7	16.3	790.5
西南诸河区	103.7	3.8	1.2	108.6	13.3	6.4	86.8	2.0	108.6
西北诸河区	484.0	178.7	6.6	669.3	22.9	16.5	603.9	26.0	669.3

数据来源：2021 年度《中国水资源公报》。

据 2021 年度《中国水资源公报》，2021 年全国人均综合用水量为 419 m^3，万元国内生产总值（当年价）用水量为 51.8 m^3。耕地实际灌溉亩均用水量为 355 m^3，农田灌溉水有效利用系数为 0.568，万元工业增加值（当年价）用水量为 28.2 m^3，城镇人均生活用水量（含公共用水）为 176 L/d，城乡居民人均用水量为 124 L/d。各省级行政区的用水指标值差别很大，从人均用水量来看，新疆、宁夏、西藏、黑龙江、江苏、内蒙古、广西、江西、湖北 9 个省（自治区）大于 500 m^3，其中新疆达 2 219 m^3；天津、北京、山西、山东、陕西、河北、重庆、河南、浙江、四川、贵州 11 个省（直辖市）小于 300 m^3，其中北京最低，仅为 186 m^3。

3. 当前我国水资源保护和管理存在的突出问题

（1）水资源短缺和水污染严重

随着经济快速发展，我国的环境污染问题越来越突出，水资源同时面临短缺和污染的双重压力。在当前的生活和生产过程中，许多生活污水和工业废水未经过严格的净化处理就直接排入了江河湖泊，导致许多河流变成了排水沟，引发了一系列的生态环境问题，城市水环境恶化，甚至有些地区出现水资源危机。

（2）对水资源的保护意识淡薄

当前，我国水资源污染形势严峻的重要原因之一是公众的水资源保护意识淡薄。随着经济的发展，我国的环境保护与社会经济发展越来越难以平衡。许多生产企业面对利益诱惑往往选择以牺牲环境作为代价获取利益，环境受到肆意破坏和污染。因此，我国公众的水资源保护意识有待加强，对水环境的关注程度有待提高。

（3）用水浪费，管理不善

在耗水量最大的农业用水中灌溉用水浪费极大，在许多地方人们还在采用大水漫灌的方式灌溉作物；在工业用水方面，我国万元产值以上的工业耗水量比工业发达国家高出 5 倍以上；在生活用水方面，节水意识差，浪费严重。

（4）水资源保护与管理的相关法律体系不健全

当前，我国与水资源保护和管理相关的法律体系还不够健全，已有的法律法规之间缺乏联系，在保护和管理水资源时难以发挥真正的作用。此外，在现有与水利相关的法律体系中，与水资源保护相关的规定不够明确和具体，缺少可操作性，并没有完全展示出环境与资源共同发展的主题思想。另外，现有的环境相关法律法规多是从保护环境层面来管理水资源，并没有将水作为资源进行管理，这也是一个不足之处。

（5）水资源保护和管理技术不够成熟

要想将发展经济与保护环境、保护资源相结合，就必须引入先进的科学技术，利用技术的力量来提高环境保护的成效，促进我国经济的可持续发展。在我国经济发展早期，人们只重视经济发展而忽略了对环境的保护，这种先污染后治理的路子严重违背了经济可持续发展规律，导致水资源污染越来越严重。当前，面对水污染的严峻形势，必须在采用新的治理技术的同时完善治理的理论基础，提高相关学科的科研及科技攻关能力，增强水资源保护和管理的效果。

第四节　水资源的保护与管理

水对社会进步和经济发展的重要性显而易见，但长期以来，人们在水资源开发利用过程中一直存在一个认识误区，认为水是取之不尽、用之不竭的廉价资源，这一错误观念导致无序的掠夺式开采和不合理利用的现象十分普遍，并由此产生了一系列与水相关的环境、生态、地质等问题，这些问题制约着社会的发展，威胁着人类的健康与安全。

目前，解决水资源短缺、水污染、地下水超采、水资源浪费、地质灾害频发等问题已成为水资源开发利用过程中不容忽视的重点。毫无疑问，合理保护水资源、有效管理水资源，才能保证水资源的合理开发和可持续利用，实现水资源良性循环，维持社会进步和国民经济的可持续发展。

一、水资源保护与管理的基本内涵

广义上，水资源保护是指人类社会生产生活过程中，通过行政、法律、经济手段，进行水资源的合理开发、利用和管理，防止水源枯竭、污染，满足人类经济社会发展对水资源的合理需求。[2]

狭义上，水资源保护是指对水质的有效保护，主要通过对水质进行实时监测与评价、采用水污染控制技术等方式实现。

保护水资源的目的是保证水资源的可持续利用。实现水资源的有序开发利用、保持水环境的良好状态是水资源保护与管理的重要内容和首要任务。

二、水资源保护和管理的有效策略

1. 提高水资源保护意识

我国公民、企业、政府的水资源保护意识一度比较淡薄，造成了当前我国水资源污染严重的局面。因此，开展水资源保护和管理必须从提高各方的水资源保护意识出发。在科技快速发展的今天，电视、广播、报纸以及各类自媒体走进了人们的生活，相关政府部门应该通过媒体平台对水资源保护进行大力宣传，阐述当前水资源污染的严峻形势，从而引起公众对水资源保护的关注，提高公众的水资源保护意识。政府还应该在企业、工厂中进行宣传，要求企业从源头治理水资源污染，并且呼吁企业、工厂在排污前做好废物净化处理工作，过滤有害物质，从而有效减少水资源的工业污染。

2. 健全法律法规体系

健全的法律法规体系是依法治水的根本保障。我国在经济发展初期曾走过先发展后治理的错误道路，给环境带来了极大的隐患。当前，我国与环境保护相关的法律法规还不够健全，因此，我国的相关部门要加快解决当前环境保护法律法规中存在的问题，并且制定相应的与流域相关的法律法规，以确定相关行政主管单位在管辖区域内进行水资源保护的责任和权利。同时，政府部门还应该加快制定具体详细的“水资源保护管理条例”，用以明确流域内污染物排放总量指标和地方各级政府在水资源管理方面的分工。

3. 引进国外水资源治理先进技术

在水资源治理过程中，需要对排放的污水提出更严格的处理要求，去除其中的有害物质，以达到减少水资源污染的目的。当前，我国的污水处理技术还不够科学和完善，大多采用简单的物理化学处理方法，导致排放的废水中仍存在许多有害物质。由于国外在废水处理技术方面相对成熟，因此我国需要积极地参考和借鉴国外先进的废水处理经验，加快引进国外先进的废水处理技术，并且有效地结合我国的国情加以改进。此外，由于各国的国情和所处的发展阶段不同，国外先进的废水处理技术的成本又相对较高，因此可能难以在我国的企业和工厂中全面推广普及，我国应该加强对废水处理技术的研发投入，努力通过自主研发达到降低成本的目的，减轻我国企业的生产负担，减缓我国的水资源污染。

4. 健全水资源保护和管理体系

目前，我国在水资源保护和管理方面尚存在体系混乱的问题，导致无法有效地开展水资源保护和管理。因此，政府应该加强对水资源保护和管理体系的统一监管，并且建立科学全面的水资源管理体系，运用科学统筹的管理方法来推动水资源管理。此外，需要加快成立负责统筹协调水资源保护和管理的权力机构，由其进行统一管理决策，对全国水资源保护和管理进行统筹规划，改善多部门分管的分散管理现状，有效解决水资源保护和管理体系混乱的问题。

5. 建立完善的水资源保护监督体系

应在建立健全水资源保护和管理法律法规的基础上，完善水资源保护监督体系。具体来说，在该体系中，公众、政府和媒体等社会主体都应该积极地发挥在水资源保护中的作用。

首先，由政府部门做出表率，严格地执行法律、规范，杜绝不正当的行为。其次，媒体应充分发挥互联网的作用，对违法违规排放污水行为进行曝光，引起政府部门及公众的关注，从而提高企业的水资源保护意识。最后，鼓励公众积极举报不合法的排放行为，同时鼓励公民在生活中加强对水资源的循环利用，养成良好的用水与节水习惯。

6. 落实水价改革，优化配置水资源

提高公民科学节水意识，水价的作用不言而喻。当前，居民水费支出在家庭总支出中所占比例较小，很难引起居民的重视，水资源管理部门需要从水价改革做起，对水量、水费等重新认定，制定新规，从实际出发做好水资源配置，使水资源得到科学使用。在确定水价过程中应积极做好研究工作，根据当地的经济建设目标，落实阶梯水价的阶梯分级，确保水资源利用与管理状况得到最大限度的改善。

水资源优化配置是实现水资源可持续利用的有效调控措施，是保证水资源在整体上发挥最大经济、社会和环境效益的关键。水资源优化配置需遵循公平、有效和可持续利用的原则，运用各种工程措施和非工程措施，在符合市场经济规律和资源配置准则的基础上，将各类可利用的水资源在不同区域和各用水部门之间进行配置。其目标在于协调资源、经济和生态环境的动态关系。

全面改变以往各区域间权责分配模糊的状况，充分调动区域积极性，做好责任分工，任务分解，在满足实际生产生活需要的基础上，形成专门的组织部门，建立起严格的资源管理机制，把资源保护摆在日常工作中的重要位置，更好地实现水资源协调利用。

综上，我国水资源在开发利用的过程中，不仅面临着水量短缺问题还面临着经济发展带来的水污染问题，这对水资源的保护十分不利。因此，相关政府部门需要对我国的水资源现状进行充分分析，总结出我国水资源面临的突出问题，并且针对这些突出问题进行调整，同时借鉴国外先进治理经验，加大水资源治理的研究投入，推动我国水资源保护和管理工作顺利开展。

参考文献

[1] 李圭白，蒋展鹏，范瑾初，等 . 给排水科学与工程概论：第二版 [M]. 北京：中国建筑工业出版社，2009.

[2] 李广贺 . 水资源利用与保护：第三版 [M]. 北京：中国建筑工业出版社，2015.

[3] 联合国教科文组织 . 联合国世界水发展报告 2015（上卷）可持续发展世界之水 [M]. 北京：中国水利水电出版社，2016.

[4] 中华人民共和国水利部 . 2019 年全国水利发展统计公报 [M]. 北京：中国水利水电出版社，2020.

[5] 中华人民共和国水利部 . 中国水资源公报 2021[EB/OL].(2022-06-15) [2022-08-20]. http://www.mwr.gov.cn/sj/tjgb/szygb/202206/t20220615_1579315. html.

[6] 廖军，张进，周浩 . 从我国水资源特点看水资源产业化发展 [J]. 农村经济与科技，2009，20(11): 85-86.

[7] 王小雨，李艳 . 刍议如何做好水资源保护与管理 [J]. 科技创新与应用，2018(11): 193-194.

[8] 中华人民共和国水利部，中华人民共和国国家统计局 . 第一次全国水利普查公报 [M]. 北京：中国水利水电出版社，2013.

[9] 联合国教科文组织 . 联合国世界水发展报告 2019[M]. 北京：中国水利水电出版社，2020.

第二章　城市水业之给水管道系统概述

第一节　城市给水管道系统的组成

一、城市给水系统的组成

城市给水系统可以完成从原水取集、处理直至将符合用户水质要求的清水送达用户的整个过程。

完整的城市给水系统是包括水的取集、处理和输配的庞大系统。由于水源不同、供水对象不同及地形不同等，给水系统的组成也有所不同。图 2-1 为一典型城市单水源给水系统的示意图。

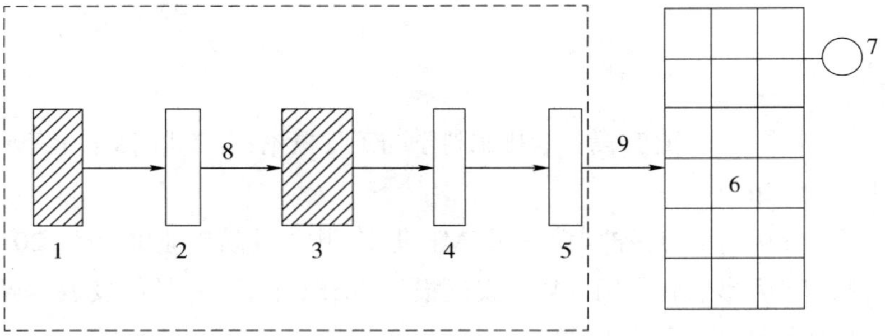

1- 取水构筑物；2- 一级泵站；3- 处理构筑物；4- 清水池；5- 二级泵站；
6- 配水管网（仅标明干管）；7- 水塔（或高地水库）；8- 浑水输水管道；9- 清水输水管道

图 2-1　城市单水源给水系统

城市给水系统包括以下 3 个部分。

（1）水源取水系统

水源取水系统包括水源（地表水、地下水等）、取水设施、提升泵站、输水管渠等。

（2）给水处理系统

给水处理系统包括各种运用物理、化学和生物方法的处理设备、构筑物等。

（3）给水管道系统

给水管道系统包括输水管渠、配水管网、水量和水压调节设施等。

二、城市给水管道系统的组成

给水管道系统是给水系统的组成部分，包括以下几部分：

（1）输水管渠。它包括从一级泵站至水厂处理构筑物的源水输水管道和从二级泵站至配水管网的清水输水管道。输水管渠仅起输水作用，管渠中流量和流速不变。输水管渠的长度视具体情况（如水源距水厂远近、水厂距城市用水区的远近等）而定，其长度相差悬殊，因而所需投资也相差悬殊。

（2）配水管网。配水管网是由分布在整个供水区域的配水管道组成的网络。它由干管、支管、分配管等组成，作用是将处理后的水分配至整个用水区域和用户。

（3）泵站。泵站是输配水系统中的加压提升设施。一级泵站抽取源水；二级泵站抽取清水。有时管网中还设有加压泵站，加压泵站一般从贮水池内抽水，也有少数从输水管渠中直接抽水。一般地形平坦的小城镇不设加压泵站，大城市往往需设加压泵站。

（4）水量调节构筑物。它包括为调节一级泵站供水流量和二级泵站取水流量之间差值而设的清水池、为二级泵站供水流量和管网配水管输送流量（用水量）之间差值而设的水塔（或高地水库）等。当前，大、中城市一般不用水塔，水塔只在某些小城镇或工业企业给水系统中使用。这是因为大、中城市一般一天各时段用水量变化不太大，而所需水塔容积大，造价又较高，故大、中城市往往通过二级泵站内的水泵调度来调节水量。

（5）给水管道系统上的附属构筑物。给水系统的附属构筑物主要有阀门井、检查井、消火栓井、水表井、放空排水井、水锤泄压井。

由上文可见，给水管道系统所承担的任务就是水的提升、输送和分配及水量调节等。涉及的基础学科主要为水力学和水文学，水的流量、流速和水头损失是给水管道系统的 3 个主要水力要素。在整个给水系统中，投资最大的往往是输水管渠和配水管网，可达总投资的 60%～80%。

第二节　城市给水管道系统规划和布置概述

给水管道系统规划属于城市总体规划中的单项工程规划。因此，给水管道系统规划应遵循城市总体规划原则和要求，同时给排水系统及其管道系统规划也会对城市总体规划产生影响。总体而言，给排水系统应以城市规模（包括人口和面积大小）、功能分区、规划年限及城市发展方向等为依据，按国家有关建设方针和政策进行规划设计。

城市用水量及给水系统各部分设计流量的确定；水源选择及取水位置和取水方

式的确定；水处理工艺及水厂位置的选择；给水管道系统（包括输配水管道、泵站、水量调节构筑物等）的布置及管道直径的计算等，均属于给水系统规划设计范畴。由于在给水系统中给水管道系统既是投资最大的部分，又是能耗最大的部分，故给水管道系统在给水系统整体规划和总体布局中影响最大。本节将以给水管道系统为核心，简要介绍给水系统的总体布局以及给水管道系统的布置。

一、给水系统的总体布局

根据城市总体规划、水源状况、城市地形、供水范围及用户对水质、水量和水压的要求不同，给水系统总体布局也有所不同，给水系统总体布局概括起来有以下4类。

1. 统一供水系统

城市居民生活饮用水、工业生产用水等都按生活饮用水水质标准，用统一的管道系统供给用户，称统一供水系统。其特点是管网中水压均由二级泵站一次提升，给水系统简单，一般适用于城市地形起伏较小、建筑高度差别不大、各种用户对水质和水压的要求相差不大的城市或大型工业区。个别高层建筑或特殊用户应自行加压或对用水进行处理。

2. 分质供水系统

当对水质要求不高的工业生产用水或其他用水（如冲洗卫生洁具的海水、园林绿化用水等）所占比例较大时，为了节约水处理费用和水资源，可建设不同管道系统，将不同水质的水分别供给用户。其中一套供水系统为生活饮用水系统；另一套为工业生产用水或其他低质水系统。这种分质供水系统通常用于工业区或城市局部地区，在国外已有长期应用的历史，我国某些工业区（如上海桃浦工业区）以及香港特别行政区（用海水冲洗厕所）也已采用。分质供水系统虽然节约了水处理费用和水资源，但管道系统较复杂，所以实际应用时应进行技术经济比较后选择合适的供水系统。

目前，为了进一步提高饮用水水质，我国也有部分城市将城市自来水经过进一步深度净化后制成直接饮用水（简称直饮水），然后通过直饮水管道系统供给用户，从而形成了一般自来水和直饮水两套管道的分质供水系统。例如，上海市和深圳市的少数住宅小区就采用了这种分质供水系统。这种分质供水系统因为管道系统复杂，实施难度大，所以仅适用于住宅小区或个别大型建筑物。

3. 分区供水系统

地形高差较大、供水范围很广，或被自然地形分割成若干部分的大、中城市，可采用分区供水系统。

图2-2为地形高差很大时的分区供水系统。图2-2（a）是由同一泵站内的高压泵和低压泵分别向高区和低区供水，称为并联分区供水，又称分压供水系统。采用此类分区供水的原因是，若高区和低区采用同一管道系统供水，为了满足高区服

务水压要求，低区和高区用水均需用高压泵提升。这样，低区管道将承受很高的压力，有可能造成管道或配件损坏，影响供水安全，而且还浪费电能。并联分区的优点是高区和低区用水分别供给，比较安全可靠；高区和低区水泵集中在一个泵站内，方便管理。缺点是增加了高压输水管道。

高区和低区相距较远且高差很大时，若采用图 2-2（a）所示的并联方式，则高压输水管道会很长，增加了造价。这时，高区和低区之间可设高区加压泵站，如图 2-2（b）所示。低区和高区所需水量均由泵站 2 提供，但泵站 2 提升的水压仅需满足低区的服务压力要求即可，高区所需水压则由高区加压泵站 4 提升。这种布置方式被称为串联分区供水。其优点是无须设置高压输水管，也无须高压水泵。缺点是增加了一个高区加压泵站，同时供水安全可靠性不如并联分区，因为高区供水需通过低区管网。

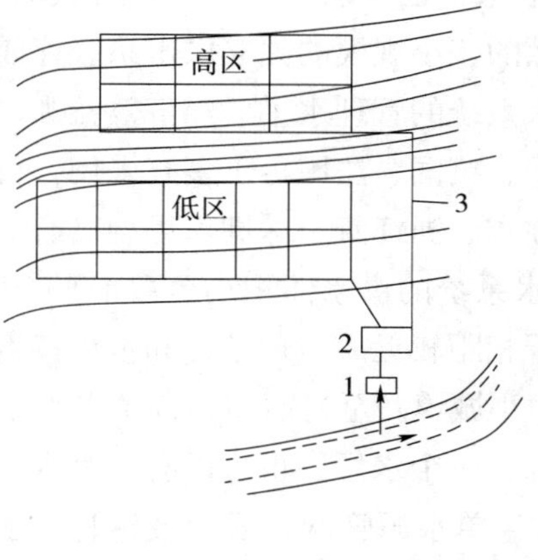

（a）并联分区

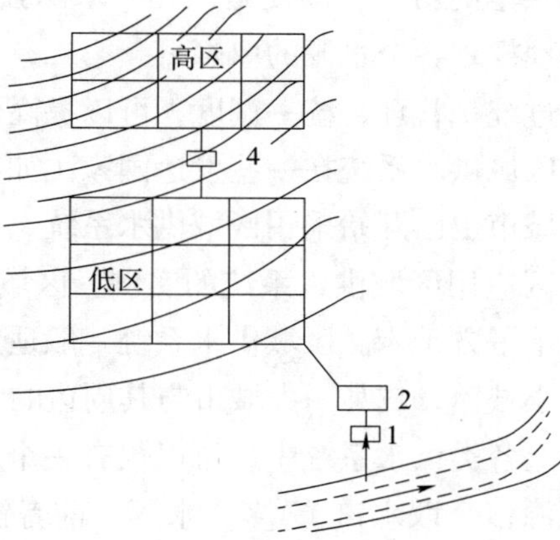

（b）串联分区

1- 取水构筑物；2- 水厂二级泵站；3- 高压输水管；4- 高区加压泵站

图 2-2　地形高差很大时分区供水系统示意图

无论是并联分区还是串联分区，高区管网和低区管网之间往往都有联系，以增加供水可靠性和调度的灵活性。

有的城市地形虽较为平坦，但配水管网延伸长度很长，由于水在管道中流动存在能量损失，因此管道中水的压强会逐渐减小，为了满足管网末梢的服务水压，二级泵站需提供较高扬程，这样就会造成二级泵站附近的管道承受很高的压力。为此，可在管网中间适当位置设置中途加压泵站，以降低二级泵站的供水压力（图 2-3）。实际上，这也是一种串联分区供水形式，只不过不是为了解决地形高差问题而应用的串联分区供水。例如，上海市设置的中途加压泵站多达 18 个，使整个城市管道系统的压力不致相差过大。

是否需要采取分区供水，选择并联分区还是串联分区，加压泵站建于何处，这些均需根据具体情况进行技术经济比较才能确定。

4. 区域供水系统

一方面，随着经济发展和农村城市化进程的加快，小城镇相继形成并不断扩张；另一方面，当某一大城市成为区域中心，将带动周围城镇发展建设，这两者均会造成城镇之间距离缩短，为区域供水系统创造了发展机会。两个或两个以上城镇采用同一给水管道系统，或以中心城市管道系统为核心向周边城镇扩展的供水系统称为区域供水系统。区域供水系统不是以城市为单位而是以区域为单位进行规划的。它有两个特点：第一，可以统一规划、合理利用水资源。例如，在一条河流沿岸，可能建有多个城镇。对某一城镇而言，取水位置可能处于其他城镇下游。为避免水源污染，方便水源保护，可将取水构筑物建在几个城镇上游，统一取水，共同使用。水质较好的水库或湖泊，也可根据各城镇实际所需水量合理分配水资源，达到资源共享的目的。即便是从几个水源独立取水，也可以采用同一管道系统供水，以便合理规划各个水源的取水量。第二，分散的、小规模的独立供水系统连成一体后，通过统一管理、统一调度，可以提高供水系统的管理水平、经济效益和供水安全性。区域供水系统在一些发达国家（如美国、英国、法国等）多有采用，目前我国有的城市也已开始采用区域供水系统，江苏省、浙江省、深圳市等均已有一些城镇或城区应用区域供水系统的实例。区域供水系统的供水面积小至数十平方千米，大至数千平方千米。区域供水系统一般适用于相距较近、地理条件和水源特点合适的中、小城镇，或某一大城市与其周边的中、小城镇乃至村镇的联合供水。

以上各类供水系统中，可以仅有一个水源、一个水厂，也可以有多个水源（或一个水源多个取水口）、多个水厂，前者被称为单水源管网，后者被称为多水源管网。大、中城市配水管网往往是多水源管网，如图 2-3 所示。多水源管网的主要优点是供水安全可靠，管网内压力分布比较均匀。缺点是增加了设备，提高了管理工作难度。

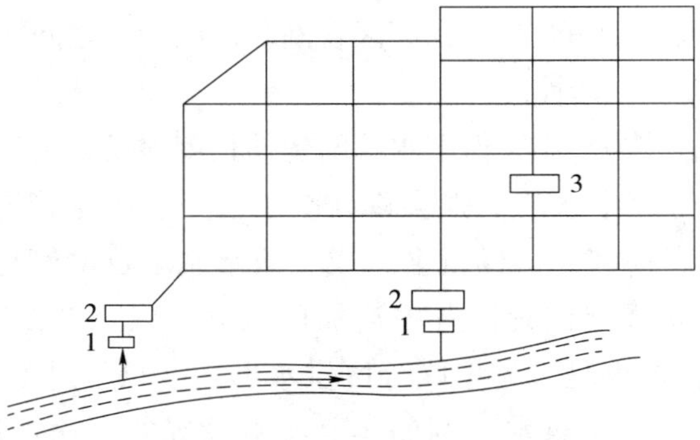

1- 取水构筑物；2- 水厂二级泵站；3- 中途加压泵站

图 2-3　多水源及设中途加压泵站的供水系统示意图

二、配水管网布置

配水管网的布置在给水系统总体布局的基础上进行。

配水管网是给水管道系统的主要组成部分。由二级泵站送入配水管网的水，经干管、分配管流入用户的接户管。干管管径较大，负责将水送入各个用水区；分配管管径较小，负责将水从干管分配至用户附近和消火栓；接户管管径最小，负责将分配管中的水接至各个用户。配水管网的设计和计算，通常只限于干管及干管之间的连接管。由于干管对安全、经济供水起决定性作用，投资最大，因此，配水管网的布置通常是指干管及干管之间连接管的布置，不包括分配管和接户管。配水管网基本布置形式有以下两种。

1. 树状网

图 2-4 为树状网，一般用于小城镇。其干管布置成树枝状，树状网投资小，但供水安全性差。一旦管网中有任意一段管线被损坏，都会造成该管段后的用户全部断水。

2. 环状网

将管线布置成环状称为环状网。图 2-1～图 2-3 及图 2-5 中均有环状网。环状网投资较树状网大，但供水可靠。有任意一段管线被损坏时，都可以关闭附近阀门使之与其他管线隔开，方便检修，此时水还可以从其他管线供给用户，断水范围小。一般大、中城市均采用环状网。有时，城市在建设初期会采用树状网，之后随着城市发展会将其逐步连成环状网。实际上，现在的城市给水管网多数是环状网和树状网结合，在城市中心或供水安全性要求高的地区采用环状网，而在郊区则以树状网形式向四周延伸，如图 2-5 所示。工业企业的配水管网也类似城市的配水管网，供水安全性要求高的工业企业主厂区采用环状网，而用树状网或输水管将水输送到个别较远车间。

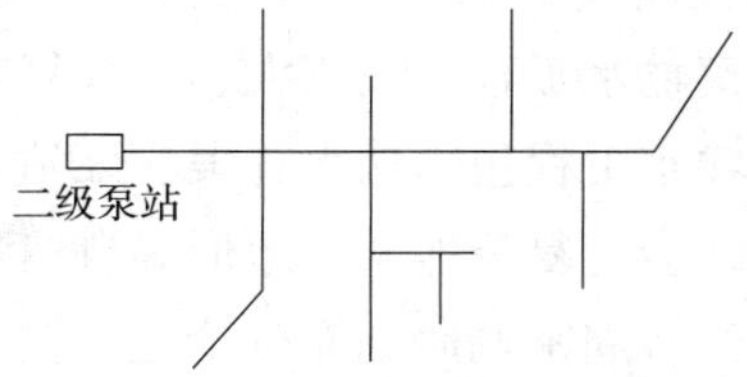

图 2-4 树状网示意图

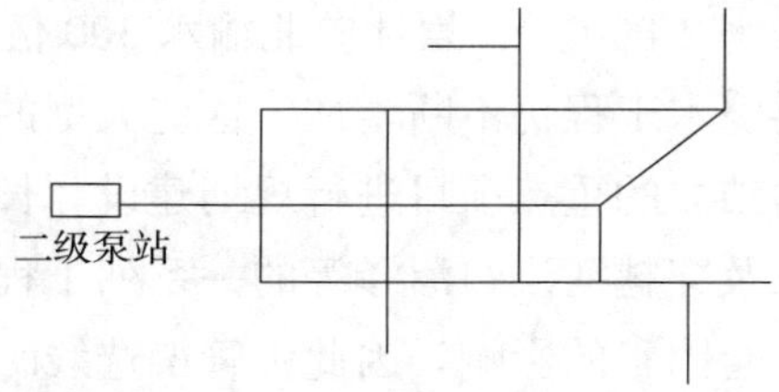

图 2-5 树状网和环状网相结合示意图

三、输水管渠布置

从水源到水厂及从二级泵站到配水管网的管渠称输水管渠。其沿线一般不接用户，仅起输水作用，管中流量不变。有时，从配水管网接到个别大用户的管渠（沿线也不接用户）也属于输水管渠。当水源、水厂和城市用水区相距较近时，输水管渠定线、布置比较简单。但当水源到水厂相距很远时，输水管渠的设计就会比较复杂，这里仅讨论距离不长的输水管渠的布置要求。

输水管渠选线及布置要求如下：

（1）应能保证不间断供水。输水管线选用单管线还是双管线，应根据供水重要性、输水量大小、分期建设安排等因素确定。当允许短时间内间断供水时，可设一条输水管线；或者在设一条输水管线时，同时修建有一定容量的蓄水池以便输水管渠发生故障时继续供水。如果设两条输水管线，应在两条输水管线之间每隔一定距离设连通管，并安装必要的阀门，以保证在输水管发生故障时不断水。

（2）尽量使输水管线最短，以降低造价和输水费用。

（3）输水管线尽量避免穿越河谷、铁路等障碍物，以及沼泽、滑坡等地质不良地区，尽量不占或少占良田。有条件时，最好沿现有道路或规划道路敷设管渠。

（4）充分利用地形，优先考虑重力流或部分重力流输水。

四、长距离输水管渠和引水工程

由于城市附近的水源水量不足或水源受到污染，有的城市要通过长距离输水工程引水以满足城市用水要求。我国早年建成的长距离输水工程中有“引滦入津”工程（引滦河水入天津市），该工程引水距离总长 234 km，2020 年天津年引水量约 6.89×10^8 m^3；“引黄济青”工程（引黄河水入青岛市），该工程的引水距离为 291 km，通水 30 周年时累计引水 9.41×10^9 m^3。引水量较大的是上海“黄浦江上游引水”工程，引水量为 5.40×10^6 m^3/d，输水管渠总长约 42 km。近年，我国规划和陆续建成的最重要的长距离输水工程是“南水北调”工程，其中“南水北调”中线工程于 2014 年 12 月 12 日 14 时 32 分正式通水，输水干渠总长达 1 276 km，向天津输水干渠长 156 km。截至 2020 年 6 月 3 日，“南水北调”中线一期工程已经安全地输水 2 000 天，累计向北输水 300 亿 m^3，使沿线 6 000 万人口受益。当前我国长距离引水工程仍不断增加。这些大型的长距离输水工程，投资大、工程复杂，通常作为独立的重点项目进行规划建设。长距离输水工程包括输水管渠、泵站、调蓄水库以及穿越河流、沼泽等的一系列工程设施，会受复杂地质、地形等自然条件和某些社会因素的影响。因此，管渠选线时，要经过周密调研和充分论证。在选线过程中，除要考虑上述一般输水管渠定线要求，针对长距离输水特点，还应特别注意以下几点。

（1）有条件时，应尽量利用现有河道或渠道，将其适当修整后作为输水管渠的一部分，以降低工程造价。例如，“引滦入津”工程全长 234 km，其中近 200 km 是河道和明渠，管道和暗渠仅 34 km 左右。

（2）因为管线长，沿途地质、地形条件不同，管道受到的压力也有变化，所以管道或渠道材质的选择应根据地质、地形、管渠尺寸和压力、管道价格及施工条件等，经过技术经济综合比较后确定。一般情况下，全线往往不会只用一种管材，而是采用几种材质的管道或暗渠以适应不同情况，力求经济合理、技术可行。例如，“黄浦江上游引水”工程的过江管道及一些支线管道采用的是钢管，输水主渠道则采用3孔道低压钢筋混凝土暗渠。

（3）若利用现有河道或明渠输水，一方面要防止水质污染，另一方面还应考虑沿河农业和工业用水的影响，确保城市所需的水质、水量。

（4）由于管线长，管理、维修难度大，因此安全输水尤为重要。一般情况下，应采用双（多）管道或双（多）渠道输水，并每隔一定距离设置连通管或连接井，使管渠在发生事故检修时不断水。如果因为资金不足只能设单管渠，应在适当位置建设安全贮水池，以保证在管渠检修期间继续向城市供水。

第三节 城市给水管道系统运行管理概述

对城市给水管道系统运行管理的要求是水量足够、水压平均、保证水质、安全供水、运行经济。要达到这样的要求，必须加强城市给水管道系统的日常技术管理并进行优化调度。主要管理内容包括以下5点。

1. 检漏

管道漏水不仅会浪费水资源，有时还会影响附近建筑物基础的稳固。我国给水管网漏水率较高，达供水量的10%～13%。导致管道漏水的原因较多，如因管材质量差或使用期过长造成的管道损坏；管道接头不严密；阀门损坏；管道基础不平整引起的管道损坏等，要防止漏水或降低漏水率，必须进行日常检漏工作。目前常用的检漏方法有音听检漏法、区域装表法和区域检漏法等。

2. 管道腐蚀和结垢问题的预防与清除

金属管道腐蚀包括外壁腐蚀和内壁腐蚀，主要是化学作用和电化学作用引起的。管道腐蚀将造成金属表面生锈、管道脆化或开裂、管内结垢等。例如，管道与潮湿土壤接触会引起原电池反应产生电化学腐蚀，溶解性盐类会形成沉淀造成管道结垢等。管道腐蚀、结垢不仅会增加管道内水流的水头损失，还会影响水质。金属管道腐蚀和结垢的预防方法主要有阴极保护（防止电化学腐蚀）；添加金属表面涂层（如涂油漆、沥青、内壁涂水泥砂浆或环氧树脂等）；采用非金属管道；在可能条件下进行水质稳定处理，调整水的pH等。

如果管道内已结垢，形成了沉积物，则可采用高速水流冲洗、压缩空气和水力同时冲洗、化学清洗、机械刮管等方法清除。按不同管径、结垢物或沉积物的化学性质和坚硬程度选择不同清除方法，清除后应增加内壁涂料衬里以防再度腐蚀结垢。

3. 管网水质的改善

有时候，出厂水水质很好，但用户从自来水龙头得到的水却水质较差，如浊度高、水呈红色或褐色、细菌数量多等。出现此类问题的原因主要包括部分松散的污垢和沉积物被流速较高的水流冲起；管道内残存微生物的再度繁殖；水中铁、锰含量高时，在管道内经氧化而形成红色、褐色沉淀物；管网水受到外界二次污染（如屋顶水箱受到污染）等。

改善管网水质已越来越受重视，有关这方面的研究也越来越多。例如，关于管网中水质变化规律的数学模型研究、城市给水的水质稳定研究、有关屋顶水箱是否应该存在及如何防止污染的探讨。改善管网水质的方法主要有控制出厂水铁、锰含量，管网中途加氯抑制细菌繁殖，经常清洗屋顶水箱，添加管道防腐涂层等。

4. 管网水压和流量的测定

测定管网水压和流量对管网的优化调度、改造和扩建都具有重要意义。因此，测定管网水压和流量是技术管理中的主要内容。测压点应均匀分布，并选在能反映整个供水区实际压力全貌的具有代表性的管线上。

测压方式有三种。第一种是将自动记录压力的仪表装在固定测点上，可连续24小时测压；第二种是将固定测压点的水压通过无线或有线的方式定时传至调度中心；第三种是用普通压力表在规定的时间、规定的测点人工测定瞬时压力。大、中型自来水公司一般采用第一种和第二种方式测压。根据所测水压数据，在管网平面图上绘制等压线，再结合地面标高，就可以判断供水区水压和管道内自由水压的状况。若某地区等水压线过密，表明该地区管网负荷过大，管径偏小。

5. 管网调度

管网调度的目的是提高供水服务质量，降低输配水电费，提高供水安全性，以取得更好的社会效益和经济效益。

城市给水管道系统包括输配水管道、泵站、水量调节构筑物（如水塔、水库）和附属设施（如闸门、消火栓）等。在管网运行过程中，以上各部分相互联系、相互制约。因此，管网调度是很复杂的，特别是多水源管网，只能借助于计算机技术进行调度。目前，有些城市已进行了这方面的工作并取得了良好效果。例如，采用城市供水管网数据采集和监控系统，即SCADA系统。该系统可运用无线或有线通信方式对管网进行优化调度，已在不少自来水公司得到应用。

第四节　城市给水管道材料概述

给水管道不仅投资大，而且关系着给水系统运行中的供水能耗、供水水质及供水安全。因此，合理选用给水管材十分重要。

选择给水管材时，应考虑以下几个方面的因素：

（1）管道承受内压和外荷载的强度；

（2）管道的耐腐蚀性能；

（3）管道的使用年限；

（4）管道运输、施工和安装的难易程度；

（5）管道内壁的光滑程度（涉及水力条件）；

（6）管道的价格。

设计给水管道时，应通过对以上几方面的技术和经济可行性进行综合评价，选择技术可行、经济合理的管道材料。给水管材主要有以下四类。

1. 金属管材

（1）钢管

给水管道常用焊接钢管和无缝钢管。前者适用于大、中口径管道；后者适用于中、小口径管道。钢管的特点是耐高压、耐振动、重量较轻、管材及管配件易加工；但刚度小、易变形、承受外荷载的稳定性差、易腐蚀。在给水管道系统中，钢管特别适合用于地形复杂的地区。近年来，小口径不锈钢管也用于特殊给水管道系统（如分质供水系统）中，可作为直接饮用水管道。

（2）铸铁管

铸铁管是给水管道系统中使用最多的管材。铸铁管主要有两种：灰口铸铁管和球墨铸铁管。

灰口铸铁管耐腐蚀性比钢管强，过去使用最广，但由于质地较脆、抗冲击和抗震能力较差，经常发生爆管事故，因此发达国家从20世纪60年代就开始逐渐淘汰此类管材，我国近年来也已逐步淘汰这类管材。

球墨铸铁管耐腐蚀性较钢管强，重量比灰口铸铁管轻，抗冲击和抗震能力比灰口铸铁管强，价格低于钢管但高于灰口铸铁管。发达国家已普遍采用球墨铸铁管。我国也全面推行了以球墨铸铁管替代灰口铸铁管的政策。球墨铸铁管一般适用于中、小口径管道。我国目前生产的球墨铸铁管最大直径可达2 600 mm。

2. 混凝土管材

混凝土管有3种，自应力钢筋混凝土管、预应力钢筋混凝土管和预应力钢筒混凝土管。

自应力钢筋混凝土管一般仅用于农村及中、小城镇给水，口径较小。

预应力钢筋混凝土管价格低，耐腐蚀性能优于钢管，抗震能力比灰口铸铁管强，管壁较光滑；但重量大，运输与安装不便。预应力钢筋混凝土管主要用于大、中口径管道。

预应力钢筒混凝土管是在管芯中间夹一层厚约1.5 mm的薄壁钢管。然后在环向绕一层或两层预应力钢丝。它兼具钢管和预应力钢筋混凝土管的优点，且水密性优于钢筋混凝土管，耐腐蚀性优于钢管，但重量较大，运输、安装不便。预应力钢筒混凝土管在大口径管道中颇具发展优势。目前，世界上使用预应力钢筒混凝土管最多的国家是美国和加拿大，其预应力钢筒混凝土管最大直径可达 7 600 mm，一般管径范围在 400～4 000 mm。

3. 塑料管

给水管道系统常用的塑料管有硬质聚氯乙烯管（UPVC）、高密度聚乙烯管（HDPE）、聚丙烯管（PP）、聚丙烯腈 - 丁二烯 - 苯乙烯管（ABS）、玻璃钢管（GRP）和夹砂玻璃钢管（RMP）等。各种塑料管的共同优点是表面光滑、重量较轻、耐腐蚀性能优良。但不同的塑料管也存在各自的缺点，如 UPVC 管的质地较脆，强度不如钢管；HDPE 管的刚度和强度均有限且易老化等。另外，塑料管价格偏高。尽管塑料管存在一些不足，但其优点显著，故应用得日益广泛。

据国际供水协会（IWSA）统计，目前塑料管在国际供水管道中的应用已占到了 25% 左右（按长度计算），在新铺设的管道中塑料管约占 70%（按长度计算），其中用得最多的主要是管径小于 200 mm 的管道。但是大口径、中口径 GRP 管的应用也日益广泛。在日本城市大口径给水管道中，GRP 管占 25% 左右，已超过钢管用量；英国所用 GRP 管也已占供水管道总长的 25% 以上。GRP 管不仅重量轻、表面光滑、耐腐蚀性能优良，而且强度也高，但价格高是影响其市场竞争力的主要因素。此外，由于玻璃钢结构层中的玻璃纤维有可能游离到水中，故一般适用于大、中口径的浑水输水管，而在饮用水配水管网中，其应用较少。

4. 金、塑复合管材

为了兼顾金属的高强度和塑料的耐腐蚀性能，近年来金属和塑料复合管材日渐增多，主要有以下几种。

（1）PVC 衬里钢管：由 PVC 管和钢管复合而成。内壁为 PVC 管，外壁为钢管。

（2）HDPE 衬里钢管：由 HDPE 管和钢管复合而成。内壁为 HDPE 管，外壁为钢管。

（3）HDPE 粉末树脂衬里钢管：该管材在钢管内壁熔融了一层 HDPE 粉末树脂。

（4）铝塑复合管：该管材在 HDPE 管壁中夹一层薄铝以增加管道强度。

（5）铝合金衬塑管：由铝合金管和 PP 管复合而成，内壁为 PP 管，外壁为铝合金管。

（6）穿孔钢塑复合管：在 HDPE 管的管壁中间用薄的实孔钢管增加强度。

以上所提的复合管材基本上是小口径管道，大多用于室内给水管网。

随着材料科学的发展，新管材不断涌现。我国在管材方面起步晚，但发展快。许多之前生产灰口铸铁管的厂家，已逐渐进行技术改造升级，通过引进、吸收、消化国外先进技术，生产球墨铸铁管。新的球墨铸铁管生产厂家也在不断出现。自20世纪80年代开始，我国已从意大利、美国、日本、法国等国家引进玻璃钢管生产线。我国的一些大、中型给水工程已使用了GRP管或RPM管，如江苏省常熟市和江宁区的“长江引水”工程。我国已有中、小口径塑料管生产厂家150多家，其中UPVC管的最大直径已达710 mm，由于其刚度较大、阻燃性能较好、强度也较高，故产量在塑料管中占70%以上。仅济南自来水公司所用的UPVC管就已达200 km，最大直径为560 mm。HDPE管采用先进的生产工艺和技术，通过热挤塑成型，具有耐腐蚀、内壁光滑、流动阻力小、强度高、韧性好、重量轻等特点。继UPVC给水管道之后，HDPE管成为了世界上消费量第二的塑料管道品种。金、塑复合管材在我国的生产和应用也日益增多。由于我国已逐步淘汰传统的镀锌钢管，因此我国的塑料管材及复合管材预计将有较大发展。

参考文献

[1] 严煦世，范谨初．给水工程：第四版[M]. 北京：中国建设工业出版社，1999.
[2] 李圭白，蒋展鹏，范谨初，等．城市水工程概论[M]. 北京：中国建筑工业出版社，2002.
[3] 住房和城乡建设部．室外给水设计标准：GB 50013—2018[S]. 北京：中国计划出版社，2018.
[4] 住房和城乡建设部．给水工程规划规范：GB 50282—2016[S]. 北京：中国建筑工业出版社，2018.
[5] 新华社．习近平、李克强就南水北调中线一期正式通水作出重要指示要求和批示 [EB/OL].(2014-12-12)[2022-08-20]. http: //www.gov.cn/xinwen/2014-12/12/content_2790184.htm.
[6] 吴涛．新兴铸管公司推动世界最大口径球墨铸铁管应用[EB/OL]. (2019-03-19)[2022-08-20]. http: //www.chinawater.com.cn/js/jsqy/201903/t20190319_730597.html.

第三章　城市水业之排水管网系统概述

第一节　城市排水类型

在城市，民用、工业和公共建筑中都会使用水，水在使用过程中因受到不同程度的污染改变了原有的物理性质和化学成分，成为污水或废水。

按产生的来源，这些受污染的水可分为生活污水和工业废水两大类。

（1）生活污水

生活污水指的是人们日常生活中排出的污水，如盥洗、淋浴和洗涤等使用后的水都是生活污水。生活污水主要包括居民日常产生的生活污水、公共建筑内的生活污水和工业企业内的生活污水三类。生活污水中含有大量易腐败的有机物，如蛋白质、植物脂肪、碳水化合物等，以及各种细菌、病毒等致病性微生物，同时也含有有助于植物生长的氮、磷、钾等营养成分。该类废水需要经过收集、处理后才能排入自然水体或用于灌溉和再利用。

（2）工业废水

工业废水指的是工业生产中产生的废水，主要来自生产车间，也包括部分生产过程中产生的生活污水。由于各类工厂的产品类别、工艺技术、生产原料及用水方式等不同，导致工业废水的水质也有了极大的差异，因此产生的危害也各不相同。

根据污染程度的不同，工业废水可分为生产废水和生产污水两类。生产废水污染程度较轻，如冷却用水。冷却用水仅受热污染，可经过收集并进行简单处理后直接排放，或者重复用于生产中。生产污水污染较严重，大多对环境具有较大的危害，有的含有高浓度的有机物，有的含有汞、铬、镉等有毒有害物质，还有的含有放射性物质等；此外，在表观上，生产污水往往也具有较恶劣的物理性状。因此，这类污水必须进行收集并适当处理后才能排入自然水体、市政污水收集系统中，或回用于生产。除了生活污水与工业废水，降水对城市的影响也是不可避免的。如雨水、冰雪融水会在地面的低洼处等形成积水，严重时会形成城市内涝，妨碍交通，危及正常生活和生产。从水质方面来看，雨水一般较清洁，无须处理，可直接就近排入水体。但降雨初期形成的雨水径流会在流动中挟带地面、屋面上的污染物，使雨水受到污染，这也是不容忽视的事实。

在城市和工业企业中，应当有组织地、及时地排除上述污水、废水和降水，以保障生活和生产正常进行，保护环境，避免形成公害，保证人民健康。这一系列有组织地用于水的收集、输送、处理和排放的设施，称为排水系统。

排水系统通常包括两部分：管道系统和污水处理系统。管道系统包括与之相关的各类附属设施，也称为排水管网，起着将各类排水从产生处输送至污水处理厂或从污水处理厂输送至出水口的作用。污水处理系统通常指污水处理厂及其中各类处理构筑物和除臭设施，是处理废水的主要场所，也是废水回用的基础。

第二节 城市排水管网系统的组成

城市排水管网是由分布在排水区域内的各类排水管道渠所形成的网络状管道系统。其作用为收集污水、废水和雨水，将收集的各类排水输送到污水处理厂进行处理（合流制），或单独将雨水收集后直接就近排入自然水体，而污水和工业废水则输送至污水处理厂（分流制）。

城市排水管网系统一般由污水、废水、雨水收集设施，排水管网，调节池，提升泵站，排水管道上的附属设施和排出口等组成。

一、城市污水排水管网系统的组成

城市污水排水管网系统指的是收集和输送城市生活污水和工业废水的各类排水管网及与之相关的泵站、附属设施、出水口及事故排出口等。因工业废水的收集与生活污水有所不同，故不在此处介绍，本部分只介绍生活污水管网的组成。

1. 排水管网

生活污水排水管网主要分为以下几类：

（1）室内污水管网

室内污水管网是指在居民住宅和公共建筑中，用于收集人们使用后的污水、废水的管道。主要包括受纳器具、排水管道、通气管道、清通设备和排出管等。

室内污水管网的作用是通过收纳器具收集室内生活污水，并将其排送至室外污水管网中。

（2）室外污水管网

室外污水管网是指位于居住小区地下和街道下的污水排放管道系统，其作用是将室内输送来的生活污水输送到泵站、污水处理厂和排出口。

敷设于居住小区道路之下的污水排水管网，连接着建筑的室内污水排放出户管，其主要由接户管、小区污水支管和小区污水干管组成。接户管指的是布置在建筑物周围与各建筑物中的污水出户管相连的污水管道。小区污水支管指的是布置在居住组团内与接户管连接的污水管道，一般设置在小区组团的道路下。小区污水干管指的是在居住小区内，汇集各居住组团的小区污水支管流来的污水的管道，一般布置在小区道路或市政道路下。按规定，居住小区污水排入市政污水管道时，污水排出口的数量与位置，须取得城市市政主管部门的同意，同时，小区污水水质应符合《污水排入城镇下水道水质标准》（GB/T 31962—2015）的相关要求。

街道污水管道系统敷设于市政街道下，其作用是排出居住小区管道汇集的污水。街道污水管道系统主要由支管、干管和主干管等组成（图 3-1）。支管受纳居住小区污水干管流出的污水或工业企业集中排出的污水、废水。干管是汇集各排水流域内支管汇集的污水的管道，也称为流域干管。主干管是汇集两个或两个以上干管流出的污水的管道。如果污水处理厂位置较为偏远，则将主干管至污水处理厂前的提升泵站之间的管段称为市郊干管，从污水处理厂出水口至水体排出口的管道也称为市郊干管。

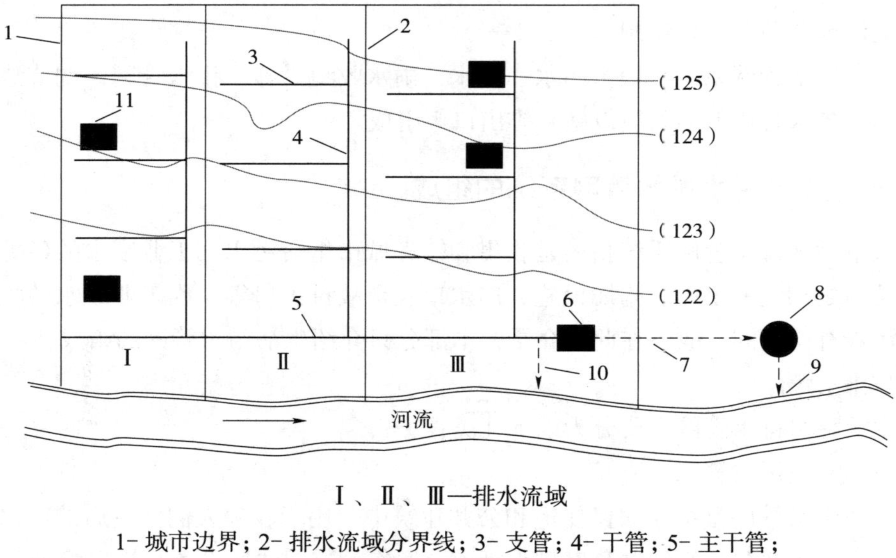

Ⅰ、Ⅱ、Ⅲ—排水流域

1- 城市边界；2- 排水流域分界线；3- 支管；4- 干管；5- 主干管；

6- 总泵站；7- 压力管道；8- 污水处理厂；9- 排出口；10- 事故排出口；11- 工厂

图 3-1　城市污水排水管网系统总平面示意图

2. 提升泵站

城市污水的收集与排放通常采用重力流管道，但在输送过程中，不可避免地会受到地形等条件的限制，该类情况下就需要考虑设置提升泵站。提升泵站的作用为将低洼地区的污水、废水提升到能用重力流输送的管道中，或直接将提升的污水、废水通过压力管道输送至污水处理厂。

污水泵站通常按用途与设置位置分为局部泵站、中途泵站和总泵站。局部泵站设于排水流域内局部低洼地区；中途泵站主要用于城市污水管道在地下埋深过大时的提升；总泵站指的是设置于污水处理厂前，用于将城市污水提升至处理构筑物，并能满足后续重力流需求的提升泵站。

3. 排水管道上的附属设施

附属设施指的是设置于污水管道上的检查井、跌水井、水封井、倒虹管等设施。

检查井是污水管道衔接的重要设施，同时还用于管渠系统的定期检查和清通。跌水井是在检查井上、下游管渠的管底标高跌落差大于1.0 m时，为防止冲刷、消减水流速度而设置的消能措施。水封井是具有水封设施的检查井，其作用为通过水封，隔绝易燃、易爆气体进入排水管渠，防止在有可能遇火的场所引起爆炸或火灾。

倒虹管是敷设排水管渠遇到河流、山涧、洼地或地下构筑物等障碍物时，改变原有敷设坡度，按下凹的折线方式从障碍物下通过的一种特殊工程措施。主要由进水井、下行管、平行管、上行管和出水井等组成，如图 3-2 所示。

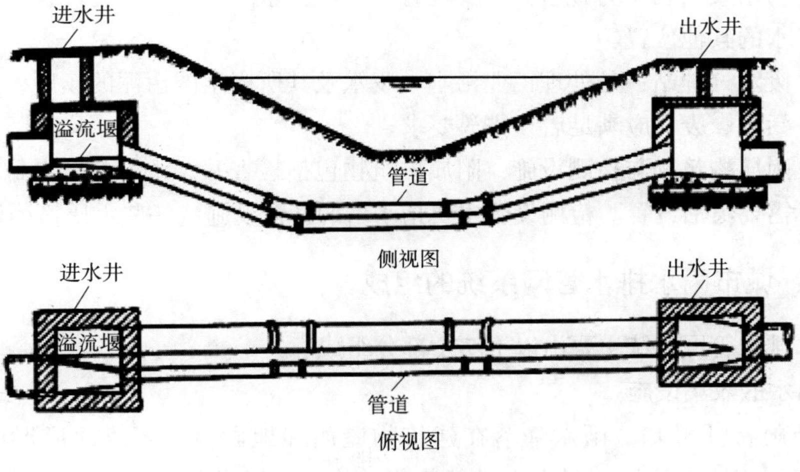

图 3-2 倒虹管

4. 排出口及事故排出口

污水排入水体的渠道和出口称为排出口，也称出水口，是城市污水排水管网系统的终点设施。

事故排出口是为防止泵站发生故障不能正常运行，在城市污水管网排水系统的中途某些易于发生故障的设施之前（如总泵站之前）设置的辅助性出水管渠，该管渠能及时将管道系统输送来的污水直接排入水体。

二、工业废水排放系统与组成

在工业企业中，生产车间或其他有用水需要的建筑物、构筑物均需排放污水或废水，这些污水或废水通常也用管道进行收集和输送，根据不同水质，有些被送至设于厂内的污水处理构筑物，经处理达标后外排至自然水体；如果处理后仍达不到排入水体的要求，但达到了《污水排入城镇下水道水质标准》（GB/T 31962—2015）的要求，则可先排入城市污水管道，输送至污水处理厂进一步处理后再排入水体。如果工业企业污水、废水水质本身就满足排入城市污水管道的要求，可直接排入厂外的城市污水管道中。

综上所述，工业废水排放系统主要包括厂区内各排水管道、处理设施与附属设施，常见系统组成如下。

（1）车间内部管道系统和各种受纳设备：主要用于收集各生产设备排出的工业污水、废水，并将其输送至车间外的厂区管道系统中。

（2）厂区管道系统：敷设于厂区地下，用以收集并输送各车间排出的工业污水、废水。可根据生产工艺的复杂程度和厂区的具体情况，设置若干个独立的管道系统。

（3）污水泵站及压力管道：主要设置于厂区废水处理站前，也设置于需要提升污水、废水的其他位置。

（4）废水处理站：是处理工业污水、废水及其所产生的污泥的场所，该场所处理的工业污水、废水应满足后续排放要求。

（5）附属构筑物与检测设施：附属构筑物包括检查井、跌水井、水封井等，可根据实际需要灵活设置。检测设施主要指水量的计量设施或一些水质检测设备。

三、城市雨水排水管网系统的组成

雨水排水管网系统主要由以下 7 个部分组成。

1. 雨水的收集设施

从降雨特征可知，雨水降落在建筑物屋面和地面后，会依地形形成重力汇流，人们利用这一特性，对雨水进行收集并排放。通常采用雨水斗或天沟收集屋面雨水，并将之排入建筑物雨水管道系统；采用雨水口收集地面雨水，并将之排入小区或厂区雨水管渠系统和街道雨水管渠系统。雨水管渠系统及排洪沟布置见图 3-3。

2. 建筑物的雨水管道系统

建筑物的雨水管道系统主要用于收集民用、工业、公共建筑的屋面雨水，并将之排入室外的雨水管渠系统中。

3. 居住小区或工厂厂区雨水管渠系统

居住小区或工厂厂区雨水管渠系统是敷设于居住小区或工厂范围内的雨水收集管渠系统。

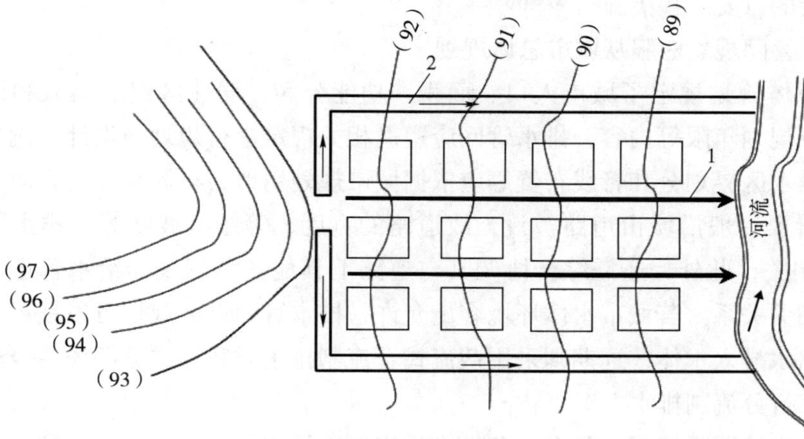

1- 雨水管；2- 排洪沟

图 3-3　雨水管渠系统及排洪沟布置

4. 街道雨水管渠系统

街道雨水管渠系统是敷设于公共街道下的雨水收集管渠系统。

5. 排洪沟

排洪沟主要用于位于山坡或山脚下的工厂或城镇，除了要考虑及时排出建成区内的暴雨径流，还应及时拦截并排出建成区以外、分水线以内沿山坡倾泻而下的山洪径流。山洪径流形成是因为山区地形坡度大，集水时间短。雨洪径流形成快，水流急，且挟带着泥沙等杂质，冲刷力大。这类径流容易使位于山坡下的工厂和城镇受到破坏，造成严重损失。因此，排洪沟的任务是有组织地及时拦截并排除山洪径流，保护山坡下的工厂和城镇的安全。

6. 附属构筑物

除雨水口、雨水斗和天沟外，雨水管渠系统上的其他附属设施与污水管网系统上的类似。但对于合流制管道系统，还需要考虑设置一些特殊的构筑物，如溢流井、跳跃井等。

7. 出水口

将收集的雨水排入江、河、湖、海等自然水体的排出口。

第三节　城市排水管网系统规划和布置概述

一、城市排水管网与城市规划的关系

城市排水管网是现代化城市不可或缺的基础设施，是保护城市环境，保障城市

可持续发展的重要工程措施。

1. 排水管网规划应服从城市总体规划

城市总体规划规定了城市人口、面积、功能分区、居住区建筑层数和设计标准、发展及规划年限等内容，排水管网应遵循相关规定进行规划与设计。例如，排水范围、排水区界划分和管线布置等应依据城市规划用地、布局和发展方向进行设计；排水管渠一般沿城市道路敷设，故道路的宽度、等级、坡度等与排水管渠的布置密切相关，此外，还需综合协调其与道路下其他各类管线如给水管道、电力电缆等的相关关系。若城市水体环境容量允许，排水管网近期规划可以就近为原则设计，将出水排入水体，远期则采用截流式合流制排水方案；或近期先建合流制管网，远期实行分流制排水方案。

城市排水管网系统规划是在已获批准的当地区域规划、城市（区、镇）总体规划及排水工程规划的基础上进行的。设计对象为需要新建、扩建或改建排水管网的城市、工业企业和工业区，其主要任务是规划设计收集和输送各类污水、废水的排水管道系统，包括相应附属构筑物的规划与设计。排水管网系统的规划与设计应以区域规划及城市和工业企业规划与设计方案为依据，其设计规模、设计期限应根据区域规划、城市和工业企业规划方案的设计规模和设计期限而定。此外，排水管网系统的排水区界，即排水管网系统设置的边界，取决于区域、城市和工业企业规划的建筑界限。

2. 城市规划应兼顾排水管网系统规划

在进行城市规划时应兼顾排水管网系统的规划。例如，在城市工业布局中，废水量大、污染严重的工业企业应尽量布置在城市河道下游，以利于水环境保护；城市用地和布局应尽量紧凑，以缩短排水管道长度，减少工程投资等。

二、城市排水管网系统规划的基本原则

城市排水管网系统规划的基本原则主要有以下 4 点。

（1）要保证排水通畅，并尽量以最短的距离迅速将雨水、污水排出，避免因雨水、污水排放不畅导致环境污染或城市内涝，影响正常生活与生产；

（2）要综合考虑排水现状，充分发挥原有排水设施的作用，降低工程投资；

（3）要便于管渠的施工、运营和维护；

（4）充分结合近远期规划，考虑分期建设的可能性。

三、排水体制的类型与选择

生活污水、工业废水和雨水（包括冰雪融水）的排除方式称为排水体制。排水体制通常分为合流制和分流制两种类型。

1. 合流制

将生活污水、工业废水和雨水用同一管道系统排放的排水系统称为合流制排水系统。

最早的合流制排水系统收集的各类排水不经处理直接就近排入水体，被称为直排式合流制排水系统，以往国内外很多大城市的老城区采用的这种排水形式，如图 3-4 所示。由于污水未经无害化处理就排放了，因此，采用该形式会使受纳水体遭受严重污染。

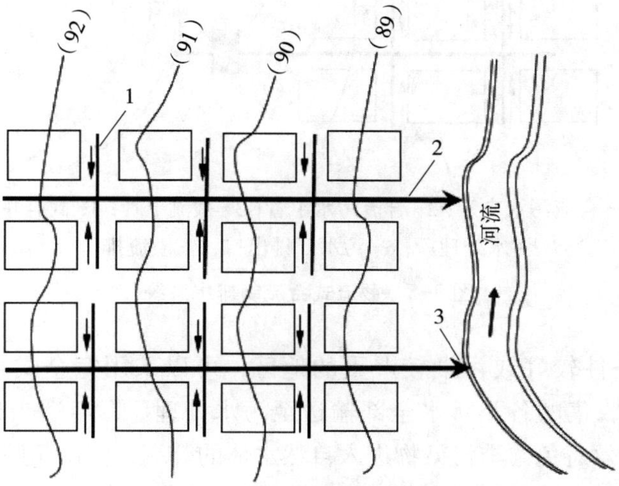

1- 合流支管；2- 合流干管；3- 合流直排排出口

图 3-4　直排式合流制排水系统

当前常用的是截流式合流制排水系统，如图 3-5 所示。该系统在沿河岸较低处建造一条截流干管，在合流污水干管与截流干管相交处或相交前的适当位置设置截流井，并在截流干管下游设置污水处理厂。晴天排水和初雨径流全部收集后输送至污水处理厂，经处理后排入水体；若降雨量继续增大，地面雨水径流也会增加，当增加至混合污水流量超过截流干管的输送能力时，超出截流干管输水能力那部分水量就由截流井的溢流口溢出，直接排入受纳水体。相较于直排式合流制排水系统，截流式合流制排水系统技术上有了较大的进步，但在雨季时仍有部分混合污水未经处理就直接排放了，成了自然水体的污染源，这是截流式合流制排水系统的最大缺点。尽管如此，在国内外对老城区直排式合流制排水系统进行改造时，仍常常采用这种方式。

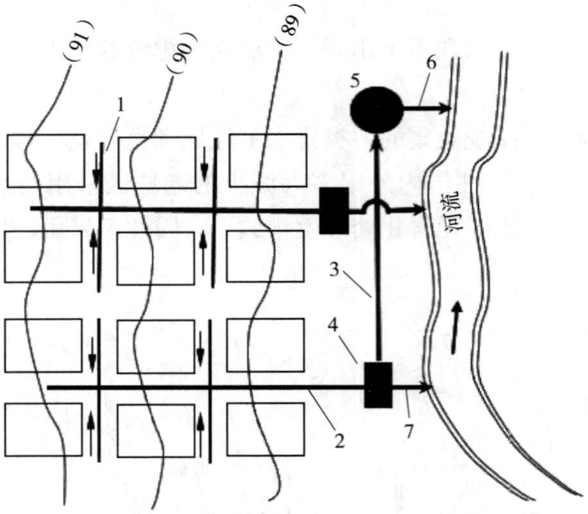

1- 合流污水支管；2- 合流污水干管；3- 截流干管；4- 截流井；
5- 污水处理厂；6- 污水厂排出口；7- 溢流排出口

图 3-5 截流式合流制排水系统

对于经济条件较好或污染较严重的地区，可以采用完全式合流制排水系统（图 3-6）。即将收集的各类排水全部输送至污水处理厂，经适当处理后再排入水体。该做法可有效避免雨季污染物进入自然水体的弊端，但由于晴、雨时期混合污水水质波动相对较大，因此对污水处理厂的运行与维护提出了较高的要求。

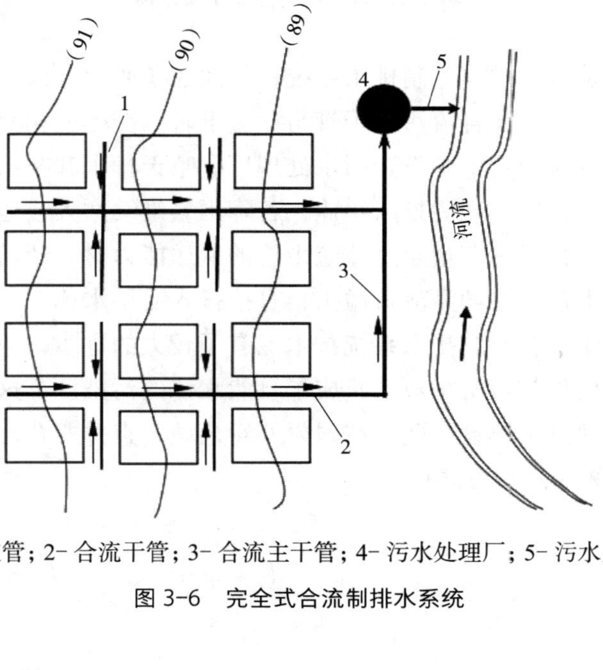

1- 合流支管；2- 合流干管；3- 合流主干管；4- 污水处理厂；5- 污水厂排出口

图 3-6 完全式合流制排水系统

2. 分流制

将生活污水、工业废水和雨水分开，用两个管道系统分别排放时称为分流制排水系统，其中用于排除生活污水（包括民用、公共建筑和工业企业的生活污水）和工业废水的称为污水排水系统，用于排除雨水的称为雨水排水系统。

根据不同的雨水排水方式，分流制排水系统又可分为完全分流制和不完全分流制两类，如图 3-7、图 3-8 所示。完全分流制排水系统具有完善的污水排水系统和雨水排水系统。而不完全分流制排水系统或只有完善的污水排水系统，暂时未建雨水排水系统，雨水的排出暂为沿天然地面、街道边沟，或原有管渠系统排出；或为了补充原有管渠系统输水能力不足而修建了部分雨水排水管渠，其中不完善部分待城市进一步发展起来，再修建完善成完全分流制排水系统。

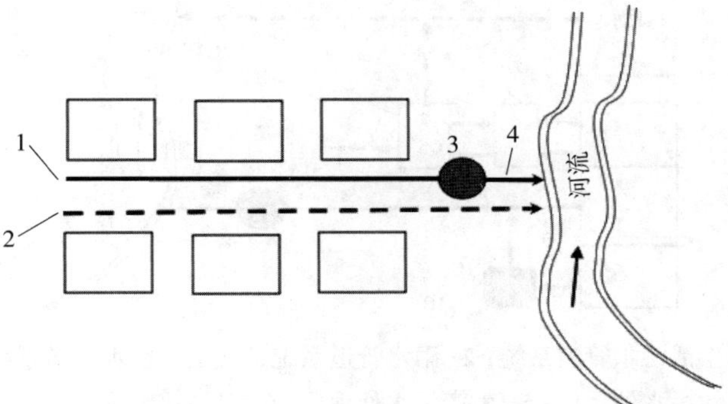

1- 污水管道；2- 雨水管道；3- 污水处理厂；4- 排出口

图 3-7　完全分流制排水系统示意图

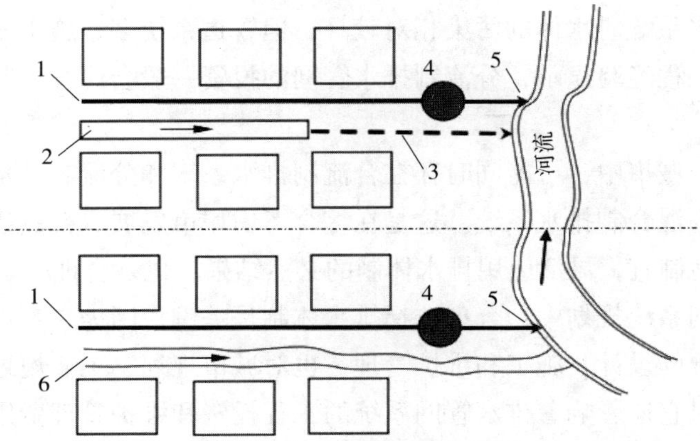

1- 污水管道；2- 原有雨水渠道；3- 新建雨水管道

4- 污水处理厂；5- 排出口；6- 原有河道或渠道

图 3-8　不完全分流制排水系统示意图

工业企业内部的排水系统，一般也采用分流制排水系统。有些工业企业的生产废水水质复杂、污染较严重或含有可回收利用的资源，因此不宜与厂区内的污水混合，以免使后续处理复杂化，或给废水重复利用和有用资源的回收利用造成困难。在这种情况下，排水可采用分质分流、清污分流的分流制排水管道系统。但如果生产污水的水质与生活污水类似，就可将生活污水与生产污水用同一管道系统排放。工业企业产生的污染较轻的生产废水，可根据水质考虑重复利用或直接排入雨水管渠系统，或经过适当处理后再排入雨水排水管网系统（图 3-9）。

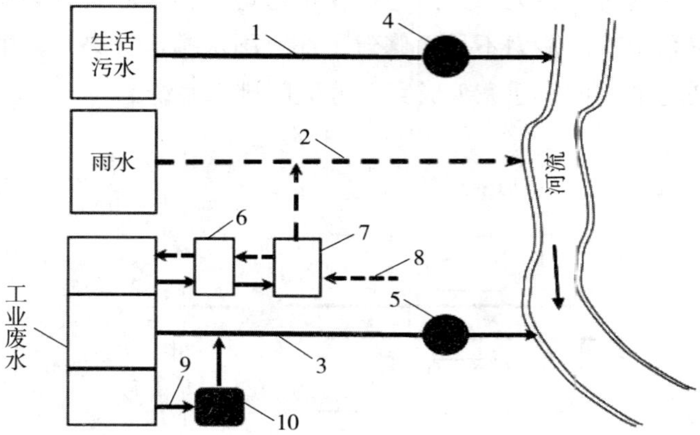

1- 生活污水管道系统；2- 雨水管道系统；3- 工业废水管道系统；
4- 生活污水处理厂；5- 生产污水处理厂；6- 泵站；7- 冷却工艺系统；
8- 补充新鲜水；9- 特殊污染生产污水管道系统；10- 局部处理设施

图 3-9　工业企业分流制排水系统

合流制排水系统的管道系统少，施工简单，工程投资较低，但会造成水体污染。分流制排水系统对水体的污染相对较轻，但管道系统多，施工复杂，工程投资较高。国内外工程经验显示，分流制排水管网的投资一般会比合流制排水管网高出20%～40%。

此外，同一城市中，可能同时存在合流制排水系统和分流制排水系统，这样的排水系统被称为混合制排水系统。这是在综合考虑城市发展、自然条件、经济发展等因素后，因地制宜，灵活应用排水体制的必然结果，也是合理的。

在排水管网系统规划中，合理选择排水体制是关键，因为它不仅从根本上影响着排水管网系统的设计、施工和维护管理，也对城市规划、工业规划以及环境保护影响深远，同时它还影响着排水管网系统的工程投资和维护管理费用等。因此，选择排水体制应在满足环境保护需要的前提下，根据当地条件，结合城市总体规划、城市自然地理条件、当地水文条件、水体状况、气候特征、原有排水管网及设施、污水处理程度、污水再生利用情况等，经过技术经济综合比较后确定。我国现行

《室外排水设计标准》（GB 50014—2021）中还规定，除降雨量少的干旱地区外，新建地区的排水系统应采用分流制。现有合流制排水系统，应通过截流、调蓄和处理等措施，控制溢流污染，还应按城镇排水规划的要求，经方案比较后实施雨污分流改造。

四、城市排水管网系统的规划与布置

城市排水管网系统因管道系统平面布置呈树状网络结构而得名。管道系统的平面布置称为定线，定线是合理、经济地设计排水管网系统的先决条件，是排水管网设计中的重要环节。定线时，一般按主干管、干管、支管的顺序进行。定线应遵循的主要原则是尽可能在管线较短、埋深较浅的情况下，让最大区域的污水自流排出。

根据定线原则，城市排水管网系统在定线时须充分利用各种有利因素，避免不利因素的影响。定线通常需考虑的因素包括地形、城市用地布局、排水体制和管线数量、污水处理厂的位置与出水口位置、水文条件、道路宽度、地下管线或地下构筑物的位置、工业企业和大型公共建筑物的分布情况等。其中，地形是影响排水管网规划与布置最主要的因素，故应充分利用地形，使管线走向符合地形趋势，总体上宜顺坡排水。

以地形为最主要因素的排水管网布置形式主要有以下几种（图 3-10）。

（1）正交式

当地势向水体适当倾斜时，各排水流域的干管可以最短距离沿与水体垂直相交的方向布置，称为正交式布置。这种布置形式干管长度短、管径小，污水排出迅速，投资少。但污水未经处理就直接排放会导致自然水体受到严重污染，影响生态环境。因此，该形式通常用于雨水的排出。

（2）截流式

若沿河岸敷设主干管，将正交式布置中各干管输送来的水进行截流，输送到污水处理厂则称为截流式布置。截流式是对正交式的发展，适用于分流制排水系统，可将生活污水和工业废水收集并输送至污水处理厂，对减轻水体污染、改善和保护环境有重大意义。

（3）平行式

在地势与河流间有较大倾斜角度时，为避免干管敷设坡度和管内流速过大，造成管内冲刷，损坏管道内壁，在定线时，可将干管与等高线及河道平行布置，主干管与等高线及河道垂直或朝下游与河道呈一定角度敷设，这样的布置形式称为平行式布置。

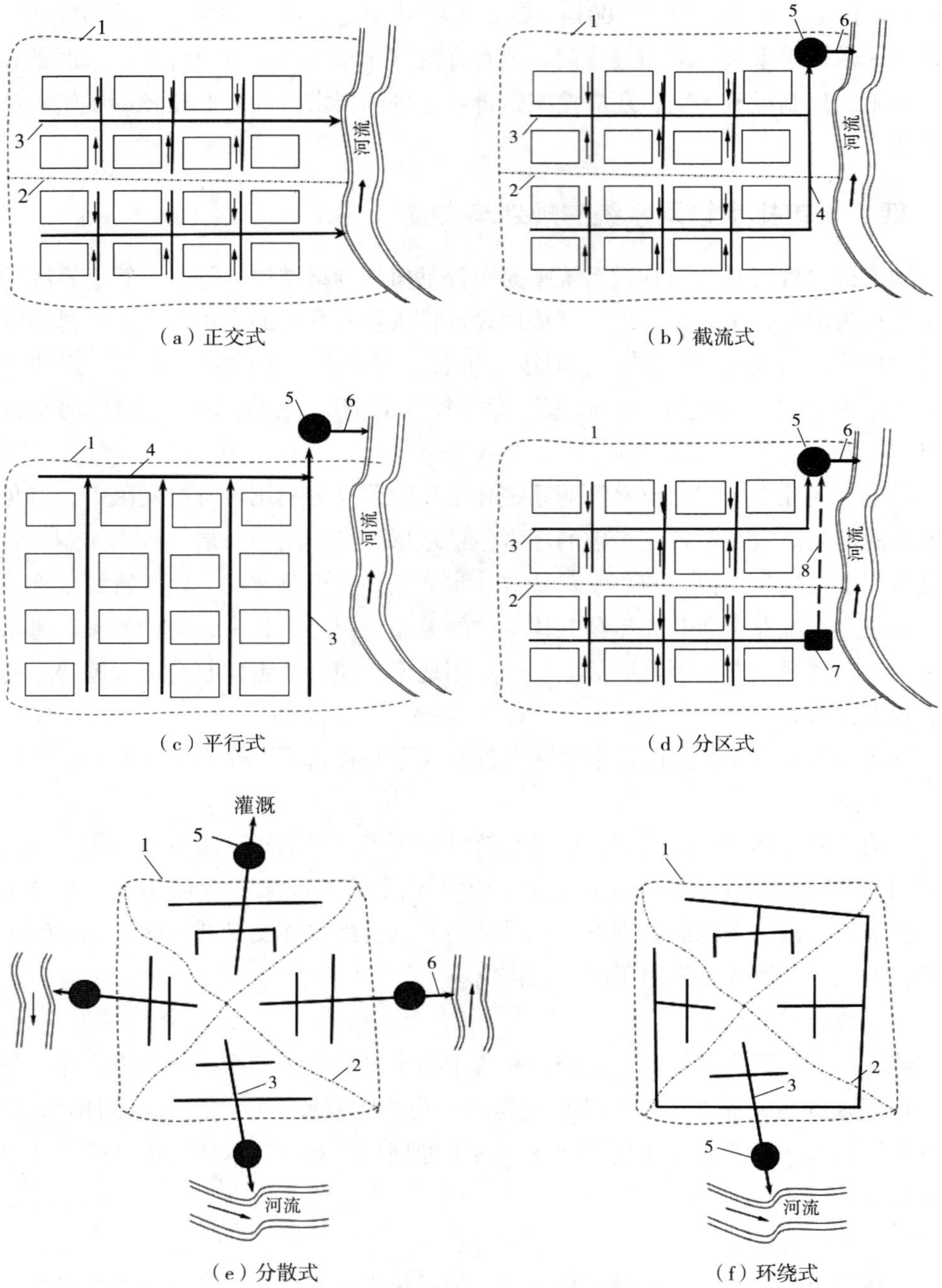

1- 城市边界；2- 排水流域分界线；3- 干管；4- 主干管；5- 污水处理厂；
6- 污水厂排出口；7- 泵站；8- 压力管道

图 3-10 排水管网的布置形式

（4）分区式

在地形存在较大高差的地区，当低区污水不能以重力流流至污水处理厂时，可选择分区式布置形式。即在地势高区和低区分别敷设独立的管网，高区的污水依靠重力流直接流入污水处理厂，而低区的污水经管网收集后，由泵站抽送提升至高区干管或直接提升并输送至污水处理厂。该类布置能充分利用地形排水，可较好地节省施工和运营成本。

（5）分散式

当城市周围有河流，或城市中部地势高且向四周倾斜时，各排水流域的干管可呈辐射状分散布置，各排水流域具有独立的排水系统。该类布置形式具有干管短，管径小，管道埋深较浅等优点。对于地形平坦的大城市，也可以采用该类布置形式。

（6）环绕式

实践表明，大型污水处理厂在基建投资、运行管理费用等方面均比小型污水厂经济，综合考虑污水处理厂用地不足、城市规划及水环境保护等因素，当不希望建造数量多、规模小的污水处理厂时，可考虑规划建设大规模的污水处理厂。在此情况下，排水管网则由分散式发展为沿低处设截流主干管的环绕式布置。

在实际应用中，单独采用一种布置形式的情况较少，通常是根据当地条件因地制宜综合应用多种布置形式。

第四节　城市排水管网系统的运行管理

一、排水管网系统运行管理的任务

排水管网建成使用后，为保证其正常工作，必须定期、按需进行养护和管理。排水管网在使用中的常见故障有：沉积物堵塞管道；由于外部荷载过大、地基不均匀沉降，或所输送污水的侵蚀作用导致的管道裂缝、腐蚀和损坏等。

验收合格的排水管网在运行中的管理养护任务主要为①监督排水管渠使用规则的执行；②经常检查、冲洗和清通排水管渠；③对有损坏的管渠及其上附属构筑物进行维护与维修；④处理意外事故。

城市排水管网的管理与养护一般由城市建设机关专设部门（如排水工程管理处）进行领导与执行，一般采用分片负责制。在具体管护过程中多采用岗位责任制，分片包干。同时，可根据管渠中发生沉积的可能性，将管渠划分为若干养护等级，以便对其中水力条件较差、排入污物较多、易于淤塞的管段进行重点养护，从而提高养护工作的效率，进而保证排水管网系统的全线正常运行。

工厂内部的排水管网系统一般由工厂自行负责管理和维护。

二、排水管渠的清通

排水管渠在运行过程中，水量波动、污水中易沉积物较多或施工不良等因素会导致污染物在管渠中发生沉积，影响管渠的过水能力，严重时甚至会导致管渠堵塞，污水外溢，严重污染环境，因此，在养护过程中，必须定期清通排水管渠。可以说，清通是排水管渠养护中经常进行且工作量较大工作。

排水管渠清通的方法主要有水力清通和机械清通两大类。

水力清通是指用水对管道进行冲洗，见图 3-11。清通过程既可以利用管道内的污水自冲，也可以利用自来水或河水冲洗。用管道内污水自冲时，管道本身必须具有一定的流量，同时管道内淤泥不宜过多。用自来水冲洗时，通常从消防龙头或街道集中给水栓取水，或用水车将水送到冲洗现场。近年来，也有些城市运用水力冲洗车对管道进行清通。这种冲洗车由半拖挂式的大型水罐、机动卷管器、消防水泵、高压胶管、射水喷头和冲洗工具等组成。冲洗时，高压水从喷嘴强力喷出，带动胶管在排水管道内前进，可有效冲洗管道内的沉积物。总体来说，水力清通方法操作简便，工作效率较高，工作人员操作条件较好，故可以广泛应用。

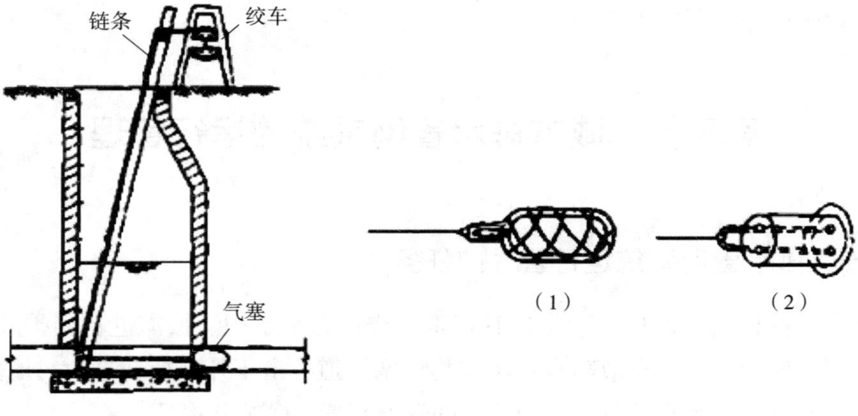

（1）橡皮气塞；（2）木桶橡皮刷

图 3-11　水力清通操作示意图

机械清通应用于管渠淤塞较严重时，当管道内的淤泥黏结密实，水力清通效果不好时，需要采用机械清通的方法，见图 3-12。简单来说，机械清通是一种利用机械清通工具，如骨骼形松土器、弹簧刀、锚式清通器或有利于刮泥的其他清通工具等（图 3-13），在机械作用之下，将管道内淤泥刮除的方法。刮下来的松动淤泥可用吸泥机吸出，然后由汽车运走。近年来，国外开始采用气动通沟机与钻杆通沟机清通管渠，这些新型机械具有更好的效果和更强的灵活性。

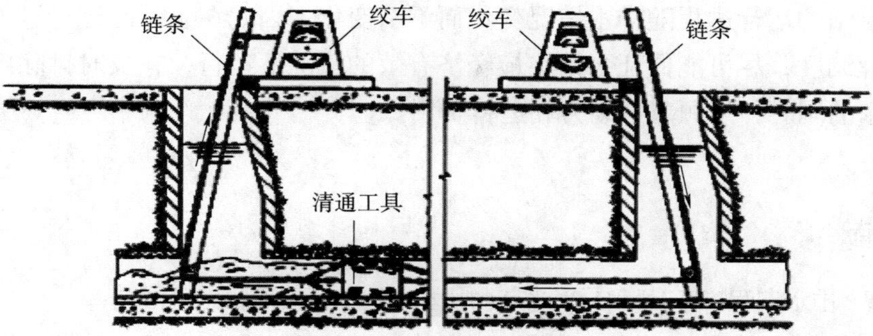

图 3-12　机械清通操作示意图

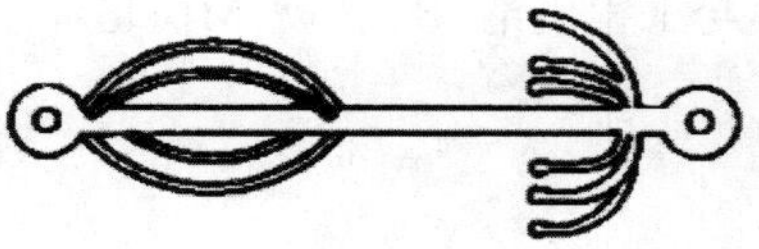

（1）骨骼形松土器

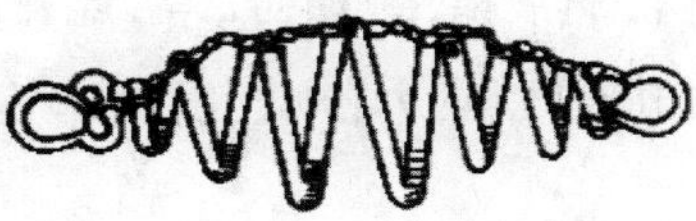

（2）弹簧刀

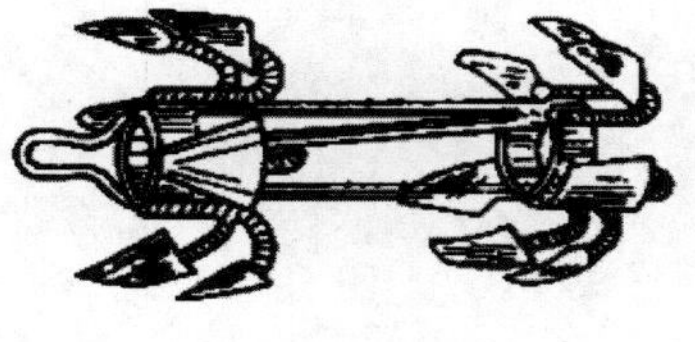

（3）锚式清通器

图 3-13　机械清通工具

三、排水管渠的维修与养护

排水管渠在使用中，应系统地检查管渠的淤塞及损坏情况，有计划地安排修理工作。当发现管渠有损坏时，应及时修理，以防损坏处扩大造成事故。主要修理内容包括检查井、雨水口顶盖的修理与更换，检查井内踏步的更换，局部管渠段损坏后的修补，由于出户管的增加造成的检查井和管渠的加设，以及管渠损坏严重或淤塞严重时的开挖翻修等。

排水管渠的养护与维修工作必须注意安全。由于污水可能析出硫化氢、甲烷、二氧化碳等气体，有些气体与空气混合后能形成爆炸性气体，还有些气体可能对人体产生直接危害。因此，在排水管渠的养护中，如果养护人员要下井，必须配备必要的劳保用具，且下井前必须先采取有效措施排除井内有害气体，即使如此，养护人员下井时仍应有适当的预防措施。

四、排水泵站的运行与调度

很多排水管网系统中均设有提升泵站，包括局部泵站、中途泵站和终点泵站。

由于各泵站的运行过程随排水情况变化而不断变化，因此在泵站的运行过程中，应进行合理调度，尽可能保证泵站在最经济有效的工况下运行，在及时排除雨水、污水、废水的同时，兼顾节省动力和运行费用。

参考文献

[1] 张智 . 排水工程：第五版 [M]. 北京：中国建筑工业出版社，2015.
[2] 严煦世，刘遂庆 . 给水排水管网系统：第二版 [M]. 北京：中国建筑工业出版社，2008.
[3] 李圭白，蒋展鹏，范瑾初，等 . 给排水科学与工程概论：第二版 [M]. 北京：中国建筑工业出版社，2010.

第四章　城市水业之水质工程学概述

第一节　水质、水质指标和水质标准

一、水质和水质指标

水质指标按其性质可分为物理指标、化学指标和生物指标三大类。每种水质指标都有国际通用的标准分析方法，以便交流和相互参考。

水质的物理指标主要有温度、色度、浑浊度、臭和味、电导率、总固体、溶解性固体等。有些指标可以直接测量得到，如温度用温度计可直接测出；臭和味在一定条件下可用鼻子来闻，以确定其强度。有些水质指标的检测则复杂得多，如水中非溶解性固体颗粒的含量，对许多领域而言这个指标都是很重要的，但是要测定其数值则是一件费工费时的事。首先要用微小孔径的过滤器来过滤水样以截留固体颗粒物，接着在烘箱内烘至恒重，用精密天平称出重量，然后减去已知的过滤器的重量，最后才能得到水样中非溶解性固体颗粒的含量。但这些过滤出的固体颗粒还不是水中非溶解性固体颗粒的全部，由于尺寸小于过滤器微孔孔径的颗粒会在过滤时漏过，因此测出的只是尺寸大于过滤器孔径的固体颗粒的含量。为了表征水中非溶解性颗粒的含量，人们采用了一种替代水质指标——浑浊度。浑浊是水中悬浮物，特别是胶体物质在日光照射下产生的光学现象。用硅藻土按标准操作程序制作出标准水样，并指定 1 L 含有 1 mg 硅藻土的标准水样的浑浊度为 1 度，然后将待测水样与标准水样在相同光照条件下进行对比，当两者浑浊程度相同时，便认为待测水样的浑浊度等于标准水样的浑浊度。由于待测水样中颗粒的粒径分布和密度与硅藻土不同，因此浑浊度不表示待测水样中固体颗粒的重量，只表示待测水样的光学性质与标准水样相同。在待测水样中固体颗粒物质的性质和组成变化不大时，水样的浑浊度与其固体颗粒的含量是有相关关系的。由于各地硅藻土的粒度组成不尽相同，所以各地用硅藻土配制的标准水样也存在差别。现在用化学试剂制备的浑浊度标准水样，克服了硅藻土标准水样的缺点，大大提高了测量精度。浑浊度这个替代水质指标的最大优点就是测定简单快捷，使用专用浊度仪检测水样只需不到 1 min 的时间，还可以在线连续检测，为水质的实时监测提供了条件。

水质的化学指标主要有 pH、碱度、硬度、各种阳离子和阴离子、总含盐量、溶解氧、各种有机物含量等。其中水的 pH 有十分重要意义，它表示水的酸碱程度：水的 pH 值可在 1～14 变化；pH=7，是中性水；pH＜7，是酸性水；pH＞7，是碱性水。天然水一般都接近中性，其 pH 值一般在 6～8 变化。pH 值过低的水有腐蚀性，pH 值过高的水易产生化学沉淀，都不利于水的使用。

居民生活、工业生产以及畜禽规模化养殖等都会对水环境造成污染，尤其是有机物污染。水体受到有机物污染后，水中微生物迅速繁殖，耗尽水体中的氧，致使鱼虾等大量水生生物窒息死亡。水体中有机物的增加还会使饮用水在氯化消毒过程中产生消毒副产物，严重危害人体健康。当代分析技术能检测出水中 2 000 多种有机物，其中大部分有机物的含量为 μg/L 级。美国国家环境保护局自 1974 年以来已确认具有和怀疑具有致癌、致畸、致突变（三致）作用的水中的有机物有 82 种。对饮用水而言，关于有毒有害有机物的水质指标是很重要的，如氯仿、四氯化碳、DDT、六六六、苯并（*a*）芘等的含量。城市进行污水和工业废水处理的主要目的是去除水中的有机物总量，所以更关注反映水中有机物总量的水质指标。有机物为主要由含碳、氢元素构成的化合物。将一定量的水样在高温下灼烧，使其中的碳全部氧化为 CO_2 后测定其含量，就可以知道水样中碳的总量，这一指标称为总有机碳（TOC）。TOC 是反映水样中有机物浓度的重要水质指标。用氧化剂来氧化水中的有机物，以氧化剂的消耗量来表示有机物总量，也是一种常用方法，称为化学需氧量（COD）。测定 COD 常用的氧化剂有重铬酸钾（$K_2Cr_2O_7$）和高锰酸钾（$KMnO_4$），这两种氧化剂都只能将水中部分有机物氧化，所以用 $K_2Cr_2O_7$ 测出的化学需氧量称为重铬酸钾化学需氧量（COD_{Cr}），用 $KMnO_4$ 测出的化学需氧量称为高锰酸盐指数（COD_{Mn} 或 OC）。在城市污水和工业废水处理中，用以去除水中有机物的最重要方法是生物氧化法。水中的有机物，有的能被好氧微生物氧化，有的不能。为测定水中能被微生物氧化的有机物总量，可将含溶解氧的水样置于一定的温度条件下培养若干天（标准为 20 日，这时生物氧化已基本完成），测定水中溶解氧在生物氧化过程中的消耗量，就能知道水中可被生物氧化的有机物的总量，即生化需氧量（BOD）。为了缩短测定时间，工程上常将培养时间定为 5 日，这样测出的生化需氧量即五日生化需氧量（BOD_5）。由上可知，水质指标可从不同角度提出，以满足不同需求。

水的生物学指标主要有菌落总数、总大肠菌群、耐热大肠菌群、大肠埃希氏菌等。对城市生活饮用水而言，水的生物学指标特别重要，因为水的生物学指标主要表征水中病原微生物的数量。病原微生物能导致人类患病，危害极大。水中的病原微生物有病毒、细菌和原生动物三类，其中每类又包含若干种。在日常监测工作中若一一分离检测工作量是极大的，也是非常困难的。因此在这里也使用了替代性水质指标——菌落总数和总大肠菌群等。水中菌落总数少，表示水中病原细菌少，它能反映水中细菌的数量水平。大肠埃希氏菌（大肠杆菌）是人类肠道中的一种主要细菌，而介水传染病主要是肠道疾病，大肠埃希氏菌与肠道病菌的生活条件相近，且数量比肠道病菌要多得多，随粪便排出体外后，在水环境中的存活时间比肠道病菌长，其检测也比较容易。如果水中大肠埃希氏菌的数量降至一定水平以下，便可以认为水中肠道病菌的存活概率已经很低，即水在细菌学上被认为是安全的。

菌落总数和总大肠菌群等作为监测水中肠道病菌的替代性水质指标是合理有效的，但作为监测水中病毒和病原原生动物的替代性水质指标却不是十分有效。因为病毒和病原原生动物的生存条件和在水环境中的存活情况与大肠埃希氏菌相比有相当大的差别，这导致在菌落总数和总大肠菌群符合饮用水水质标准的情况下，仍可能发生由病毒或病原原生动物引起的疾病。为了弥补上述不足，又将水的浑浊度作为另一个水的生物学替代性水质指标，因为病毒、病菌和病原原生动物在水中大多不是单独存在而是附着于胶体和悬浮颗粒上的，而且病毒、病菌和病原原生动物的存在也能使水的光学特性发生变化，所以水的浑浊度越低，水中的病原微生物便会越少，从而保障了水的卫生安全。由上可知，对水中的病毒和病原原生动物的有效监测仍是一个有待解决的问题。

20 世纪后期，有研究发现，水源水中存在高致病性原生动物——贾第鞭毛虫和隐孢子虫，它们的孢囊和卵囊具有很强的抗氯性。当饮用水处理系统故障时，其孢囊和卵囊可穿过处理构筑物进入饮用水中，导致疾病，所以在水质指标中增设了贾第鞭毛虫和隐孢子虫两个检测项目。

二、水质标准

1. 生活饮用水卫生标准

人类的活动离不开水，生活饮用水水质的优劣与人类健康密切相关。随着社会的发展、技术的进步和相关研究的不断深入，饮用水水质标准不断发展完善。

2022 年 3 月 15 日，国家市场监督管理总局和国家标准化管理委员会联合发布了新的《生活饮用水卫生标准》（GB 5749—2022）。新标准（表 4-1 至表 4-3）于 2023 年 4 月 1 日实施。

现阶段我国施行的《生活饮用水卫生标准》（GB 5749—2006）与世界卫生组织（WHO）、欧盟、美国、韩国、日本等组织、地区或国家的饮用水水质标准相比总体处于较高水平，在规范化程度上也已与国际接轨。

表 4-1 水质常规指标及限值

序号	指标	限值
一、微生物指标		
1	总大肠菌群 /（MPN/100 mL 或 CFU/100 mL）	不得检出
2	大肠埃希氏菌 /（MPN/100 mL 或 CFU/100 mL）	不得检出
3	菌落总数 /（CFU/mL）	100

续表

序号	指标	限值
二、毒理指标		
4	砷 / (mg/L)	0.01
5	镉 / (mg/L)	0.005
6	铬（六价）/ (mg/L)	0.05
7	铅 / (mg/L)	0.01
8	汞 / (mg/L)	0.001
9	氰化物 / (mg/L)	0.05
10	氟化物 / (mg/L)	1
11	硝酸盐（以 N 计）/ (mg/L)	10
12	三氯甲烷 / (mg/L)	0.06
13	一氯二溴甲烷 / (mg/L)	0.1
14	二氯一溴甲烷 / (mg/L)	0.06
15	三溴甲烷 / (mg/L)	0.1
16	三卤甲烷（三氯甲烷、一氯二溴甲烷、二氯一溴甲烷、三溴甲烷的总和）	该类化合物中各种化合物的实测浓度与其各自限值的比值之和不超过 1
17	二氯乙酸 / (mg/L)	0.05
18	三氯乙酸 / (mg/L)	0.1
19	溴酸盐 / (mg/L)	0.01
20	亚氯酸盐 / (mg/L)	0.7
21	氯酸盐 / (mg/L)	0.7
三、感官性状和一般化学指标		
22	色度（铂钴色度单位）	15
23	浑浊度（散射浊度单位）/NTU	1
24	臭和味	无异臭、异味
25	肉眼可见物	无
26	pH	不小于 6.5 且不大于 8.5
27	铝 / (mg/L)	0.2
28	铁 / (mg/L)	0.3
29	锰 / (mg/L)	0.1
30	铜 / (mg/L)	1
31	锌 / (mg/L)	1
32	氯化物 / (mg/L)	250

续表

序号	指标	限值
33	硫酸盐 / （mg/L）	250
34	溶解性总固体 / （mg/L）	1 000
35	总硬度（以 $CaCO_3$ 计）/ （mg/L）	450
36	高锰酸盐指数（以 O_2 计）/ （mg/L）	3
37	氨（以 N 计）/ （mg/L）	0.002
四、放射性指标		
38	总 α 放射性 / （Bq/L）	0.5（指导值）
39	总 β 放射性 / （Bq/L）	1（指导值）

表 4-2　生活饮用水消毒剂常规指标及要求

序号	指标	与水接触时间 /min	出厂水和末梢水限值 / （mg/L）	出厂水余量 / （mg/L）	末梢水余量 / （mg/L）
40	游离氯	≥30	≤2	≥0.3	≥0.05
41	总氯	≥120	≤3	≥0.5	≥0.05
42	臭氧	≥12	≤0.3	—	≥0.02 如采用其他协同消毒方式，消毒剂限制及余量应满足相应要求
43	二氧化氯	≥30	≤0.8	≥0.1	≥0.02

表 4-3　生活饮用水水质扩展指标及限制

序号	指标	限值
一、微生物指标		
44	贾第鞭毛虫 / （个 /10 L）	<1
45	隐孢子虫 / （个 /10 L）	<1
二、毒理指标		
46	锑 / （mg/L）	0.005
47	钡 / （mg/L）	0.7
48	铍 / （mg/L）	0.002
49	硼 / （mg/L）	1.0
50	钼 / （mg/L）	0.07
51	镍 / （mg/L）	0.02
52	银 / （mg/L）	0.05

续表

序号	指标	限值
53	铊 /（mg/L）	0.000 1
54	硒 /（mg/L）	0.01
55	高氯酸盐 /（mg/L）	0.07
56	二氯甲烷 /（mg/L）	0.02
57	1,2- 二氯乙烷 /（mg/L）	0.03
58	四氯化碳 /（mg/L）	0.002
59	氯乙烯 /（mg/L）	0.001
60	1,1- 二氯乙烯 /（mg/L）	0.03
61	1,2- 二氯乙烯 /（mg/L）	0.05
62	三氯乙烯 /（mg/L）	0.02
63	四氯乙烯 /（mg/L）	0.04
64	六氯丁二烯 /（mg/L）	0.000 6
65	苯 /（mg/L）	0.01
66	甲苯 /（mg/L）	0.7
67	二甲苯（总量）/（mg/L）	0.5
68	苯乙烯 /（mg/L）	0.02
69	氯苯 /（mg/L）	0.3
70	1,4- 二氯苯 /（mg/L）	0.3
71	三氯苯 /（mg/L）	0.02
72	六氯苯 /（mg/L）	0.001
73	七氯 /（mg/L）	0.000 4
74	马拉硫磷 /（mg/L）	0.25
75	乐果 /（mg/L）	0.006
76	灭草松 /（mg/L）	0.3
77	百菌清 /（mg/L）	0.01
78	呋喃丹 /（mg/L）	0.007
79	毒死蜱 /（mg/L）	0.03
80	草甘膦 /（mg/L）	0.7
81	敌敌畏 /（mg/L）	0.001
82	莠去津 /（mg/L）	0.002
83	溴氰菊酯 /（mg/L）	0.02
84	2,4- 滴 /（mg/L）	0.03

续表

序号	指标	限值
85	乙草胺 / （mg/L）	0.02
86	五氯酚 / （mg/L）	0.009
87	2,4,6- 三氯酚 / （mg/L）	0.2
88	苯并（*a*）芘 / （mg/L）	0.000 01
89	邻苯二甲酸二（2- 乙基己基）酯 / （mg/L）	0.008
90	丙烯酰胺 / （mg/L）	0.000 5
91	环氧氯丙烷 / （mg/L）	0.000 4
92	微囊藻毒素 -LR（藻类暴发情况发生时）/（mg/L）	0.001
三、感官性状和一般化学指标		
93	钠 / （mg/L）	200
94	挥发酚类（以苯酚计）/（mg/L）	0.002
95	阴离子合成洗涤剂 / （mg/L）	0.3
96	2- 甲基异莰醇 / （mg/L）	0.000 01
97	土臭素 / （mg/L）	0.000 01

2. 工业用水的水质标准

工业用水是指工、矿企业生产过程（或期间）中，制造、加工、冷却、空调、洗涤、锅炉等使用的水及厂内职工生活用水的总称。

由于工业行业太多，不同的行业对生产用水水质要求各有不同，因而执行各自的水质标准。如国家标准《工业锅炉水质》（GB/T 1576—2018）对工业锅炉运行时的给水、锅水、蒸汽回水以及补给水提出了水质要求。

国家标准《城市污水再生利用　工业用水水质》（GB/T 19923—2005）规定了作为工业用水的再生水水质标准和再生水利用方式。该标准主要适用于以城市污水再生水为水源的冷却用水、洗涤用水、锅炉用水、工艺用水、产品用水等，并对其水质提出了具体要求。

3. 水环境质量标准

我国已经制定了一些水环境质量标准，包括《地表水环境质量标准》（GB 3838—2002）、《海水水质标准》（GB 3097—1997）、《地下水质量标准》（GB 14848—2017）等。这些标准规定了各类水环境中应控制的污染物种类及其限值，以保证水环境质量。以《地表水环境质量标准》为例，该标准以地表水水域环境功能和保护目标为依据，按功能高低将水域划分为以下五类。

Ⅰ类主要适用于源头水、国家自然保护区；

Ⅱ类主要适用于集中式生活饮用水地表水源地一级保护区、珍稀水生生物栖息地、鱼虾类产卵场、仔稚幼鱼的索饵场等；

Ⅲ类主要适用于集中式生活饮用水地表水源地二级保护区、鱼虾类越冬场、洄游通道、水产养殖区等渔业水域及游泳区；

Ⅳ类主要适用于一般工业用水区及人体非直接接触的娱乐用水区；

Ⅴ类主要适用于农业用水区及一般景观要求水域。

对应上述地表水五类水域功能，将地表水环境质量标准基本项目标准限值分为五类，不同功能类别执行相应类别的标准值。水域功能类别高的标准限值严于水域功能类别低的标准限值。同一水域兼有多类使用功能的，执行最高功能类别对应的标准限值。表 4-4 列出了《地表水环境质量标准》基本项目标准限值。

表 4-4 《地表水环境质量标准》基本项目标准限值

单位：mg/L

序号	分类	Ⅰ类	Ⅱ类	Ⅲ类	Ⅳ类	Ⅴ类
1	水温 /℃	人为造成的环境温度变化应限制在： 周平均最大温升≤1 周平均最大温降≤2				
2	pH（无量纲）	6～9				
3	溶解氧 ≥	饱和率 90%（或 7.5）	6	5	3	2
4	高锰酸盐指数 ≤	2	4	6	10	15
5	化学需氧量（COD）≤	15	15	20	30	40
6	5日生化需氧量（BOD_5）≤	3	3	4	6	10
7	氨氮（NH_3-N）≤	0.15	0.5	1.0	1.5	2.0
8	总磷（以 P 计）≤	0.02（湖、库 0.01）	0.1（湖、库 0.025）	0.2（湖、库 0.05）	0.3（湖、库 0.1）	0.4（湖、库 0.2）
9	总氮（湖、库，以 N 计）≤	0.2	0.5	1.0	1.5	2.0
10	铜 ≤	0.01	1.0	1.0	1.0	1.0
11	锌 ≤	0.05	1.0	1.0	2.0	2.0
12	氟化物（以 F^- 计）≤	1.0	1.0	1.0	1.5	1.5
13	硒 ≤	0.01	0.01	0.01	0.02	0.02
14	砷 ≤	0.05	0.05	0.05	0.1	0.1

续表

序号	分类	Ⅰ类	Ⅱ类	Ⅲ类	Ⅳ类	Ⅴ类
15	汞　≤	0.000 05	0.000 05	0.000 1	0.001	0.001
16	镉　≤	0.001	0.005	0.005	0.005	0.01
17	铬（六价）　≤	0.01	0.05	0.05	0.05	0.1
18	铅　≤	0.01	0.01	0.05	0.05	0.1
19	氰化物　≤	0.005	0.05	0.2	0.2	0.2
20	挥发酚　≤	0.002	0.002	0.005	0.01	0.1
21	石油类　≤	0.05	0.05	0.05	0.5	1.0
22	阴离子表面活性剂　≤	0.2	0.2	0.2	0.3	0.3
23	硫化物　≤	0.05	0.1	0.2	0.5	1.0
24	粪大肠菌群 /（个 /L）≤	200	2 000	10 000	20 000	40 000

《地表水环境质量标准》贯彻执行了《中华人民共和国环境保护法》和《中华人民共和国水污染防治法》，制定标准的目的在于防治水污染，保护地表水水质，保障人体健康，维护良好的水生态系统。

4. 污（废）水排放标准

为了控制水污染，保护江河、湖泊、海洋等地表水体及地下水体水质，保障人体健康，维护生态平衡，国家制定了各类污水的排放标准，包括《污水综合排放标准》（GB 8978—1996）、《城镇污水处理厂污染物排放标准》（GB 18918—2002）等。

其中，《污水综合排放标准》按照污水排放去向，分年限规定了 69 种水污染物的最高允许排放浓度及部分行业最高允许排水量。该标准根据地表水域环境功能要求和污废水排放去向，对污废水分别执行不同标准，具体要求如下。

（1）排入《地表水环境质量标准》中的Ⅲ类水域（划定的保护区和游泳区除外）和排入《海水水质标准》中二类海域的污水，执行一级标准。

（2）排入《地表水环境质量标准》中的Ⅳ、Ⅴ类水域和排入《海水水质标准》中的三类海域的污水，执行二级标准。

（3）排入设置二级污水处理厂的城镇排水系统的污水，执行三级标准。

（4）排入未设置二级污水处理厂的城镇排水系统的污水，必须根据排水系统出水受纳水域的功能要求，分别执行（1）和（2）的规定。

（5）《地表水环境质量标准》中的Ⅰ、Ⅱ类水域和Ⅲ类水域中划定的保护区，《海水水质标准》中的一类海域，禁止新建排污口，同时，现有排污口应按水体功能要求实行污染物总量控制，以保证受纳水体水质符合规定用途的水质标准。

《污水综合排放标准》将排放的污染物按其性质及控制方式分为了两类。

第一类污染物能在环境或动植物体内累积，会对人体健康产生长远不良影响，要求不分行业和污水排放方式，也不分受纳水体的功能类别，一律在车间或车间处理设施排放口采样，其最高允许排放浓度必须达到《污水综合排放标准》的要求（表 4-5）。

表 4-5　第一类污染物最高允许排放浓度

单位：mg/L

序号	污染物	最高允许排放浓度	序号	污染物	最高允许排放浓度
1	总汞	0.05	8	总镍	1.0
2	烷基汞	不得检出	9	苯并（*a*）芘	0.000 03
3	总镉	0.1	10	总铍	0.005
4	总铬	1.5	11	总银	0.5
5	六价铬	0.5	12	总 α 放射性	1 Bq/L
6	总砷	0.5	13	总 β 放射性	10 Bq/L
7	总铅	1.0	—	—	—

第二类污染物是指其长远影响小于第一类的污染物质，应在排污单位排污口采样，其最高允许排放浓度必须达到《污水综合排放标准》的要求。部分第二类污染物最高允许排放浓度要求见表 4-6。

表 4-6　第二类污染物最高允许排放浓度（部分指标）
（1998 年 1 月 1 日后建设的单位）

单位：mg/L

序号	污染物	适用范围	一级标准	二级标准	三级标准
1	pH	一切排污单位	6～9	6～9	6～9
2	色度（稀释倍数）	一切排污单位	50	80	—
3	悬浮物（SS）	采矿、选矿、选煤工业	70	300	—
		脉金选矿	70	400	—
		边远地区沙金选矿	70	800	—
		城镇二级污水处理厂	20	30	—
		其他排污单位	70	150	—
4	五日生化需氧量（BOD_5）	甘蔗制糖、苎麻脱胶、湿法纤维板、染料、洗毛工业	20	60	600
		甜菜制糖、酒精、味精、皮革、化纤浆粕工业	20	100	600
		城镇二级污水处理厂	20	30	—
		其他排污单位	20	30	300

续表

序号	污染物	适用范围	一级标准	二级标准	三级标准
5	化学需氧量（COD）	甜菜制糖、合成脂肪酸、湿法纤维板、染料、洗毛、有机磷农药工业	100	200	1 000
		味精、酒精、医药原料药、生物化工、苎麻脱胶、皮革、化纤浆粕工业	100	300	1 000
		石油化工工业（包括石油炼制）	60	120	—
		城镇二级污水处理厂	60	120	500
		其他排污单位	100	150	500
6	氨氮	医药原料药、染料、石油化工工业	15	50	—
		其他排污单位	15	25	—
7	总铜	一切排污单位	0.5	1.0	2.0

注：其他排污单位指除在该控制项目中所列行业以外的一切排污单位。

上述有关水环境的国家标准，仅是水环境标准体系中的一部分。随着我国环境保护法律体系不断完善，除了国家标准，地方行业也制定了较为详细的水环境标准，供规划、设计、管理、监督部门遵循。这些水环境标准的制定与颁布，对促进水污染控制，改善水环境质量，以及规范我国的水质管理和水环境保护作用巨大。

第二节 水的物理、化学处理方法

水的物理处理方法利用物理作用分离水中的污染物质，具体方法包括筛滤、沉淀、过滤、气浮和反渗透等。水的化学处理方法利用化学反应，分离污水中各种形态的污染物（包括悬浮物、胶体和溶解物），主要方法有混凝、中和、氧化还原、吸附等。下面我们简单介绍一些常用的水的物理、化学处理方法。

一、水的物理处理方法

1. 筛滤

筛滤使用的主要设备有栅格和筛网。格栅是由一组平行的金属栅条制成的，栅条间形成间隙，主要作用是去除污水中较大的悬浮物和漂浮物，去除效率取决于格栅的间隙宽度。筛网由金属线材构成，可选择不同孔径，去除不同大小的悬浮物，如纤维、纸浆、藻类等。在地表水取水工程中，格栅和筛网常设于取水口，用以拦截河水中的大块漂浮物和杂草。在污水处理厂，格栅和筛网常设于污水处理系统或水泵前，以拦截大块漂浮物及较小悬浮物，以保护水泵及管道。

2. 沉淀

水中的杂质颗粒大多数比水重，即其相对密度大于 1，所以这些颗粒能在水中下沉继而被除去。颗粒的下沉速度与颗粒的直径有关，一般来说，颗粒越大下沉速度越快。

水中杂质颗粒的沉淀，是在专门的沉淀池中进行的，沉淀池如图 4-1 所示。

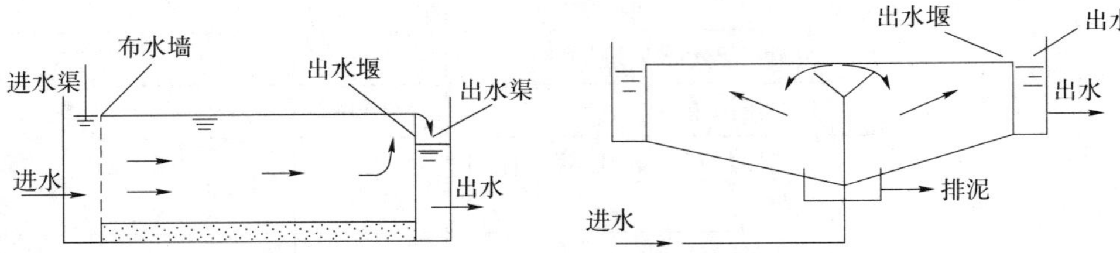

（a）平流式沉淀池　　（b）辐流式沉淀池

图 4-1　沉淀池示意图

在沉淀池中，水流速度应尽量缓慢，以减少水流紊动对沉淀过程的干扰，使杂质颗粒更好地下沉。沉于池底的杂质颗粒应及时排出池外，以免堆积过厚影响后续颗粒沉淀。当沉于池底的杂质颗粒较少时常用平流式沉淀池，这种沉淀池为长方形，水由一端流进，从另一端流出，沉于池底的积泥用吸泥装置排出。当沉泥量较大时，常采用辐流式沉淀池，这种池为一扁平的圆形水池，池底有向池中心倾斜的底坡，水由池中心流入，从四周流出，沉于池底的积泥由旋转的刮泥桁架刮至池中心，经池底排泥管排出。辐流式沉淀池具有优良的排泥性能，故常用于浑浊度很高的河水处理厂或作为城市污水处理厂中的初次沉淀池和二次沉淀池使用。

3. 粒状材料过滤

粒状材料过滤是利用粒状介质层去除水中的悬浮颗粒和胶体物质。过滤时，在滤池内装填一定高度的粒状滤料（如石英砂），构成滤层，当水流通过滤层时，水中不溶性污染物被截留在滤料的表面和缝隙中，污染物得以去除。按滤池水流方向可以将滤池分为下向流滤池和上向流滤池，自来水厂应用较多的是下向流滤池。

滤池工作过程中包括过滤和反冲洗两个阶段，见图 4-2。以下向流滤池为例，过滤时，水流从滤池上部进入，自上而下流过滤料层和支撑层（承托层），污染物被截留。经过一段时间的过滤，滤料层会被悬浮颗粒堵塞，导致过滤阻力过大，这时就需要进行反冲洗。反冲洗时，关闭进水，开启反冲洗进水，水流自下而上流经滤池，然后滤料层膨胀，滤料颗粒处于悬浮状态，相互碰撞、摩擦，附着在滤料表面的积泥脱落，随上升水流排出。滤池经反冲洗后可恢复过滤净化能力。滤池都是按过滤—反冲洗—过滤—反冲洗的次序周期性进行操作的。

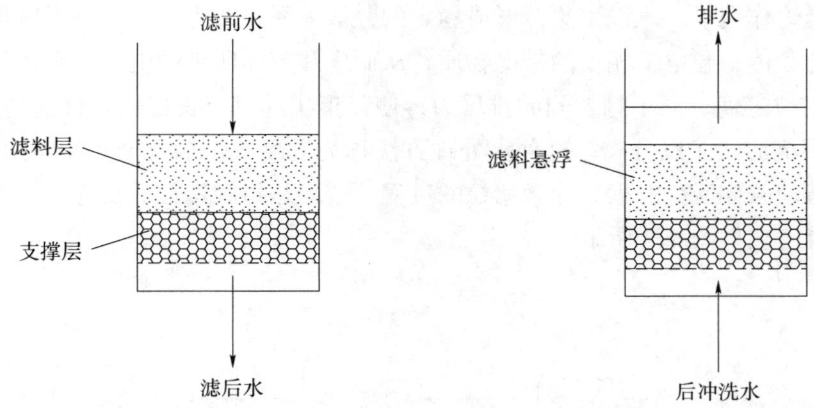

（a）过滤过程　　（b）反冲洗过程

图 4-2　粒状材料过滤

在城市生活饮用水处理过程中，滤池常设于沉淀池之后，截留混凝沉淀后水中的残留悬浮物（其中包括细菌、病菌、原生动物等病原生物），它能使水的浑浊度降至 1 NTU 以下，大大提高了水的卫生安全水平，因此过滤是生活饮用水极为重要的处理方法之一。此外，过滤法也常用于工业用水、工业废水及城市回用污水的处理工艺中。

4. 气浮

气浮就是向水中通入空气，使水中细小的悬浮物附着在气泡上一起上浮到水面分离去除的水处理方法。气浮分离涉及气、液、固三相体系，要实现气浮分离，首先必须使气泡黏附到颗粒上去，这一过程实现的关键是水对该种颗粒的润湿性好坏，即颗粒被水润湿的程度。一般来说，疏水性颗粒易被气泡吸附，亲水性颗粒难被气泡吸附。

在水中常含有既不能自然沉降又难以自然上浮的微细颗粒，如湖泊中的藻类、石油工业或燃气发生站废水中含有的乳化油、毛纺和食品工业废水中含有的羊毛脂和油脂、造纸和纤维工业废水中含有的细小纤维等，这些都可用该法进行处理。混凝产生的絮凝体具有网状结构，气泡在上升过程中能被网捕在絮凝体内，然后依靠气泡的浮力，将其带到水面。随着技术发展气浮法也可用于去除水中的溶解性污染物，但需在气浮前投加药剂，使其转化为不溶解的固体颗粒，这一进步使气浮处理工艺在处理电镀、化工、有色金属、冶炼工业等产生的含重金属和有机物的废水时得到应用。

二、水的化学处理方法

1. 混凝法

水中的悬浮微粒和胶体污染物常带有电荷，同种类型微粒表面带有相同电荷，在静电斥力作用下，难以聚集，形成稳定的分散体系，故难以去除。混凝剂能在水中生成与胶体颗粒电荷相反的带电物质，从而中和胶体所带的电荷，破坏悬浮微粒和胶体的稳定性，减小颗粒间的排斥力，使其聚集成具有良好沉降性能的絮凝体。然后再用沉淀法予以分离。这种水处理方法称为混凝，包括凝聚和絮凝两个步骤，凝聚是指使胶体脱稳并聚集为微絮粒的过程，絮凝是指微絮粒成长为更大絮体的过程。混凝工艺如图 4-3 所示。

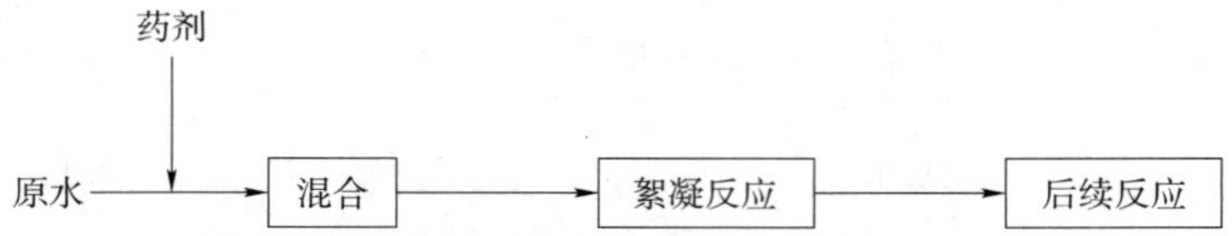

图 4-3　混凝工艺

药剂溶液投入水中后，在混合设备中迅速均匀扩散，与水中的悬浮微粒接触，生成微小的矾花，然后在絮凝反应池中继续搅拌，使细小矾花逐渐聚集成较大颗粒，以便后续的沉淀分离。

在城市生活饮用水的处理过程中混凝法是去除地表水中浑浊物质最常用的处理方法，同时，其在城市污水和工业废水处理中的应用也很广泛。

2. 中和法

中和法常用于酸性废水和碱性废水等工业废水的处理。一般将 pH 值小于 7 的废水称为酸性废水，pH 值大于 7 的废水称为碱性废水。酸性废水具有较强的腐蚀性，能够腐蚀钢管、混凝土等材料，碱性废水会造成设备结垢，酸、碱废水的随意排放会改变水环境的 pH，造成污染，毁坏农作物、危害渔业生产。一般情况下，高浓度酸碱废水应优先考虑回收和综合利用，当酸碱废水的浓度不高（如小于 3%）时，可考虑中和处理。

投加化学药剂中和废水中的酸和碱，使废水 pH 接近中性的过程称为中和。处理酸性废水使用碱性中和剂，处理碱性废水使用酸性中和剂。常用的中和方法有酸、碱废水中和法，药剂中和法和过滤中和法等。

3. 氧化还原法

废水中的污染物在处理过程中发生氧化还原反应，被氧化或还原为无毒无害的新物质，这一方法称为氧化还原法。比较常用的氧化剂包括空气、臭氧、氯气、次氯化钠等，比较常见的还原剂有硫酸亚铁、铁屑、亚硫酸氢钠、硼氢化钠等。氧化还原法按照污染物的净化原理可以分为药剂氧化法、电化学氧化法和声光化学法。

药剂氧化法：药剂氧化法是一种利用臭氧、氯气、高锰酸钾、二氧化氯、过氧化氢（H_2O_2）等氧化剂氧化废水中污染物的处理技术。由于此法需向废水中注入大量氧化药剂，故其处理费用相对较高，但该方法反应速度快，工艺简单，可使废水脱色、除臭，也可以对废水进行深度处理。如臭氧氧化法不仅可以对废水进行杀菌消毒，还可以使水中的溶解氧增加，从而使废水的COD和BOD降低。氯氧化法利用了氯的氧化性，可以对废水进行杀菌、消毒，该方法目前广泛应用于含酚、含氰、含硫废水的处理。湿式氧化技术是高温、高压条件下，用纯氧或空气中的氧来氧化废水中难降解的有机物，使其氧化分解成易生化处理的小分子有机物和无机物。与常规水处理方法相比，该方法具有应用范围广、高效、快速、低污染以及可以回收有用物料等优点。目前，湿式氧化法广泛用于含氰废水、煤气化废水、含硫废水、含酚废水、造纸黑液等工业废水的处理。近年来，研究人员为降低反应温度和反应压力，提高处理效率，对传统湿式氧化法进行了改进，研究重点是得到高效、稳定的催化湿式氧化技术。芬顿（Fenton）氧化法利用亚铁离子与过氧化氢结合的Fenton试剂处理废水的方法，适用于生物法和一般化学氧化法难降解的醚类、硝基苯酚类、氯酚类、芳香族胺类、多环芳香族类等有机废水的处理，其反应机理是H_2O_2在Fe^{2+}的催化下，产生活泼的羟基自由基（·OH），将有机物及还原性物质分解为CO_2、H_2O等无机物，具有高效、低耗、无二次污染等优点。目前，通过改变传统Fenton氧化法的反应条件，已从两个方向成功拓展了Fenton技术，一是在体系中引入紫外线的光Fenton（photo-Fenton）技术，二是将Fenton反应与电解结合的电Fenton（electro-Fenton）技术。电Fenton技术可通过电解持续产生H_2O_2和Fe^{2+}，在系统中除羟基自由基的氧化作用外，阳极氧化、电吸附等多重作用也提高了Fenton系统对有机物降解的效率。电Fenton技术已逐渐成为近年来的研究热点。

电化学氧化法：电化学氧化法是指利用电极在废水中发生电化学反应产生强氧化剂，去除废水中污染物的过程。电化学氧化又可分为直接电解和间接电解，直接电解是通过在电极上直接将污染物氧化或还原去除污染物，间接电解是利用在电场作用下电极表面产生的羟基自由基、次氯酸根等强氧化剂将污染物转化为易降解或无害物质，使废水得到净化。

光催化氧化法：光催化氧化法利用二氧化钛（TiO_2）、氧化锌（ZnO）等N型半导体作催化剂，与光联合促进化学反应使废水中的有机污染物发生氧化，转化为无毒无害的CO_2和H_2O等。其原理是半导体在光的照射作用下，能使水分子失去电子，产生具有强氧化能力的·OH，氧化废水中的各种有机物质。光催化氧化法处理废水的效果与催化剂的晶型、结晶度、比表面，光强，pH，反应器等有关。由于光催化氧化法处理废水可避免二次污染，故近年来在废水处理领域越来越受重视，尤其是在含酚废水处理方面，已取得较好的研究效果，有望实现工业化。

超声波化学氧化法：超声波化学氧化法处理废水是利用声空化效应产生自由基，对废水中的污染物进行氧化，是一种高效处理有机污染物的技术。其工作原理是液体在超声条件下产生空化气泡，而空化气泡在废水处理过程中起着能量变换器和高能量微反应器的作用，使其中的水蒸气分裂形成·OH 等自由基，自由基将水中的酚类等有机污染物氧化降解。超声波化学氧化法处理废水虽然具有反应速度快，二次污染少等优点，但其存在处理量少、处理成本较高等问题，这些问题使该方法目前仍处于探索阶段。

4. 吸附法

吸附法是利用多孔性固体材料，使水中一种或多种物质被吸附在固体材料表面并加以去除的方法。具有多孔性的固体材料被称为吸附剂，被吸附的物质称为吸附质。吸附反应可以发生在液体与固体之间，也可以发生在气体与固体之间。根据固体表面吸附原理的不同，吸附可分为物理吸附和化学吸附两类，物理吸附是吸附剂和吸附质之间通过分子间力产生的吸附，而化学吸附是由于化学键力引起的，在吸附剂和吸附质之间发生了化学作用。

水处理常用的吸附剂有活性炭、沸石、硅藻土、焦炭和木炭等，其中活性炭是目前最常用的一种吸附剂。制备活性炭可以用椰壳、胡桃壳、木材等有机材料，也可以用煤等无机材料，活性炭一般采用热解法制备。

第三节　水的生物处理方法

水的生物处理利用了微生物降解有机物的能力，人为采取一定的措施，创造有利于微生物生长、繁殖的环境，使其大量增殖以提高其降解有机物效率的一种污水处理方法。在自然界存在着大量依靠有机物生存的微生物，它们不但能氧化分解一般的有机物，而且能氧化分解有毒的有机物（如酚、醛、腈等）和无机物（如氰化物、硫化物等）。根据生物处理过程中微生物对氧的需求，生物处理一般分为好氧生物处理和厌氧生物处理。好氧生物处理是指在有氧条件下进行生物处理，污染物最终被氧化分解为 CO_2 和 H_2O。好氧生物处理方法主要有活性污泥法和生物膜法。厌氧生物处理则是在无氧的环境下进行的，污染物最终被分解为 CH_4、CO_2、H_2S、N_2、H_2、H_2O、有机酸和醇等。生物处理法因其高效、经济的特点在城市污水和工业废水处理中得到广泛应用。

一、水的好氧生物处理方法

1. 活性污泥法

活性污泥法是污水处理领域应用最广泛的生物处理技术，是主要依靠活性污泥处理污水的好氧生物处理工艺。活性污泥是由以细菌为主体的微生物群体构成的絮凝体。这种絮凝体具有较大的表面积，能够吸附污废水中的有机物，发挥凝聚、代谢以及沉降等功能，使污水得到净化。有机污染物从水中被去除的过程实际就是活性污泥中的微生物以有机污染物为营养物质，进行分解代谢和合成代谢的过程。活性污泥法基本流程如图 4-4 所示。

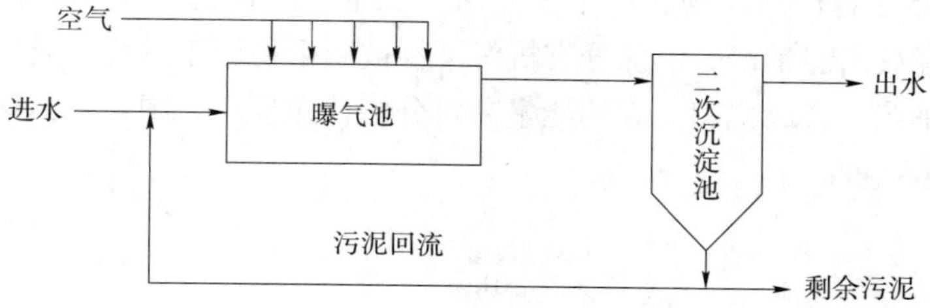

图 4-4 活性污泥法基本流程

活性污泥法的核心处理设施是活性污泥反应器——曝气池，另外，处理系统还设置有二次沉淀池、污泥回流系统等。经过格栅、沉砂池等预处理设施后，污水从曝气池的一端进入，同时，二次沉淀池的部分排泥通过污泥回流系统，在同一端进入曝气池。曝气池设有曝气系统，该系统一方面向混合液供氧，以满足微生物的生理需求，另一方面使污水和活性污泥充分混合。污水不断流入曝气池，经活性污泥降解后，混合液从曝气池另一端流出，进入二次沉淀池，在这里进行固液分离，上清液即为处理后的污水。沉淀的活性污泥，一部分作为接种污泥回流到曝气池，另一部分作为剩余污泥排出系统。

活性污泥是活性污泥反应系统的主体，它由 4 部分组成：具有活性的微生物、微生物自身氧化的菌体残留物、吸附在活性污泥上的难被微生物降解的惰性有机物和无机物质。

活性污泥反应是活性污泥中微生物群体进行的生物反应。活性污泥由细菌、真菌、原生动物、后生动物等多种微生物组成。其中，细菌是活性污泥反应的主力军。微生物的种类和数量与其处理的污水水质和使用的处理工艺等密切相关，在不同条件下会形成与之相适应的微生物群落。了解和掌握生物处理过程中微生物种群情况及其增殖规律，对于提高污水处理效率和开发新的处理工艺均有重要意义。

活性污泥中还有不同种类的原生动物存活，它们主要摄食水中的细菌。不同种类的原生动物对环境条件的要求不同。在污水处理过程中随着水质的变化，原生动物种类也会发生改变。如在活性污泥菌胶团培育成熟时，混合液中的细菌多已“聚居”在活性污泥菌胶团上，混合液水质较好，原生动物主要以固着型纤毛虫（如小口钟虫、群体钟虫类、累枝虫等）为主。通过显微镜镜检可以观察原生动物的种类，进而判断处理后的水质情况，因此，国内外都把原生动物作为活性污泥系统中的指示性生物。

活性污泥净化污水的过程主要是由吸附、微生物代谢反应、沉淀三个阶段组成。活性污泥具有很大的比表面积（2 000～10 000 m^2/m^3 混合液），在微生物表面覆盖着多糖类的黏质层，能够凝聚和吸附污水中的悬浮态、胶体以及溶解态有机污染物。这些有机物在微生物水解酶、透膜酶的作用下，被微生物摄入体内，发生代谢反应。一部分有机污染物在微生物作用下发生分解代谢反应，被氧化为 CO_2 和 H_2O 等，并释放出能量；另一部分有机污染物被微生物用于进行合成代谢反应，即合成菌体新细胞，合成代谢所需的能量来自分解代谢反应。图 4-5 为活性污泥微生物代谢过程示意图。

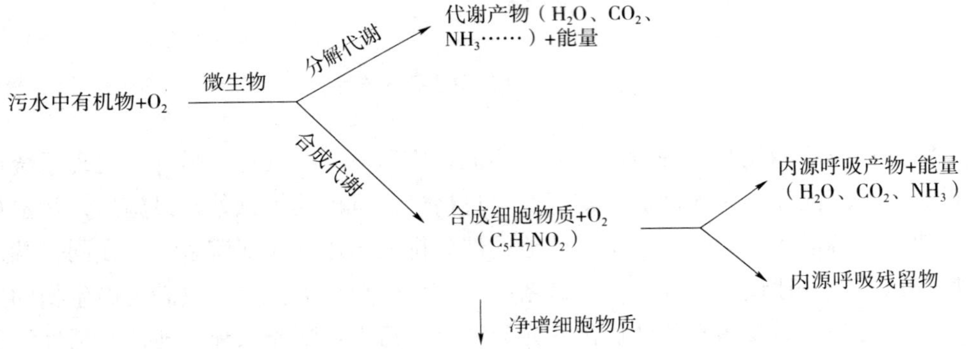

图 4-5 活性污泥微生物代谢过程示意图

活性污泥反应的过程是比较复杂的，但最终结果是污水中的有机污染物被去除，污水得到净化，微生物获得了能量合成新细胞，菌体增殖。决定这一过程的主要因素是混合液中的有机物（此值以 F 表示）与微生物（此值以 M 表示）比值。根据比值不同，可以将活性污泥的增长分为对数增殖期、减速增殖期和内源呼吸期三个阶段。F/M 比值是活性污泥法重要的设计、运行参数。

活性污泥法的应用已经有上百年的历史。专家和科学工作者在提升处理效果、提高氧的利用率、降低能耗、培养活性污泥微生物等方面进行了深入的研究，开发出一系列能够适应不同水质要求的活性污泥工艺。

这里我们先介绍一下普通活性污泥法的特点，再介绍在此基础上开发出的一些活性污泥工艺系统。

普通活性污泥法采用推流式曝气池，每座曝气池常由 1～5 个廊道构成，污水从廊道一端流入，沿池长流动，从另一端流出，空气沿廊道均匀送入，为微生物分解有机物提供氧气。

污水中含有大量有机物，有机物分解需要大量氧气。为使空气中的氧能更多地溶解于水中而开发了多种高效曝气装置，形成了多种曝气形式，如鼓风曝气、机械曝气等。鼓风曝气是用鼓风机将空气压缩，再经管道通入水中，再经专门的扩散装置将空气以气泡形式散布于水中。机械曝气是用叶轮或转刷，将水面的空气吸入水中。

当应用普通活性污泥法处理污水时，在微生物作用下，有机污染物浓度会沿着水流方向逐渐降低，但沿着廊道的曝气量是均匀的。因此，可能出现曝气池廊道前段供氧不足，而后段供氧过量的问题。为了解决这一问题，可以考虑采用渐减供氧的方式，来缓解供氧速度与耗氧速度的不平衡，这种活性污泥工艺称为渐减曝气活性污泥法。

为了缩小耗氧速率和供氧速率之间的差距，也可以选择阶段曝气活性污泥法，即运行时仍沿着廊道均匀供气，但将污水沿着曝气池长度方向分散均匀地注入，这样活性污泥就可以处于营养比较均一的条件下分解有机物。

活性污泥法最大的不足就是剩余污泥量过多。如果对曝气池内的活性污泥进行长时间曝气，使微生物长期处于营养不足（内源呼吸）的状态，微生物自身分解，可使剩余污泥量大大减少，这称为延时曝气法。但由于延时曝气法反应时间长，要求反应池容积大，占地面积大，因此该方法基建费用和维护运行费用都较高。

常见的活性污泥工艺多是连续运行，工艺构筑物包括曝气池和二次沉淀池。随着自动控制技术的发展，序批式活性污泥法（SBR）得到推广和应用。该工艺最主要的技术特征是将进水、有机物降解反应、沉淀、出水和闲置等水处理过程在一个反应池内完成，基本运行模式见图 4-6，由 5 个阶段组成了 SBR 的一个运行周期。反应池内设有曝气、搅拌以及滗水装置。SBR 工艺系统不设二次沉淀池，无污泥回流系统，大大降低了基建费用。

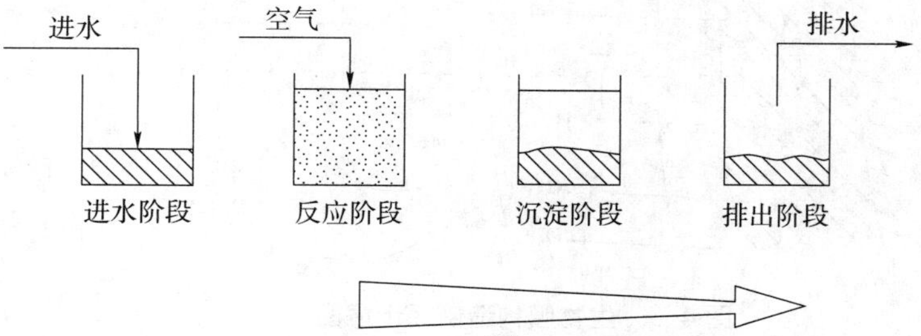

图 4-6　SBR 工艺的基本运转模式

近年来，随着人们对水环境质量的要求不断提高，对活性污泥工艺的研究不断深入，我国开发了多种活性污泥工艺系统，如氧化沟工艺系统、SBR 衍生工艺系统和运用膜分离技术的活性污泥工艺系统等。

2. 生物膜法

微生物在滤料或某些载体上生长繁殖形成膜状生物性污泥——生物膜，在与水接触时，生物膜上的微生物摄取水中的有机物作为营养物质，使水得到净化，这种水处理方法称为生物膜法。

流动的水长期与滤料或载体相接触，只要营养物质和氧供给充足，微生物就会在滤料表面上增殖形成以好氧微生物为主体的生物层。随着微生物不断增殖，生物膜也不断增厚，当增厚至一定程度时，在空气中的氧不能透入的好氧层的深部就形成了厌氧层（靠近载体的生物膜），因此生物膜是由好氧和厌氧两层构成的。生物膜由高度密集的微生物构成，在其表面和内部生长着各种类型的微生物。同时，生物膜又是一种高度亲水的物质，所以膜的外侧总有一层附着水层。生物膜构造剖面如图 4-7 所示。

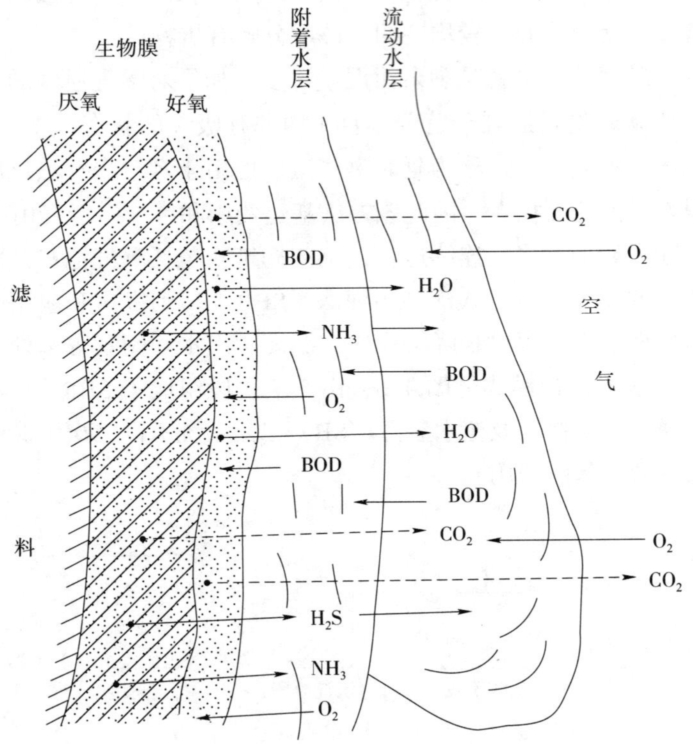

图 4-7　生物膜构造剖面示意图

由图 4-7 可知，空气中的氧溶解于流动水层中，通过附着水层进入生物膜供微生物呼吸；水中的有机物由流动水层经附着水层进入生物膜，通过微生物的代谢过程被氧化分解，使流动水层在其不断流动过程中得到净化；微生物代谢产生的气体，如好氧层产生的 CO_2、厌氧层产生的 H_2S、NH_3 和 CH_4 等从水中逸出进入空气；其他代谢产物则通过附着水层进入流动水层并随其排出。应当指出的是，有机物的降解主要在好氧层内进行，好氧层厚度一般约为 2 mm。当厌氧层还不够厚时，能与好氧层形成一种稳定平衡关系，使好氧层能保持良好的净化功能。但随着厌氧层逐渐加厚，其代谢产物也会逐渐增多，它们在通过好氧层向外逸出时，就破坏了好氧层生态系统的稳定性，此时生物膜已老化，再加上气态产物的不断逸出，减弱了生物膜的固着力，将致使生物膜脱落。老化的生物膜脱落后，随水流排出，所以生物膜法要设二沉池。当然，老化的生物膜脱落后又会长出新的生物膜，然后重复这一过程。

生物膜法有多种类型，如生物滤池、生物转盘、生物接触氧化法等。生物滤池以碎石、焦炭等粒状材料为滤料，污水由上向下淋洒，流经滤料层时被滤料表面的生物膜净化。生物转盘的生物膜载体为直立设置的多个圆形盘片，盘片一半没入水中，一半露出水面。盘片以较慢速度旋转，盘片上的生物膜交替地与污水和空气接触，从而使污水得到净化。生物接触氧化法是在池内放入滤料，并使所有滤料全部浸没在水中，水以一定速度流经滤层，同时向滤层底部通入空气进行曝气，使水被滤料表面的生物膜净化。生物接触氧化法不仅可以用于处理有机物浓度高的污水、废水，还可以用于处理有机物浓度较低的受污染水源水。

3. 自然生物处理

污水的自然生物处理是指利用自然生态功能或人工生态功能净化污水的工艺技术，主要包括稳定塘和土地处理系统。

稳定塘是经过适当修整的土地建成的池塘，是设围堤和防渗层的污水池塘。污水在池塘中的净化过程类似水体自净，主要是利用自然生物净化功能净化污水。污水进入稳定塘后，流动缓慢，贮存时间较长，悬浮物在沉降作用下沉积到水塘底部形成污泥，溶解性有机物和胶体在微生物代谢活动和多种生物综合作用下被降解和利用，使污水得到净化。

稳定塘有多种类型，根据稳定塘中微生物优势群体类型和塘水的溶解氧工况可将其划分为好氧稳定塘、兼性稳定塘、厌氧稳定塘和曝气稳定塘。稳定塘的造价低廉，可节约能源、管理方便，比较适合小规模污水处理。

二、水的厌氧生物处理方法

厌氧生物处理法是在无氧条件下，利用兼性菌和厌氧菌分解有机物的一种生物处理法。最早用于处理污水厂污泥、粪便等，随着新型厌氧处理工艺的开发，目前已经在高浓度有机废水处理方面取得了良好的效果。

有机物的厌氧分解（又称厌氧消化）过程可以分为两个阶段：酸性消化和碱性消化，各阶段分别由不同类型的微生物群体完成，如图 4-8 所示。

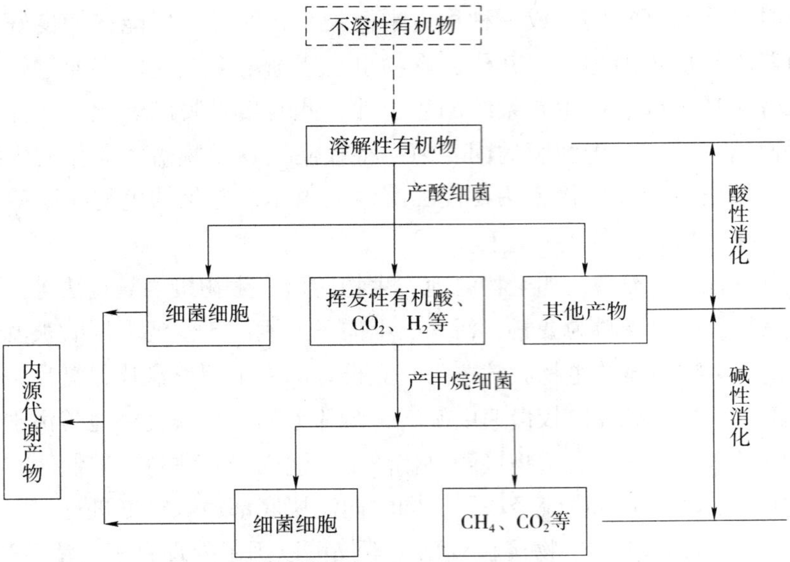

图 4-8　两阶段厌氧消化示意图

酸性消化阶段，也称产酸阶段。在兼性厌氧细菌和专性厌氧细菌的作用下，不溶性有机物（如淀粉、纤维素、蛋白质、脂肪等）水解为溶解性有机物（如单糖、肽、氨基酸、脂肪酸等），同时，通过发酵作用将水解产物转化为丁酸、丙酸、乙酸等挥发性有机酸，醇、氨、硫化物、氢气、二氧化碳等无机物和能量。

碱性消化阶段，也称产甲烷阶段。在产甲烷细菌的作用下，把酸性消化阶段的代谢产物作为营养来源，并进一步将其分解为甲烷、二氧化碳以及微量硫化氢、氨、氢气等气体。

厌氧消化过程虽然可分为酸性消化和碱性消化两个阶段，但在连续厌氧消化过程中，两者是同时进行的，产酸细菌和产甲烷细菌相互依赖，互相为对方创造良好的环境和条件，构成互生关系。同时，双方又相互制约，从而在厌氧消化系统中处于平衡状态。

影响厌氧生物处理的主要因素包括温度、酸碱度、负荷、有毒物质等。其中，温度是影响厌氧生物处理的最主要因素。可根据厌氧菌适应的温度范围，将其分为低温菌、中温菌和高温菌三类。厌氧消化也可分为三类：低温消化（5～15℃）、中温消化（30～35℃）和高温消化（50～55℃）。因为中温菌特别是产甲烷细菌，种类多，活性高又容易培养驯化，所以厌氧处理工艺多采用中温消化。

厌氧生物处理无须供氧，能耗低，产生的污泥量少，最终产物是以甲烷为主的可燃性气体，可作为能源回收利用。但与好氧生物处理相比，其处理后的出水水质较差，需进一步处理，并且启动周期长，操作也较复杂。

第四节 水的常规处理工艺

一、城市饮用水处理工艺

（一）生活饮用水处理工艺系统

地表水常规处理工艺系统，即自来水厂广泛采用的，以天然地表水为水源，以去除悬浮物（浊度）和杀灭致病细菌为主要目标的水处理工艺系统，主要由混凝、沉淀、过滤和消毒四个单元组成，如图 4-9 所示。

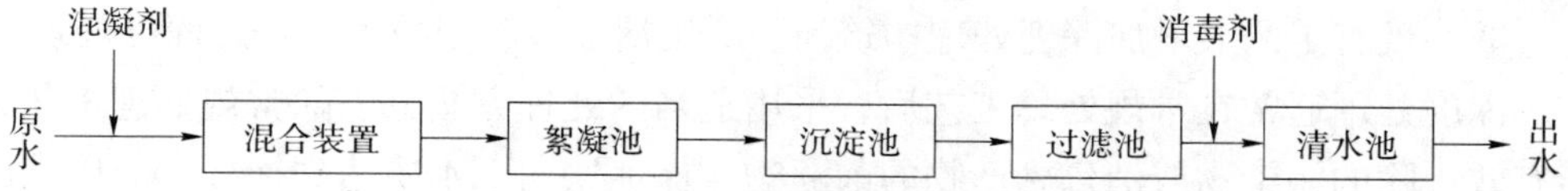

图 4-9 地表水常规处理工艺系统

（1）去除水中的悬浮物

投入水中的混凝剂与原水中的悬浮物混合接触脱稳后，在絮凝池中生成足够大的絮凝体，进而在沉淀池中沉淀分离，未能沉淀的细小絮凝体在滤池中过滤去除，从而得到浑浊度符合要求的处理水。常规处理工艺比较适用于浑浊度为几十至几百的地表水。

（2）去除水中的致病细菌

致病细菌作为水中悬浮物的一种，大部分可被混凝、沉淀、过滤等常规工艺去除。剩余的病菌依靠投加消毒剂杀灭，使处理水达到《生活饮用水卫生标准》的要求。水的细菌学指标达到《生活饮用水卫生标准》是保障饮用水安全的首要条件。

随着对供水水质要求的提高，常规工艺已经发生了巨大变化。从过去追求高负荷、高产水率，向现在降低浑浊度、提高水质的方向转变，为此必须采用新技术，如投药自动控制技术、对沉淀出水和滤后水的浑浊度实时监测技术，并依据监测结果对沉淀池排泥和滤池冲洗进行控制的技术等。

天然地表水源水有机物含量较低，而受污染水源水有机物含量增高，甚至会因此产生异味。水中的有机物在氯化消毒过程中会生成对人体有毒害作用的卤代烃，还会降低混凝除浊的效果。因此，近年来人们十分关注水中有机物的去除，水厂也开始将有机物的去除作为饮用水处理的新任务。

（二）受污染水源水处理工艺

据统计，我国城市水源多数都受到了不同程度的污染，并且多以有机污染为主。一些自然形成的有机污染物，如蛋白质、脂肪、氨基酸、碳水化合物等，可被微生物分解，并在分解过程中消耗大量溶解氧，因此被称为耗氧有机物。藻类在其生长过程中由于新陈代谢过程，会从体内排出的一些代谢残渣和藻类尸体分解产物，这些被称为藻类有机物。人工合成有机物一般难以生物降解，在环境中有一定的残留水平，具有稳定性且部分具有三致（致癌、致畸、致突变）作用。

对于受有机物污染的水源，采用常规饮用水处理工艺显然不能达到《生活饮用水卫生标准》要求。对微污染原水，常规净水工艺有以下几种改造方法：

①在现有工艺上强化混凝效果，提高过滤效率，优化消毒措施；

②在现有工艺上增加预处理构筑物，如化学氧化预处理、生物预处理等；

③在现有工艺上增加深度处理构筑物，应用活性炭吸附技术等进行深度处理。

深度处理通常在常规处理工艺后，采用适当的处理方法，去除常规处理工艺不能有效去除的污染物或消毒副产物的前驱物，保证饮用水水质达到标准。应用较广泛的深度处理技术有活性炭吸附、臭氧氧化、生物活性炭和膜分离等。

二、城市污水处理工艺

城市污水的水质，不仅与人们的生活习惯、气候条件等因素相关，还受到工业废水及排水体制的影响。主要的污染物包括有机物、悬浮物、氮和磷等。城市污水必须经过处理达到一定标准后才能排放。其中，污水的基本控制项目，由地方环境保护主管部门根据污水处理厂接纳的工业废水中污染物的类别和水环境质量要求选择。目前，采用的标准依据主要是《城镇污水处理厂污染物排放标准》（GB 18918—2002）。具体执行的排放标准则根据城镇污水处理厂出水排入的水域，以及回用目标来确定。如一级 A 标准是城镇污水处理厂出水作为回用水的基本要求。当污水处理厂出水排入稀释能力较小的河湖作为城镇景观用水或用于一般回用水等用途时，执行一级 A 标准，具体要求见表 4-7。

表 4-7　基本控制项目最高允许排放浓度（部分指标）

单位：mg/L

序号	基本控制项目	一级标准		二级标准	三级标准
		A 标准	B 标准		
1	化学需氧量（COD）	50	60	100	120[①]
2	五日生化需氧量（BOD_5）	10	20	30	60[①]
3	悬浮物（SS）	10	20	30	50
4	总氮（以 N 计）	15	20	—	—

续表

序号	基本控制项目		一级标准		二级标准	三级标准
			A 标准	B 标准		
5	氨氮（以 N 计）②		5（8）	8（15）	25（30）	—
6	总磷（以 P 计）	2005 年 12 月 31 日前建设的	1	1.5	3	5
		2006 年 1 月 1 日起建设的	0.5	1	3	5
7	粪大肠菌群数 /（个 /L）		10^3	10^4	10^4	—

注：①下列情况下按去除率指标执行：当进水 COD 大于 350 mg/L 时，去除率应大于 60%；BOD 大于 160 mg/L 时，去除率应大于 50%。
②括号外数值为水温＞12℃时的控制指标，括号内数值为水温≤12℃时的控制指标。
资料来源：《城镇污水处理厂污染物排放标准》（GB 18918—2002）。

一般城市污水的悬浮物浓度为 100～350 mg/L，五日生化需氧量（BOD_5）为 100～400 mg/L，化学需氧量（COD）为 250～1 000 mg/L，总氮和总磷浓度也大大超过标准，需进行处理。图 4-10 是常用的城市污水处理工艺，以去除有机污染物，即碳源污染物为主。

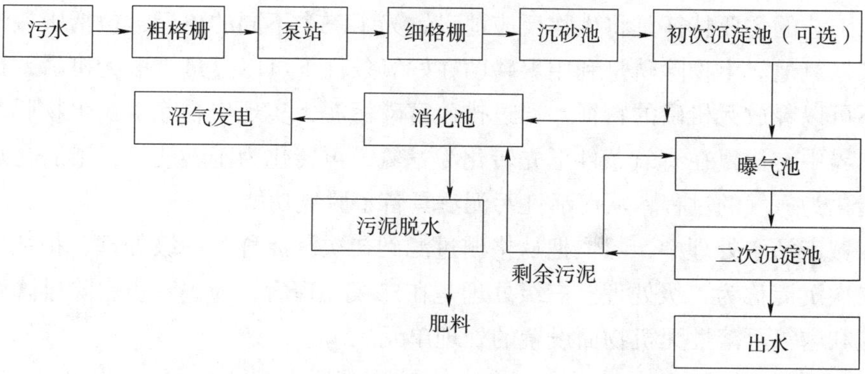

图 4-10　某污水处理厂污水污泥处理工艺（以去除碳源污染物为主）

污水经市政污水管网系统收集后，进入城镇污水处理厂。粗格栅和细格栅一般设置在污水处理厂的前端，用于截留较大的悬浮物和漂浮物。沉砂池可以去除密度较大的无机颗粒。处理水量较大的污水处理厂多采用活性污泥法，即污水进入曝气池与回流污泥混合，通过曝气设备供氧，经过活性污泥反应的混合液从曝气池另一端流出，进入二次沉淀池，进行固液分离。上清液经消毒后，达标排放，沉淀的活性污泥经过浓缩，一部分作为接种污泥回流到曝气池，其余部分作为剩余污泥排出系统。剩余污泥是在微生物降解有机物过程中增殖的微生物，需进一步处理和稳定。剩余污泥可以进入消化池进行厌氧消化，产生的沼气可以发电。消化污泥脱水后可堆肥、填埋或焚烧。

城市污水采用普通的活性污泥法处理，可以去除 90% 以上的有机污染物，然而活性污泥法对氮和磷的去除效果并不理想，处理后水中往往仍含有较高浓度的氮、磷。氮、磷是植物的重要营养物质，但也是导致湖泊、水库、海湾等缓流水体富营养化的主要原因。为去除水中的氮、磷，目前国内外已在活性污泥法的基础上开发出多种同步生物脱氮除磷工艺。图 4-11 是常用的城市污水同步脱氮除磷工艺，该工艺在去除有机污染物的同时也可以脱氮除磷。

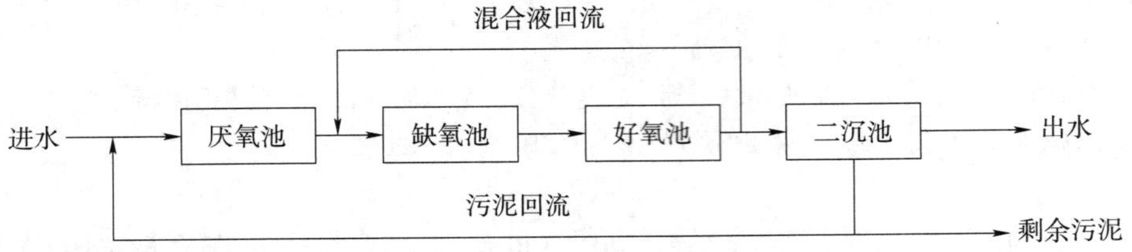

图 4-11　厌氧 - 缺氧 - 好氧法工艺流程示意图

（去除碳源有机污染物，同步脱氮除磷）

厌氧 - 缺氧 - 好氧法（AAO 法）是一种能够实现同步脱氮除磷的污水处理工艺。该工艺的主要特征是将生物反应池设置为了三个不同的单元，包括厌氧池、缺氧池和好氧池。生物除磷是利用聚磷菌在好氧条件下可以过量摄取无机磷，在厌氧条件下可以释放无机磷的特征，通过排放富磷污泥，实现生物除磷。生物脱氮是模拟自然界中有机氮在有氧条件下先转化为氨氮，再转化为硝酸盐氮，最后在缺氧条件下转化为氮气的过程，从而活性污泥法具备了脱氮功能。

在城市污水处理中，习惯把从格栅过滤到初次沉淀称为一级处理，把从生物处理到二次沉淀称为二级处理。三级处理是在二级处理后，为进一步去除难降解有机物、氮和磷等可溶性无机物而设置的处理单元。

第五节　水处理案例

一、桂林市七里店污水净化厂升级改造工程

（一）项目概况

1. 桂林市七里店污水净化厂概况

桂林市七里店污水净化厂建于 1989 年 9 月，设计规模为 4 万 m^3/d，采用传统

循环折流式氧化沟工艺，一座氧化沟有 8 个廊道，设四台倒伞形曝气机。服务区域为漓江以东城区，进水以生活污水为主，掺有少量生物制药、制革以及味精生产等行业排出的工业废水。自运行后，对桂林市东区生活环境和漓江水体水质的改善起到十分重要的作用。近年来，随着城市发展，该污水厂处理规模已不能满足日益提高的污水处理要求；原有倒伞形曝气装置在实现推流和曝气功能时，存在推动力不够、能耗大等问题。

2. 改造目标

通过技术升级改造，七里店污水净化厂的污水处理能力由 4 万 m^3/d 增加至 6 万 m^3/d；运行费用和能耗比改造前降低了 10%；出水可达到《城镇污水处理厂污染物排放标准》（GB 18918—2002）中的一级 A 标准。

3. 改造内容

改造内容主要包括氧化沟曝气推流系统改造与优化、二沉池扩建、尾水深度处理系统建造等。

（二）改造工程

1. 氧化沟曝气推流系统改造与优化

（1）氧化沟曝气推流系统改造

七里店污水净化厂分别在 1996 年和 2008 年对氧化沟曝气系统进行了改造，将倒伞型曝气机（表面曝气机）改为微孔曝气系统。改造后，两组氧化沟都采用微孔曝气 A/O 工艺运行，七里店污水净化厂的处理能力由 4 万 m^3/d 增加至 6 万 m^3/d。

氧化沟中的 4 个廊道分别铺设曝气头进行鼓风曝气，见图 4-12；好氧区面积与缺氧区面积之比为 5∶3；水力停留时间为 8.8 h，其中在好氧区停留 5.5 h、在缺氧区停留 3.3 h。缺氧区溶解氧（DO）控制在 0.5 mg/L 以下；好氧区溶解氧（DO）控制在 2 mg/L 以上。以 $1^\#$ 氧化沟为例，4 个廊道的曝气装置共包含 ZFP-235 型曝气头 3 780 个。设有两根主管（每根管两个廊道）供气，每根主管尾部设放空阀，水下空气管采用 UPVC 材料。曝气头共分 32 组，其中 28 组每组有 126 个曝气头，另外 4 组每组有 63 个曝气头。曝气头运行参数：正常气量为 2.6 m^3/（h · 个）；最大气量为 3.65 m^3/（h · 个）。$1^\#$ 氧化沟设有推流器 8 台，型号为 QDT4/4-2200/42/P，推流器布置见图 4-13。

为了降低能耗，七里店污水净化厂为鼓风机分别安装了 Varispeed F7 变频器，对电机进行调速，以控制风量。

（2）氧化沟曝气推流系统优化

经改造后的氧化沟采用 A/O 工艺，而原氧化场以四沟连续供氧方式（4 沟好氧 + 4 沟缺氧）运行。现有氧化沟供氧效果见图 4-14。

图 4-12　1# 氧化沟曝气区平面布置图

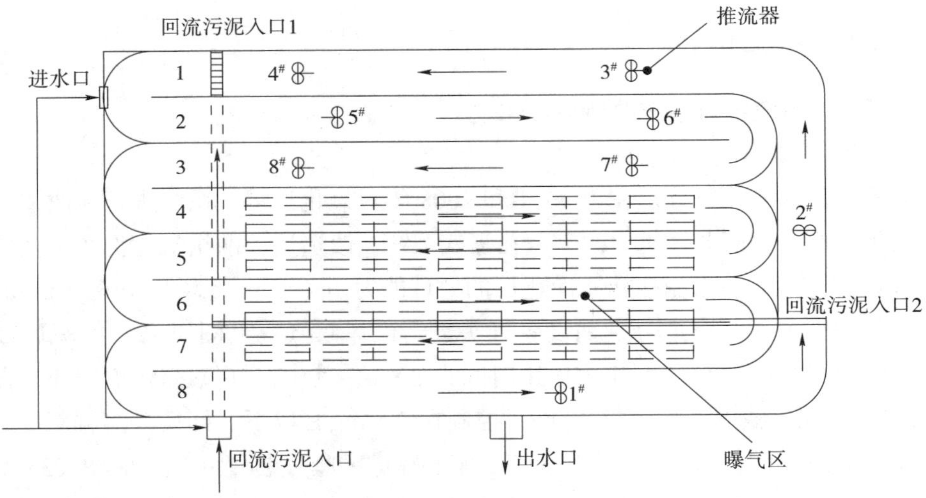

图 4-13　1# 氧化沟推流器位置示意图

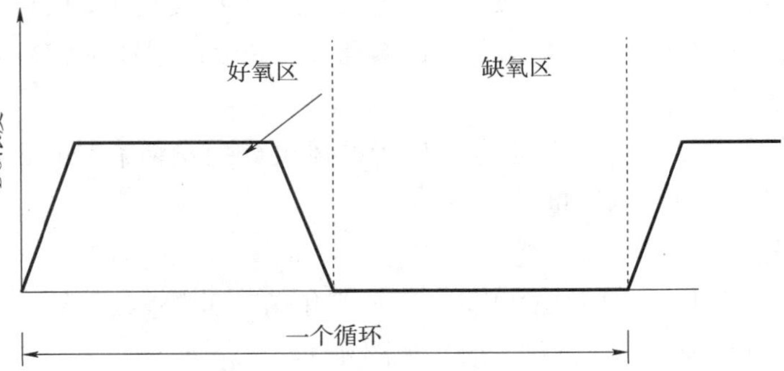

图 4-14　现有氧化沟供氧效果示意图

为了进一步提高系统的脱氮效果。项目根据相关研究成果对氧化沟进行进一步改造。合理分割，形成缺氧、好氧交替的环境（图 4-15），从而获得适合氨氮硝化和反硝化的环境，最终达到良好的脱氮效果。脱氮效率越高，说明原水中的有机物被反硝化菌利用得越好，即被耗氧氧化得越少，因此，所需的溶解氧也越少，对应的供氧量也可降低，处理 1 t 水的运行费用也就越低。

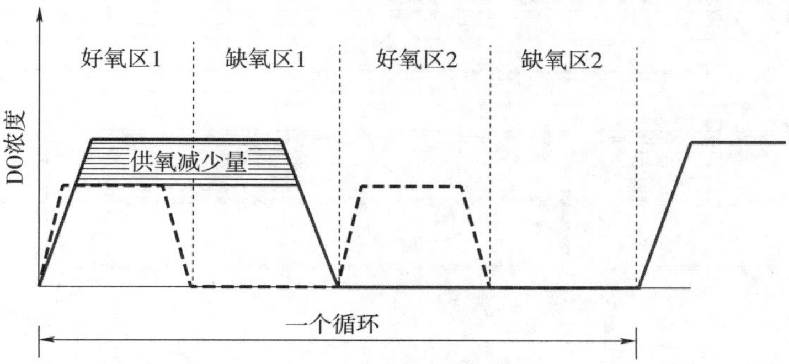

图 4-15　优化后氧化沟供氧效果示意图

为了优化供氧系统，对曝气池供氧系统进行优化布置。以 2# 氧化沟为例，将四沟连续供氧方式（4 沟好氧 +4 沟缺氧）改为分区供氧（2 沟好氧 +2 沟缺氧 + 2 沟好氧 +2 沟缺氧），以形成缺氧、好氧交替的环境；改进进水位置，提高碳源的利用效率和氧化沟的生物脱氮能力。改造结果见图 4-16。

图 4-16　2# 氧化沟供氧改造前后

改造前氧化沟的进水点有两处（图 4-17），而进水点 2 的功能未充分发挥。通过改造，移动进水点 2（图 4-18），以满足进水点在缺氧区起点的基本要求，同时最大限度地利用原水中的固有碳源进行生物脱氮，提高碳源的利用效率和氧化沟的生物脱氮能力。

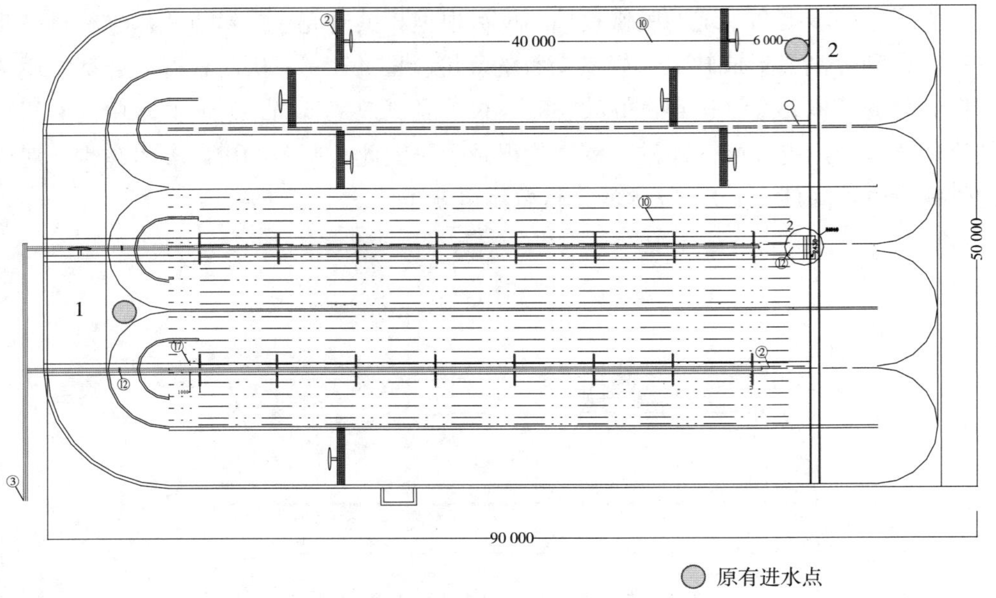

图 4-17　改造前氧化沟中曝气头和推流器的布置

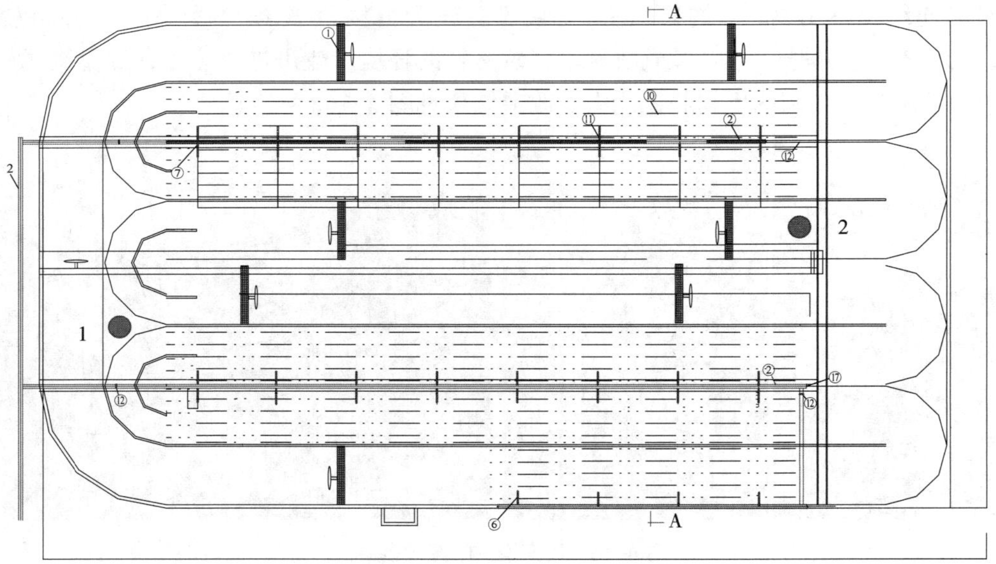

图 4-18　改造后氧化沟中曝气头和推流器的布置

2．新建周边进水周边出水辐流式二沉池

沉淀池一般分为辐流式、平流式、竖流式 3 种形式，池形分为圆形、方形 2 种形状。污水处理厂大都采用辐流式沉淀池，并进行机械排泥，这样的设计沉淀效果好，运行稳定可靠。辐流式沉淀池有中心进水周边出水和周边进水周边出水两种形式。周边进水周边出水辐流式二沉池具有耐冲击能力强、水力负荷高、沉淀区容积利用率高等众多优点。

项目新建周边进水周边出水辐流式二沉池 1 座（图 4-19），设计处理规模为 20 000 m^3/d。采用半桥式吸泥机收集污泥，污泥通过底部吸泥管收集后在重力作用下流入污泥回流井。吸泥机桥架上还附带有刮板，随着刮板的移动，将池表面浮渣刮至排渣斗内。$1^{\#}$ 和 $2^{\#}$ 氧化沟出水口之间设有连通管（通过阀门控制），实现一组氧化沟运行，几个二沉池出水的运行方式；$2^{\#}$ 氧化沟出水口处设有 $5^{\#}$ 二沉池的电动进水阀门，通过埋设管道将水送入 $5^{\#}$ 二沉池。

新建主要设计参数：回流比为 100%，进水污泥浓度为 3 500 mg/L，回流污泥浓度为 7 000 mg/L，变化系数为 1.5，最大表面负荷为 1.30 $m^3/(m^2 \cdot h)$，表面负荷为 0.866 $m^3/(m^2 \cdot h)$，设计池深为 5 m，有效水深为 4.5 m，有效容积约为 4 200 m^3。

图 4-19　新建周边进水周边出水辐流式二沉池

3. 新建尾水深度处理系统

经改造，处理出水水质基本可以达到《城镇污水处理厂污染物排放标准》（GB 18918—2002）中的一级标准的 A 标准，但随季节变化有一定的波动。无法稳定地满足高排放标准的要求。滤布滤池技术是近年发展起来的一种新型表面过滤技术，在技术上可以替代传统的深床过滤设备。与传统过滤技术相比，滤布滤池具有结构紧凑、水头损失小、占地面积少、处理费用低等特点，可将其用于城市污水处理厂二级出水的除磷工序，是进一步提高水质的后续深度处理单元，是一种经济可行的处理工艺。

为了研究深度处理系统对处理效果的影响，在二沉池后新增滤布滤池尾水深度处理系统一套，处理规模为 2 000 m^3/d，设计实施方案如下。

运用化学方法，通过投加絮凝剂，使水中的磷、悬浮物（SS）沉淀一并被去除。

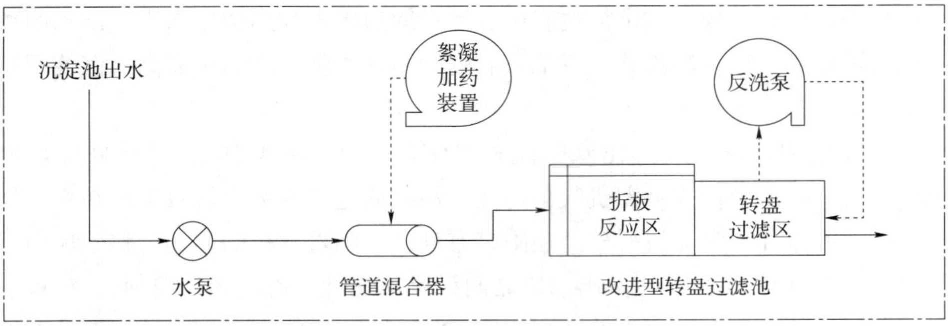

图 4-20 尾水深度处理工艺流程图

尾水深度处理系统（图 4-20）的主要工艺设备是改进型转盘过滤池，该设备集折板反应池与滤池于一体，采用可编程逻辑控制器（PLC）全自动控制。原污水处理厂二级处理后的消毒水经单级离心泵，进入本设备，在设备进水端设置静式管道混合器，将进水与加药系统提供的聚合硫酸铁镁（PFMS）、聚合氯化铝（PAC）充分混合，混合后进入改进型转盘过滤池折板反应区进行反应，生成矾花，通过折板反应区后，自流进入滤布过滤区，利用滤膜的过滤作用，将污水中的 SS、磷、COD 等以沉淀物的形式去除。改进型转盘过滤池外形如图 4-21 所示。

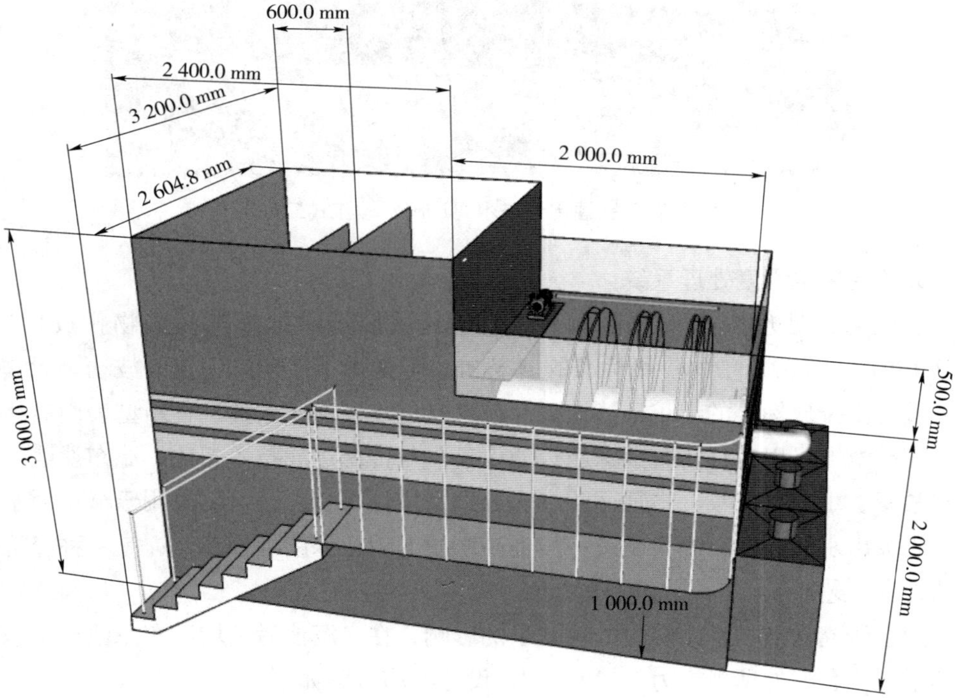

图 4-21 改进型转盘过滤池外形

折板反应区：本设备折板反应区外形尺寸为2 400.0 mm × 2 604.8 mm × 3 200.0 mm，有效水深为2.5 m，整个反应区内设置折流板3块，板间距离为600 mm，原水与絮凝剂在该区充分反应混合，反应时间为10 min，其间矾花逐渐长大。设备进水侧采用下部进水，出水侧经过跌水自流进入滤布转盘过滤区，折板区采用碳钢 + 环氧煤沥青防腐，底部设置排泥放空管4根。

滤布过滤区：该区尺寸为2 000.0 mm × 2 604.8 mm × 2 500.0 mm，转盘过滤器直径为2 m，转盘距设备底端为260 mm。滤布过滤区采用半浸没式中间进水、四周出水方式运行。反应区底部设置放空管1根。反应区内壳及框架采用碳钢 + 环氧煤沥青防腐，区内设置转盘过滤器、反冲洗水泵各1台。

转盘过滤器：转盘过滤运行分为原水过滤和反冲洗排泥两个相对独立且同时进行的过程。二者在同一过滤器的不同位置完成。在原水过滤过程中，待过滤污水受重力作用从中央进水管路流入转筒式配水装置，进入过滤转盘的内胆，然后通过滤布过滤，使污水中的悬浮物截留在滤布的内侧，再将过滤后的水排出。被收集于滤布内侧污泥，逐步形成污泥层。随着滤布上污泥的积聚，滤布过滤阻力增加，滤池水位逐渐升高。运用液位计监测池内液位的变化，当池内液位达到清洗要求（高水位）后，在PLC控制下开始反冲洗，滤盘在中心转辊的驱动下旋转，同时反冲洗水泵启动，反冲洗水泵抽取滤后的水，通过位于滤盘顶部的高压伞状喷射系统对处于顶端位置的滤布进行由外向内地冲洗，将堆积在滤布内表面的污泥清除，然后通过排污管排出。反冲洗时，可连续过滤。

（三）改造工程效果

七里店污水净化厂将氧化沟的倒伞型曝气机（表面曝气机）改为微孔曝气，采用微孔曝气A/O工艺运行，新增沉淀池1座，七里店污水净化厂处理能力由4万m^3/d增加至6万m^3/d，出水达到了《城镇污水处理厂污染物排放标准》（GB 18918—2002）中的一级B标准。二沉池出水经改进型转盘过滤池尾水深度处理系统处理后，出水能够达到《城镇污水处理厂污染物排放标准》（GB 18918—2002）中的一级A标准。

二、北海市南康镇生活污水双膜内循环处理工程

1. 项目概况

南康镇污水处理厂有两个厂区，一厂和二厂设计日处理水量均为1 000 m^3/d，污水来源于城镇居民生活污水和当地雨水，2015年11月开工建设，于2016年1月完成调试并投产使用，见图4-22。

图 4-22　北海市铁山港区南康镇污水处理厂现场照片

2. 工艺流程

本项目是以膜分离技术、生物膜技术、间歇曝气技术组合工艺为核心的新型污水膜生物处理技术，可实现同步脱氮除磷。工艺流程为：污水—格栅—提升泵—双膜内循环生物反应器（DMBR）—紫外消毒—达标排放。

本项目工艺核心设备为双膜内循环生物反应器（以下简称“反应器”，见图 4-23），反应器内部分为生物膜反应区和微滤膜反应区。生物膜反应区设布水装置、生物膜填料、曝气装置及进气电动阀；微滤膜过滤区设浸入式微滤膜组件、曝气冲洗装置及进气电动阀。

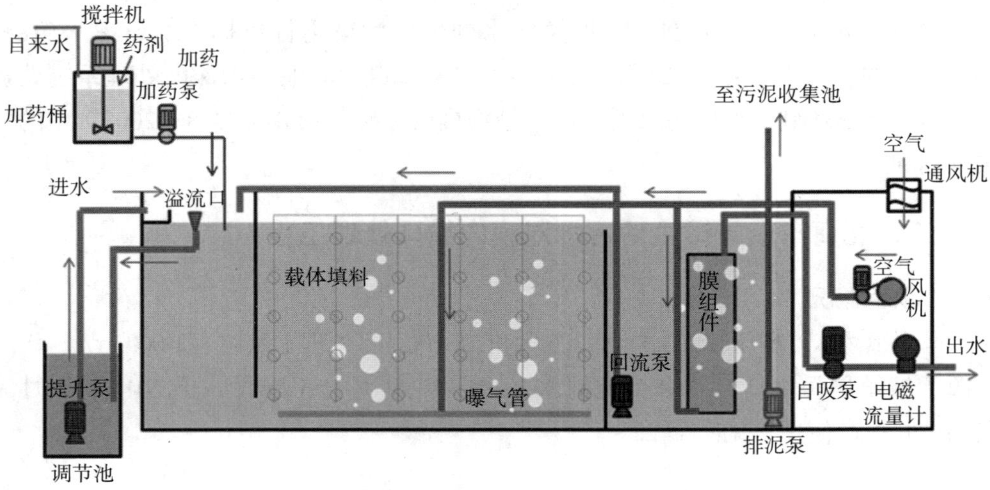

图 4-23　双膜内循环生物处理工艺路线图

原水经格栅过滤去除粒径 2 mm 以上颗粒物和杂物后，经提升泵提升，再经布水装置，均匀进入反应器内的生物膜反应区。其间，通过控制系统间歇开启填料生物膜反应的进气气动阀，交替曝气，使生物膜反应区内交替形成厌氧–缺氧–好氧的微生物环境，完成微生物厌氧放磷、缺氧脱氮、好氧硝化吸磷的过程。特殊的曝气方式，使混合液在曝气气流作用下，于生物膜反应区和微滤膜过滤区形成内循环，混合液在流经微滤膜过滤区时，脱落的生物膜和颗粒物被微滤膜截留，随水流返回生物膜反应区，清水透过微滤膜组件汇入集水装置，经管道式紫外线消毒后达标排放。

工艺主要有以下优点。

生物膜反应区和微滤膜过滤区采用交替间歇曝气方式充氧。曝气量按微滤膜空气重启需气量和生物反应需气量两者中的最大值设计，总气水比不超过 15∶1。而单纯的膜生物反应器处理类似生活污水，总气水比为 20∶1。相较之下，本项目所用技术曝气耗能降低了约 50%，节约了系统运行成本。

采用交替曝气技术，在生物膜反应区交替形成厌氧–缺氧–好氧环境，完成厌氧放磷、缺氧脱氮、好氧硝化吸磷过程，经微滤膜过滤后达到脱氮除磷效果，且反应池容积小，占地面积也小。

兼氧反应与生物膜技术相结合，生物更加丰富，剩余污泥量大幅减少，有机污泥近零排放。

反应器内悬浮污泥浓度低，跨膜压差降低，膜通量大幅度减少，工作周期和使用寿命延长。

采用触摸屏和 PLC 智能控制，具有远程控制功能，有利于运行管理和监控，见图 4–24。

3. 技术指标

根据广西云检科技有限公司出具的监测报告，项目出水优于《城镇污水处理厂污染物排放标准》（GB 18918—2002）中的一级 A 标准限值。按进水 TN 平均浓度为 16.13 mg/L，TP 平均浓度为 3.92 mg/L 计，该污水厂每年削减总氮排放 2.316 t，减少总磷排放 2.202 t。利用该工艺投加适量外加碳源和混凝剂可实现深度脱氮除磷（出水 TN 平均浓度为 12.27 mg/L，NH_4^+–N 平均浓度为 1.14 mg/L，TP 平均浓度为 0.25 mg/L）。该技术有明显的节能效果，如吨水电耗下降了 12%，年节电 32 700 kW · h。具体指标见表 4–8。

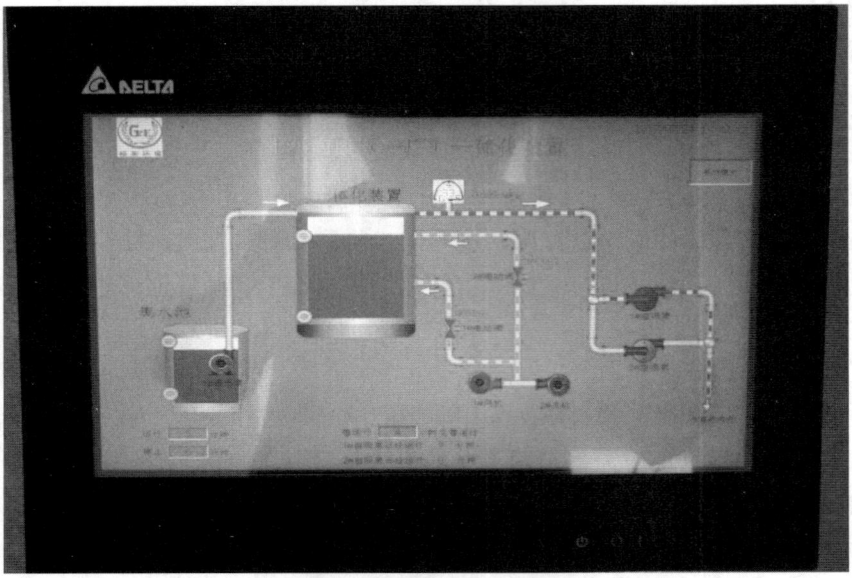

图 4-24　污水处理设备智能控制系统界面

表 4-8　北海市铁山港区南康镇污水处理厂进水监测指标

指标	COD	SS/	NH_3-N	TN	TP
进水平均浓度 /（mg/L）	189.00	41.67	10.67	16.13	3.92
出水平均浓度（mg/L）	16.33	5.00	1.14	12.27	0.25
一级标准的 A 标准限值 /（mg/L）	50	10	5	15	0.5
去除率 /%	91.36	88.00	89.27	24.00	93.62

4. 投资与运维

本项目总投资约 666.1 万元，其中设备投资为 640 万元、其他投资为 26.1 万元，吨水投资费用为 3 330.5 元，主体设备寿命为 10 年。2016 年 1—12 月，年处理污水为 600 000 t，年运行费用为 34.2 万元，吨水运行费用为 0.57 元；利用本工艺投加适量外碳源和混凝剂实现深度处理，投加碳源 0 t，混凝剂 1.2 t，年运行费用将增加 0.24 万元，吨水运行费用增加 0.004 元。

参考文献

[1] 张岚，陈昌杰，陈亚妍 . 我国生活饮用水卫生标准 [J]. 中国公共卫生，2007(11): 1281-1282.
[2] 梁敏清 . 我国《生活饮用水卫生标准》的研究综述 [J]. 中国卫生事业管理，2011,

28(S1): 173-175.

[3] 马骉，李梦洁，陈志平．国内外饮用水标准比较及对我国未来水质标准的思考 [J]. 中国给水排水，2016，32(10): 11-14.

[4] 闫龙，王玉飞，李健，等．工业废水常规处理方法概述 [J]. 榆林学院学报，2013，23(04)：41-46.

[5] 张自杰．排水工程（下册）[M]. 北京：中国建筑工业出版社，2015.

[6] 李圭白．水质工程学（上册）[M]. 北京：中国建筑工业出版社，2013.

[7] 李圭白．水质工程学（下册）[M]. 北京：中国建筑工业出版社，2013.

[8] 李圭白．给排水科学与工程概论 [M]. 北京：中国建筑工业出版社，2010.

第五章　建筑水业概述

第一节　建筑给水系统工程概述

一、建筑给水系统的分类与组成

建筑给水系统的任务，是将室外给水管网中的水引入建筑物，并送至各种用水设备处，以满足室内生活、生产和消防用水的要求。

（一）建筑给水系统的分类

建筑给水系统按其供水对象可分为生活给水系统、生产给水系统、消防给水系统及组合给水系统。

1. 生活给水系统

满足人们饮用、烹调、盥洗、洗涤、沐浴等生活用水要求的建筑给水系统，称为生活给水系统。该系统要求水质必须严格符合国家规定的《生活饮用水卫生标准》（GB 5749—2022）。

2. 生产给水系统

满足生产过程中所需要的设备冷却水、原料和产品的洗涤水、锅炉用水及某些工业原料（如酿酒）用水的建筑给水系统，称为生产给水系统。生产给水系统必须满足生产工艺对水质、水量、水压及安全方面的要求。

3. 消防给水系统

满足层数较多的民用建筑、大型公共建筑及某些生产车间的消防设备用水的建筑给水系统，称为消防给水系统。不同的消防灭火装置对消防用水的水质要求不同，但必须按建筑防火规范要求，保证有足够的水量和水压。

4. 组合给水系统

上述三种给水系统，在实际工程中不一定单独设置，通常根据建筑物内用水设备对水质、水压、水温的要求及室外给水系统的情况，在考虑技术、经济和安全条件的基础上，组合成同时供应不同对象的共用系统。主要有：

（1）生活与生产共用的给水系统；

（2）生产与消防共用的给水系统；

（3）生活与消防共用的给水系统；

（4）生活、生产和消防共用的给水系统。

（二）建筑给水系统的组成

建筑给水系统一般由引入管、给水管网、给水附件、给水设备、配水设施和水表结点等组成，如图 5-1 所示。

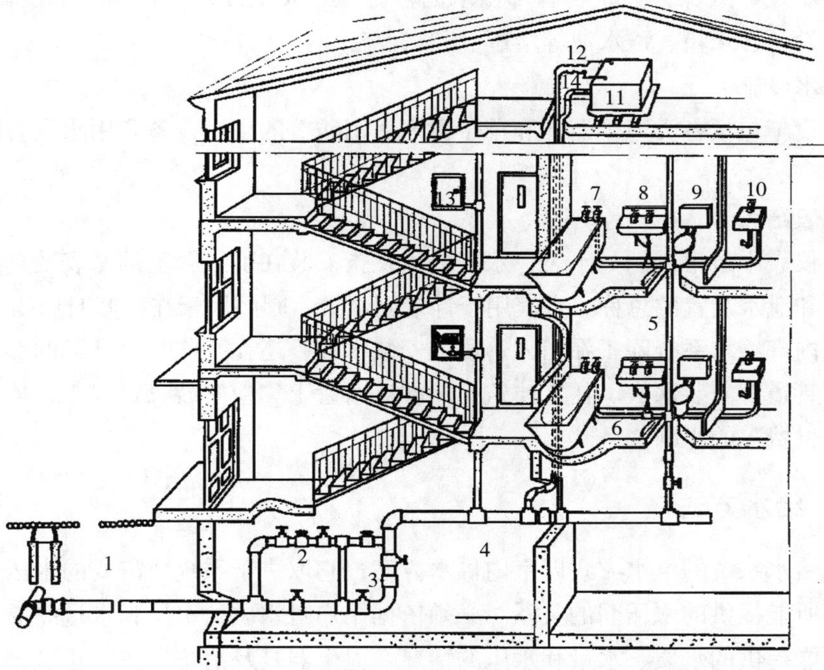

1- 引入管；2- 水表；3- 水泵；4- 干管；5- 立管；6- 支管；7- 浴盆；
8- 洗脸盆；9- 坐便器；10- 洗涤盆；11- 水箱；12- 进水管；13- 消火栓；14- 出水管

图 5-1　建筑给水系统的组成

1. 引入管

引入管是由市政管道引入小区给水管网的管段，或由小区给水接户管引入建筑物的管段。引入管上一般设有水表和相关阀门附件。

2. 给水管网

给水管网包括干管、立管、支管和分支管。

（1）干管：又称总干管，是将水从引入管输送至建筑物各区域的管段。

（2）立管：又称竖管，是将水从干管沿垂直方向输送至各楼层、各不同标高处的管段。

（3）支管：又称分配管，是将水从立管输送至各房间的管段。

（4）分支管：又称配水支管，是将水从支管输送至各用水设备处的管段。

3. 给水附件

给水附件指管道系统中用于调节水量、水压，控制水流方向，改善水质，关断水流，以及便于管道、仪表、设备检修的各类阀门和设备。

4. 给水设备

给水设备一般指建筑给水系统的增压和贮水设备。为弥补室外给水管网的水压、水量不足，或保证建筑物内部供水的稳定性、安全性，应根据要求设置水泵、气压给水设备、水箱、贮水池等增压、贮水设备。

5. 配水设施

配水设施包括各类卫生器具和用于生产、消防等的用水设备和用水设备的配水龙头。

6. 水表结点

计量仪表中最常用的是水表，水表节点是指安装在引入管上的水表及其前后设置的阀门和泄水装置的总称。水表用于计量用水量，阀门用于在检修时启闭水流。

建筑内部给水系统除了在引入管段上安装水表，还在某些需要计量的部位和设备的配水管道上安装水表。住宅建筑每户的进水管上均应安装分户水表，体现“谁消费，谁付费”的原则。

二、给水方式

建筑给水系统的给水方式即室内供水方案，它取决于系统所需要的水压与室外给水管网所能提供的水压间的关系。必须依据用户对水质、水压和水量的要求，室外管网所能提供的水质、水量和水压的情况，卫生器具及消防设备在建筑物内的分布，用户对供水安全性的要求等确定。

（一）给水方式选择原则

（1）应充分利用城市管网水压直接供水，如果室外给水管网水压不能满足整个建筑物用水要求，可以考虑建筑物下面几层利用室外给水管网水压直接供水，建筑物上面几层利用加压和流量调节装置供水。

（2）给水系统的分区应从建筑物用途、层数、使用要求、材料设备性能、维护管理、节约供水、能耗等方面综合考虑。不同使用性质或不同计费方式的给水系统，应在引入管后形成各自独立的给水管网。

（3）在满足用户要求的前提下，应力求给水系统简单、管道长度短，以降低工程费用及运行管理费用。

（4）给水系统应保证供水安全可靠，管理和维修方便。

（二）给水方式的基本形式

室内给水方式基本形式有以下六种。

1. 直接给水方式

室外给水管网的水量、水压在一天内任何时间都能满足室内用水要求，不再设置调节、增压设施，直接与室外给水管网连接的给水方式称为直接给水方式，见图 5-2。

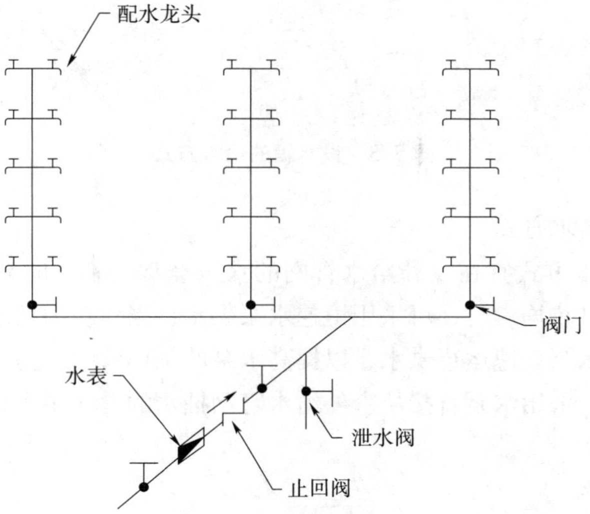

图 5-2 直接给水方式

直接给水方式的优点是供水可靠、系统简单、节省投资、安装维护简便、可充分利用室外管网水压、节约能源，是一种值得推荐的给水方式。其缺点是室内无调节水量和储水的设备，室外给水管网停水时，室内给水管网也随即断水，影响使用。

2. 设水箱的给水方式（图 5-3）

室外给水管网若水量充足但水压出现周期性不足，即在用水高峰时水压不足，处于用水低峰时水压能满足用水点要求，则须设置水箱。在屋顶设置高位水箱，用水量低时利用室外给水管网的水压向水箱供水，用水高峰时，室外管网压力不足，则由水箱向室内给水管网供水。

此给水方式的特点是供水可靠、系统简单、投资较小、安装和维护简便、可充分利用室外管网水压、节省能源和增压设施。缺点是需设高位水箱，增加了结构荷载，给建筑专业的立面处理带来一定的难度；若管理不当，水箱的水质则容易受到污染。

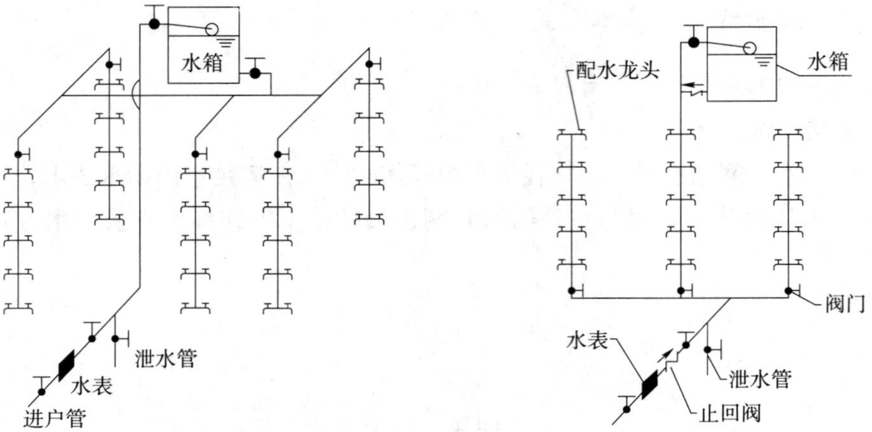

图 5-3　设水箱的给水方式

3. 设水泵的给水方式

设水泵的给水方式宜在室外给水管网的水压经常性不足时采用（图 5-4）。当建筑内用水量大且较均匀时，可采用恒速水泵供水；当建筑内用水量不均匀时，宜采用一台或多台水泵变速运行供水，以提高水泵的工作效率。为充分利用室外管网压力，节省电能，采用水泵直接从室外给水管网抽水的叠压供水设备供水时，应设置旁通管。

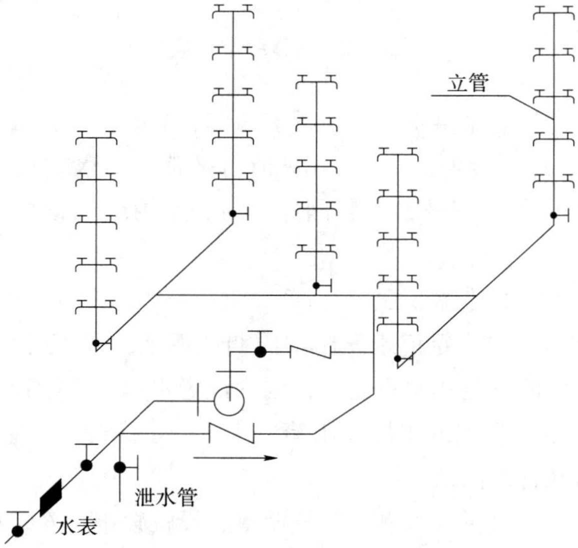

图 5-4　设水泵的给水方式

设水泵的给水方式因水泵直接从室外管网抽水，会造成外网压力下降，影响附近用户用水，严重时可能造成外网负压，在管道接口不严密时，其周围环境中的渗漏水会吸入管道，造成水质污染。

4. 设贮水池、水泵和水箱的联合给水方式

当室外给水管网水压经常性不足，而且不允许水泵直接从室外管网吸水且室内用水不均匀时，常采用设贮水池、水泵和水箱的联合给水方式，如图 5-5 所示。

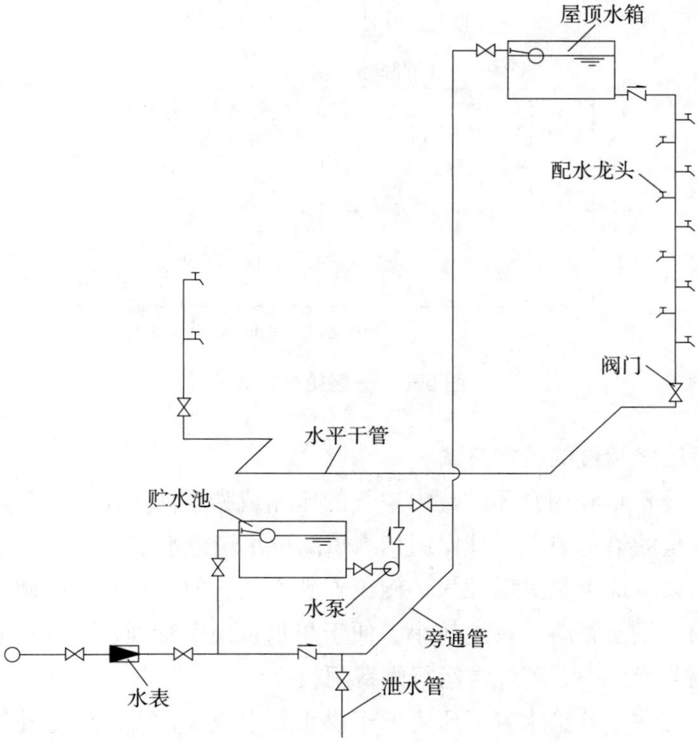

图 5-5　贮水池、水泵和水箱的联合给水方式

这种方式利用水泵将贮水池中的水提升至高位水箱，用高位水箱储存调节水量并向用户供水。水箱内设水位继电器来控制水泵的开停（水箱内水位低于最低水位时开泵，升至最高设计水位时停泵）。

这种供水方式的优点是由于贮水池、水箱储有一定水量，停水停电时可延时供水，供水可靠，供水压力较稳定，水泵随时向水箱充水，水箱容积可减小。缺点是有水泵振动和噪声干扰，高位水箱水质可能受污染，投资较大，安装和维修都比较复杂。

5. 分区给水方式

由于室外管网供水压力较低，只能满足建筑物下面几层的用水，而不能满足建筑物上层的需要。为充分有效地利用室外管网的压力，上层设水泵和水箱联合供水，下面几层直接由室外管网供水，这就形成了上、下分区的给水方式，见

图 5-6。分区给水方式可以充分利用外网压力，供水安全，但投资较大，维护复杂。

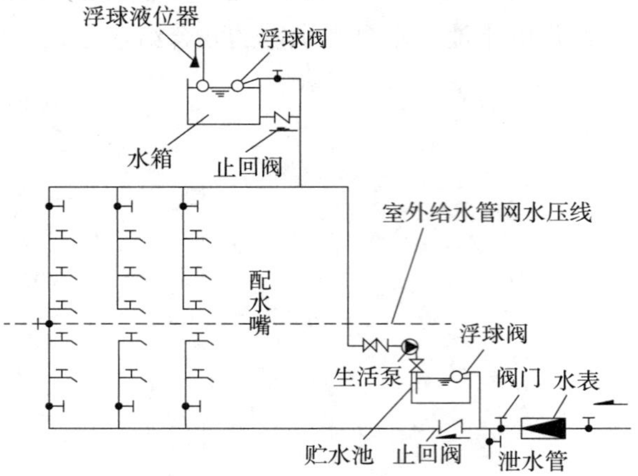

图 5-6　分区给水方式

6. 设气压给水装置的给水方式

气压给水设备是利用密闭贮罐内空气的压缩或膨胀使水压力上升或下降，以此输水并调节水量的给水装置，其作用相当于高位水箱或水塔。

这种给水设备优点是灵活性大，施工安装方便，便于扩建、改建和拆迁，可以设在水泵房内，设备紧凑，占地较小，便于与水泵集中管理，供水可靠，不受污染等。缺点是调节能力小，若经常运行则费用较高。

这种方式宜在室外给水管网压力低于供水要求或经常不能满足建筑内部给水管网所需水压，室内用水不均匀且不宜设置高位水箱时使用。气压给水装置可分为变压式和定压式两种。

三、管道布置和敷设

（一）管道布置形式

给水管道的布置按供水可靠程度可分为枝状和环状两种形式，前者单向供水，供水安全性差，但节省管材，造价低；后者管道相互连通，双向供水，安全可靠，但管线长、造价高。一般建筑内给水管网宜采用枝状布置。按水平干管的敷设位置枝状布置又可分为上行下给、下行上给和中分式三种形式。干管设在顶层天花板下、吊顶内或技术夹层中，由上向下供水的方式为上行下给式（图 5-3 左图），适用于设置高位水箱的民用建筑、公共建筑和地下管线较多的工业厂房；干管埋地、设在底层或地下室中，由下向上供水的方式为下行上给式（图 5-2），适用于利用室外给水管网水压直接供水的建筑；干管设在中间技术层内或中间某层吊顶内，由中间向上、下两个方向供水的方式为中分式，适用于在屋顶设露天茶座、舞厅或设有中间技术层的高层建筑。同一栋建筑的给水管网也可同时兼有以上两种形式。

管道布置应满足以下基本要求。

（1）确保供水安全和良好的水力条件，力求经济合理；

（2）保护管道不受损坏；

（3）不影响生产安全和建筑物的使用；

（4）便于安装维修。

（二）管道敷设

1. 敷设形式

给水管道的敷设有明装、暗装两种形式。

明装管道外露，优点是安装维修方便，造价低。但外露的管道影响美观，表面易结露、积灰尘。一般用于对卫生、美观没有特殊要求的建筑。

暗装管道隐蔽，如敷设在管道井、技术层、管沟、墙槽、顶棚或夹壁墙中，直接埋地或埋在楼板的垫层里，优点是管道敷设不影响室内的美观、整洁，但施工复杂、维修困难、造价高。适用于对卫生、美观要求较高的建筑，如宾馆，高级公寓和要求无尘、洁净的车间、实验室、无菌室等。

2. 敷设要求

给水横管穿承重墙或基础、立管穿楼板时均应预留孔洞，暗装管道在墙中敷设时，应预留墙槽，以免临时打洞、刨槽影响建筑结构的强度。

给水立管可以在建筑物内沿墙、柱明设，明设的不保温给水立管（和横管）与墙面应有一定的距离，这个距离即管外皮到墙的抹灰面或饰面的距离。

四、建筑给水系统的水质、水压、水量

（一）建筑给水系统的水质保护

1. 水质污染的现象及原因

（1）管网污染——供水管网在输水过程中由管道老化腐蚀、渗漏等因素造成的水质污染。

（2）回流污染——无防倒流污染措施时，非饮用水或其他液体倒流入生活给水系统污染水质。

（3）贮水过程污染——贮水池（箱）的制作材料或防腐涂料选择不当，含有有毒物质，逐渐溶于水中导致水质污染。

（4）微生物污染——水在贮水池（箱）中停留时间过长，余氯耗尽，微生物繁

殖使水质腐败变质。

（5）其他由于设计不合理、施工安装或管理不当等原因造成的污染。

2. 水质防护措施

为保证建筑给水系统中水质安全，一般采用以下主要措施。

（1）加强对建筑给水系统引入管的水质监控。从城市给水厂送出的出厂水一般是满足水质标准要求的，但在输送管道中可能被污染，因此，要注意监测和控制建筑给水系统引入管的水质。

（2）建筑给水系统管网与贮水设备的布置应注意避免污染。生活饮用水管应远离污水管，饮用水管不得与非饮用水管直接连接。

（3）加强管理。实行定期清洗贮水池，控制贮水时间（不要过长）、及时维修和拆换损坏管道等管理措施。

（4）注意材料选择，防止水质污染。如贮水池如需防腐应采用无毒涂料、管道要选用不会游离出有毒物质的材料。

（二）建筑给水系统的水压

若建筑给水系统中最不利点也有足够流出水头，此时系统的压力即系统所需水压，也称系统的工作压力或供水压力。建筑给水系统各处水压应满足下列要求：

（1）生活给水系统中，卫生器具给水配件承受的最大工作压力，不得大于0.60 MPa。

（2）当生活给水系统分区供水时，各分区的静水压力不宜大于0.45 MPa，当设有集中热水系统时，分区静水压力不宜大于0.55 MPa。

（3）生活给水系统用水点处供水压力不宜大于0.20 MPa，并应满足卫生器具工作压力的要求。

（4）住宅入户管供水压力不应大于0.35 MPa，非住宅类居住建筑入户管供水压力不宜大于0.35 MPa。

建筑物给水系统的水压由下列四部分构成：①将水从引入管起点输送至配水最不利点高度所需要的静水压；②引入管起点至配水管最不利点管道的沿程水头损失和局部水头损失；③最不利配水点所需的工作压力；④水表的水头损失。

（三）建筑给水系统的用水量

建筑给水系统用水量是选择给水系统中的水量调节设备、贮存设备的基本依据。建筑给水系统用水量可分为包括生活用水量、生产用水量和消防用水量三部分。

生活用水量要满足生活中的各种用水需求，其水量与建筑物内卫生设备的完善程度、当地气候、使用者的生活习惯、水价等因素有关，可根据国家制定的用水定额、小时变化系数和用水单位数等确定。生活用水量的特点是水量不均匀。

生产用水量要根据生产工艺过程、设备情况、产品性质、地区条件等因素确定，计量方法有两种：按单位产品消耗的水量计算、按单位时间内生产设备消耗的水量计算。一般生产用水量比较均匀。

消防用水量大而集中，与建筑物的使用性质、规模、耐火等级和火灾危险程度等密切相关，为保证灭火效果，建筑内消防用水量应按规定，根据同时开启消防灭火设备用水量之和计算。消防用水量的特点是用水量大且集中。

第二节　建筑热水系统工程概述

一、热水供应系统的分类

热水供应系统按其供应的范围可分为三种类型。

（1）局部热水供应系统：在建筑物内各用水点设小型加热设备把水加热后供该场所人员使用。其热源为电力、煤气、蒸汽等，适用于用水点少、用水量小的建筑。

（2）集中热水供应系统：在锅炉房和热交换间设加热设备，将冷水集中加热，向一栋或几栋建筑物各配水点供应热水。冷水一般由高位水箱提供，以保证各配水点压力恒定。集中热水供应系统一般适用于旅馆、医院等公共建筑。

（3）区域热水供应系统：以集中供热的热网作为热源加热冷水或直接从热网取水，满足一个建筑群或一个区域（小区或厂区）用户的热水供应需求的热水供应系统称为区域供热系统。它的供应范围比集中热水供应系统还要大得多，而且热效率高，便于统一维护管理和热能的综合利用。建筑布置比较集中、热水用水量较大的城市和工业企业，有条件时应优先采用该系统。

二、热水供应系统的组成

热水供应系统的组成因建筑类型和规模、热源情况、用水要求、加热和贮存设备情况、建筑对美观和声环境的要求等的不同而异。以集中热水供应系统来说，它主要由热煤系统、热水供应系统、附件三部分组成。

热媒系统（第一循环系统）：由热源、水加热器和热媒管网等组成。

热水供应系统（第二循环系统）：由热水配水管网和回水管网组成。

附件：包括蒸汽、热水的控制附件及管道的连接附件，如温度自动调节器、疏水器、减压阀、安全阀、自动排气阀、膨胀罐、管道伸缩器、闸阀、水嘴等。

图 5-7 所示为一个完整的建筑物集中热水供应系统。

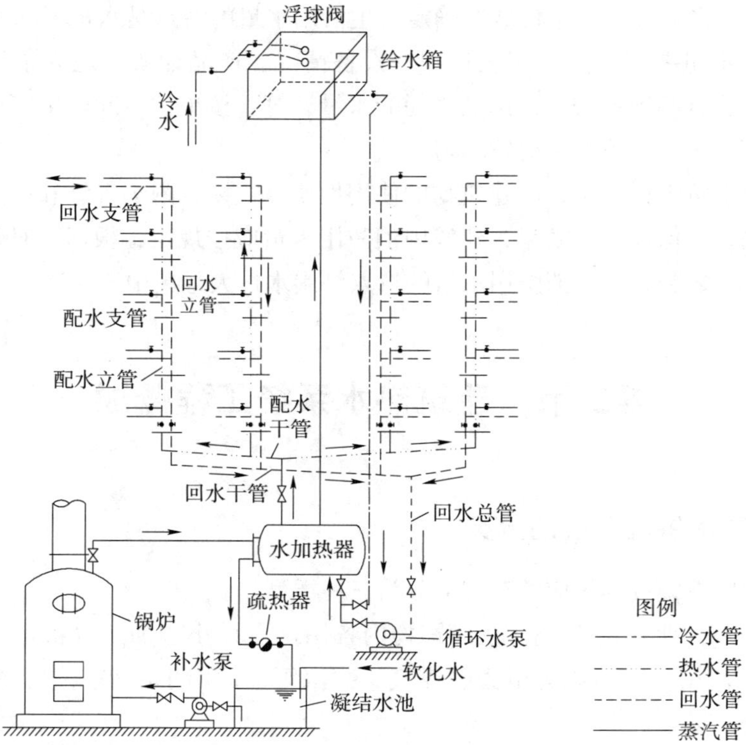

图 5-7　建筑物集中热水供应系统

三、热水供应方式

（1）按热水加热方式的不同，热水供应方式有直接加热和间接加热之分。

直接加热也称一次换热，是以燃气、燃油、燃煤为燃料的热水锅炉，把冷水直接加热到所需温度，或者是将蒸汽或高温水通过穿孔管或喷射器直接通入冷水混合制备热水。

间接加热也称二次换热，在该方法中热媒通过水加热器把热量传递给冷水，达到加热冷水的目的，在加热过程中热媒（如蒸汽）与被加热的冷水不直接接触。

（2）按热力管网的压力工况，热水供应方式可分为开式和闭式两类。

开式热水供应方式，即在所有配水点关闭后，系统内的水仍与大气相通。

闭式热水供应方式，即在所有配水点关闭后，整个系统与大气隔绝，形成密闭系统。

（3）按热水管网设置循环管网的方式不同，热水供应方式有全循环、半循环、无循环之分。

全循环：所有支管、立管、干管或所有立管、干管上设循环管。这种系统可以使配水管网的任意点都能达到设计水温。

半循环：仅对局部的干管设循环管，立管不设循环管。只能保证干管达到设计水温。

无循环：即不设循环管道。对于连续用水或定时集中用水的建筑，可不设循环管。

（4）按热水管网运行方式不同，热水供应方式可分为全日集中热水供应系统和定时集中热水供应系统。

全日集中热水供应系统：在全天任何时刻管网中流量都维持在不低于循环流量的水平，使设计管段的水温在任何时刻都不低于设计温度。

定时集中热水供应系统：即在集中使用热水前，利用水泵和回水管道使管网中已冷却的水强制循环加热，在热水管道中的热水达到规定温度后再开始使用的热水供应方式。

（5）按热水管网采用的循环动力不同，热水供应方式可分为自然循环方式和机械循环方式。

自然循环方式利用热水管网中配水管和回水管内因温度差所形成的自然循环作用水头（自然压力），使管网内维持一定的循环流量，以补偿管道热损失，保持一定的供水温度。

机械循环方式利用水泵强制水在热水管网内循环，形成一定的循环流量，以补偿管网热损失，维持一定的水温。目前，实际运行的热水供应系统多采用这种循环方式。

第三节 建筑排水系统工程概述

建筑排水系统的主要任务是排出建筑内使用生活用水的卫生洁具所产生的生活污废水和生产设备（器具）所产生的污废水，在排除生活污废水或生产污废水的同时，防止其中产生的有害污染物进入建筑内，并为污废水的综合处理和回用提供有利条件。

一、建筑排水系统的分类

（一）按排水性质分类

按所排出的污水性质，建筑排水系统可分为生活排水系统、工业废水排水系统和建筑雨水排水系统

1. 生活排水系统

排出人们日常生活中所产生的洗涤废水和粪便污水等，此类污水多含有机物及细菌。生活排水系统有时还分为排出便器产生的生活污水的排水系统和排出盥洗、洗涤废水的生活废水的排水系统。

2. 工业废水排水系统

排出生产过程中所产生的污废水。因为生产工艺种类繁多，所以生产污废水的

成分很复杂。

工业废水排水系统按污染程度，可分为生产污水排水系统和生产废水排水系统。有些生产污水被有机物污染，并带有大量细菌；有些含有大量固体杂质或油脂；有些含有强的酸性、碱性物质；有些含有氰、铬等有毒元素。而生产废水中仅含少量无机杂质而不含有毒物质，或是仅升高了水温的（如一般冷却用水、空调制冷用水等），经简单处理就可循环或重复使用。

3. 建筑雨水排水系统

主要收集、排除建筑屋面及其周围的雨水和融化的雪水。

（二）按排水体制分类

按排水体制，生活排水系统和工业废水排水系统又分为合流制和分流制两种。

污水、废水合在一个排水系统中排出的称为合流制排水体制，污水、废水分别在两个排水系统中排出的称为分流制排水体制。采用哪种体制主要考虑因素是污废水的性质、污染程度、城市排水系统的体制、综合利用的可能性和处理要求等。

二、建筑排水系统的组成

建筑排水系统应能满足以下三个基本要求。首先，系统能迅速畅通地将污废水排到室外；其次，排水管道系统内的气压稳定，有毒有害气体不进入室内，保持室内良好的卫生环境；最后，管线布置合理，简短顺直，工程造价低。

为满足上述要求，建筑排水系统的基本组成部分有卫生器具和生产设备的受水器、排水管道、清通设备和通气管道系统。

1. 卫生器具和生产设备的受水器

这类设备是建筑排水系统的起点。卫生器具又称卫生设备或卫生洁具，是接收、排出人们在日常生活中产生的污废水或污物的容器或装置。常见的卫生器具有大便器、洗脸盆、浴盆、洗涤盆等。生产设备受水器是接收、排出工业企业在生产过程中产生的污废水或污物的容器或装置。

2. 排水管道

排水管道包括器具排水管（含存水弯）、横支管、立管、埋地干管和排出管，其作用是将各个用水点产生的污废水，及时迅速地输送到室外。

3. 清通设备

清通设备主要有检查口、清扫口和检查井等，用于检查、清通管道内的堵塞物。

4. 通气管道系统

通气管道系统使室内外排水管道与大气相通，其作用是将排水管道中散发的有害气体排到大气中，使管道内常有空气流通，以减轻管内废气对管壁的腐蚀，同时使管道内的压力与大气取得平衡，减少管内气压变化幅度，防止水封破坏。

三、建筑排水系统的类型

排水管道系统为能使管道中气压稳定，防止有害有毒气体进入室内，均应设置通气管道。按照系统通气方式和立管数目，民用建筑内部排水系统分为单立管排水系统、双立管排水系统和三立管排水系统，见图 5-8。

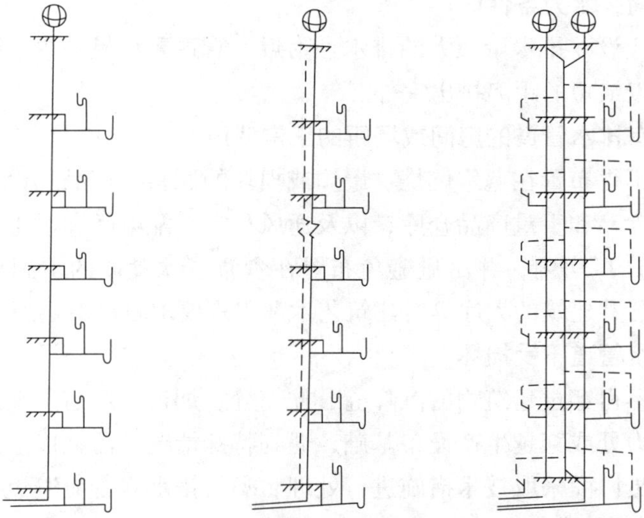

（a）单立管排水系统　（b）双立管排水系统　（c）三立管排水系统

图 5-8　排水系统分类

1. 单立管排水系统

单立管排水系统是指只有一根排水立管，没有专门通气立管的系统。单立管排水系统，利用排水立管本身及其连接的横支管和附件进行气流交换，这种通气方式称为内通气。

2. 双立管排水系统

双立管排水系统由一根排水立管和一根通气立管组成。双立管排水系统是利用排水立管与另一根立管进行气流交换，所以叫外通气。因通气立管不排水，所以双立管排水系统的通气方式又叫干式通气。适用于污废水合流的各类多层和高层建筑。

3. 三立管排水系统

三立管排水系统由三根立管组成，分别为污水立管、生活废水立管和通气立管。两根排水立管，共用一根通气立管。三立管排水系统的通气方式也是干式外通气，适用于生活污水和生活废水需分别排出室外的各类多层和高层建筑。

除上述三类排水系统外，近年来，国内外出现了一些新型的排水系统，如压力流排水系统、真空排水系统等。

四、建筑排水管道的布置与敷设

建筑排水系统与人们的日常生活、生产密切相关，室内排水管道的布置与敷设在保证排水通畅、安全可靠的前提下，还应兼顾经济施工、管理方便、外形美观等要求，建筑排水管道布置与敷设应遵循下列原则。

1. 排水畅通，水力条件好

排水立管应设在排水量最大的排水点附近，管道要尽量减少不必要的转角，作直线布置，并以最短的距离排出室外。

2. 保证设有排水管道的房间或场所的正常使用

排水管道不得布置在遇水燃烧、爆炸或损坏的原料、产品和设备的上面；架空管道不得设在食品和贵重商品仓库，以及通风小室、配电间和对生产工艺或卫生有特殊要求的生产厂房内，并尽量避免布置在食堂、饮食业的主副食操作烹调区上方，以及通过公共建筑的大厅等对建筑艺术和美观要求较高的场所。

3. 保证排水管道不受损坏

排水管道不得穿过建筑物的沉降缝、伸缩缝、烟道和风道。埋地管不要布置在可能受重物压力处或穿越生产设备基础，遇到特殊情况，需在以上部位通过时，应与有关专业人员协商采取技术措施进行处理。塑料排水立管应避免布置在易受机械撞击处，若不能避免，则采取保护措施。

4. 保持室内良好环境卫生

排水管道不宜穿越橱柜、壁柜。生活污水立管宜沿墙、柱布置，不应穿越对卫生、声环境要求较高的房间，如卧室、病房等，并要避免靠近与卧室相邻的内墙，以免噪声干扰。排水管道外表面若可能结露，应根据建筑物性质和使用要求，采取保温措施。

5. 施工安全，维护管理方便

为便于施工和维护，排水管与建筑结构和其他管道间应保持一定的距离，排水立管宜靠近外墙，以减少埋地横干管的长度；对于含有大量的悬浮物或沉淀物的废水排放管道需要经常冲洗；排水支管较多，排水点位置不固定的公共餐饮业的厨房、公共浴池、洗衣房、生产车间可以用排水沟代替排水管。

第四节　建筑雨水排水系统工程概述

降落在建筑物屋面的雨水和雪水，特别是暴雨天气，会在短时间内形成积水，需要设置屋面雨水排水系统，有组织、系统性地将屋面雨水及时排到室外，否则会造成四处溢流或屋面漏水问题，影响人们的生活和生产活动。

（一）雨水排水系统类型

屋面雨水排水系统按照管道的设置位置不同可分为外排水系统、内排水系统。

1. 外排水系统

雨水外排水系统是指屋面不设雨水斗，建筑物内部没有雨水管道的雨水排放方式。天沟是指屋面在构造上形成的排水沟，接收屋面的雨水、雪水。雨水、雪水沿天沟流向建筑物的两端，经墙外的立管排到地面或雨水道。按照屋面有无天沟可以分为以下两种。

（1）檐沟外排水（也叫普通外排水）（图 5-9）：一般用于住宅、屋面面积比较小的公共建筑和单跨工业建筑，屋面雨水汇集到屋顶的檐沟里，然后流入雨落管，沿雨落管排到地下管沟或地面。

（2）天沟外排水（图 5-10）：一般用于排出大型屋面的雨水、雪水，特别是多跨度的厂房屋面，多采用天沟外排水。

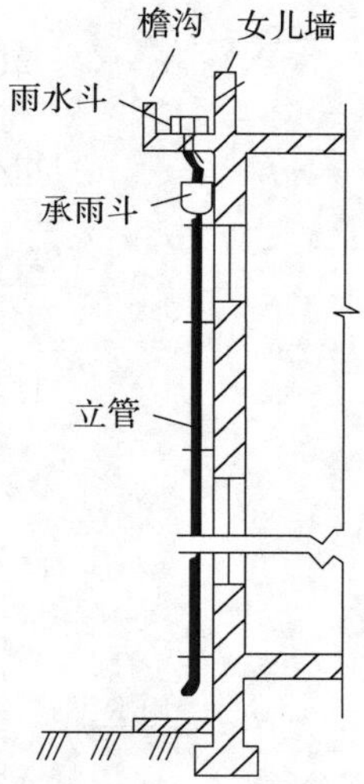

图 5-9 檐沟外排水

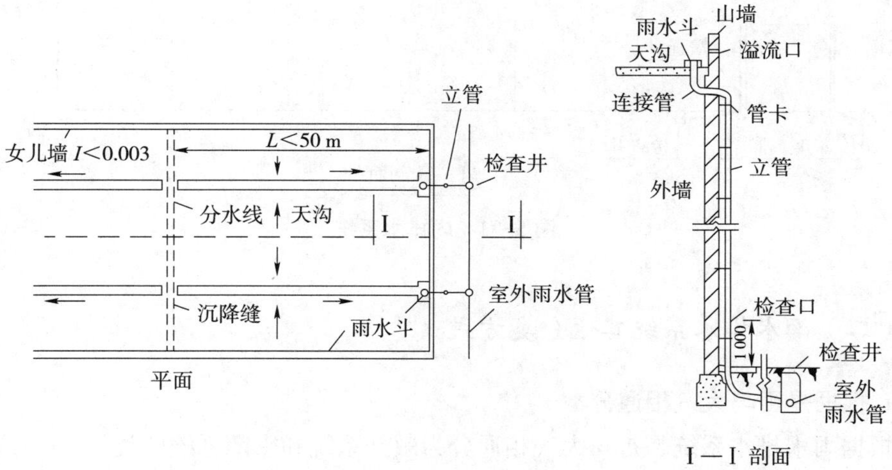

图 5-10 天沟外排水

2. 内排水系统

雨水内排水系统（图 5-11）是指在屋面设雨水斗，雨水管道设置在建筑内部的雨水排水系统。内排水系统一般由雨水斗、连接管、悬吊管、立管、排出管、埋地干管、干管和附属构筑物 8 部分组成。雨水内排水系统适用于屋面跨度大、屋面曲折（壳形、锯齿形）、屋面有天窗等设置天沟有困难的情况，以及高层建筑、对建筑立面要求比较高的建筑、大屋顶建筑、寒冷地区的建筑等不宜在室外设置雨水立管的情况。

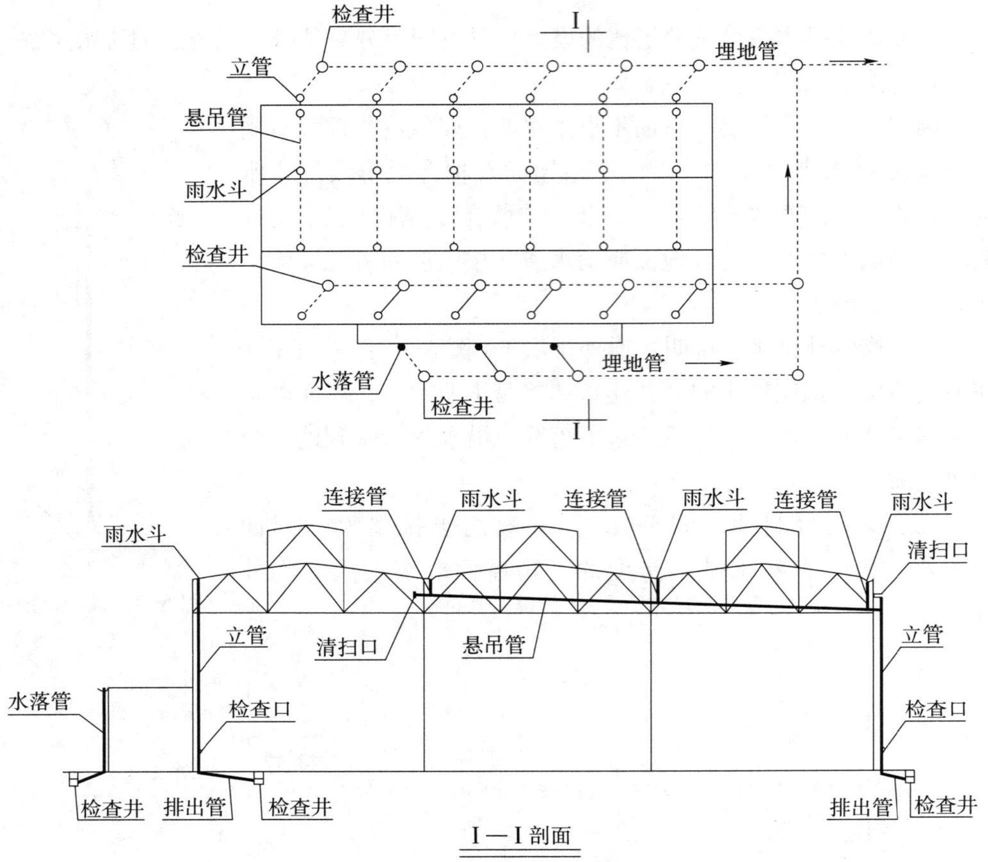

图 5-11　内排水系统

（二）雨水排水系统其他分类方式

1. 根据是否与大气相通分类

根据雨水排水系统是否与大气相通分为敞开系统和密闭系统两类。

敞开系统：该系统为重力排水，检查井设置在室内，敞开式接收生产废水和雨水，省去了生产废水排出管，但在暴雨时系统可能出现检查井冒水现象。

密闭系统：雨水由雨水斗收集，进入雨水立管，或通过悬吊管直接排至室外的系统，室内不设检查井。密闭系统排出管为压力排水，一般适用于对排水安全要求较高的情况。

2. 根据设计流态分类

根据雨水管中水流的设计流态，雨水排水系统可分为重力无压流雨水排水系统、重力半有压流雨水排水系统和压力流（虹吸式）雨水排水系统。

重力无压流雨水排水系统：雨水通过自由堰流入管道，在重力作用下附壁流动，管内压力正常，这种系统也称堰流斗系统。

重力半有压流雨水排水系统：管道内水流为汽水混合状态，在重力和负压抽吸双重作用下流动，系统的设计流量、管材选择、管道布置等考虑了水流压力的作用。

压力流（虹吸式）雨水排水系统：采用虹吸式雨水斗，管道中是全充满的压力流状态，屋面雨水排水过程是一个虹吸排水过程。

3. 根据立管连接水斗个数分类

根据立管连接雨水斗的个数，雨水排水系统分为单斗雨水排水系统和多斗雨水排水系统。

单斗雨水排水系统：指悬吊管上只连接单个雨水斗的雨水排水系统。

多斗雨水排水系统：悬吊管上连接多个雨水斗（一般不得多于 4 个）的雨水排水系统。在条件允许的情况下，应尽量采用单斗雨水排水系统，以充分发挥管道系统的排水能力，单斗雨水排水系统的排水能力大于多斗系统，多斗雨水排水系统的排水量大约为单斗的 80%。

参考文献

[1] 李圭白，蒋展鹏，范瑾初，等．给排水科学与工程概论：第二版 [M]. 北京：中国建筑工业出版社，2010.
[2] 王增长．建筑给水排水工程：第七版 [M]. 北京：中国建筑工业出版社，2016.
[3] 张林军，王宏．建筑给水排水工程 [M]. 北京：化学工业出版社，2014.
[4] 住房和城乡建设部．建筑给水排水设计标准：GB 50015—2019 [S]. 北京：中国计划出版社，2019.
[5] 中国核电工程有限公司．给水排水设计手册：第 2 册 建筑给水排水 [M]. 北京：中国建筑工业出版社，2013.

第六章　消防水业概述

第一节　消防灭火概述

一、火灾及基本概念

火灾是指火在时间和空间上失去控制而导致蔓延的一种燃烧现象。

按燃烧对象可将火灾分为A类火灾、B类火灾、C类火灾、D类火灾和E类（带电）火灾，F类火灾。

（1）A类火灾：指固体物质火灾。如木材、棉、毛、麻和纸张及其制品等燃烧的火灾。

（2）B类火灾：指液体火灾或可熔化固体物质火灾。如汽油、煤油、柴油、原油、甲醇、乙醇、沥青、石蜡等燃烧的火灾。

（3）C类火灾：指气体火灾。如煤气、天然气、甲烷、乙烷、丙烷、氢气等燃烧的火灾。

（4）D类火灾：指金属火灾。如钾、钠、镁、钛、锆、锂、铝镁合金等燃烧的火灾。

（5）E类（带电）火灾：指带电物体的火灾。如发电机房、变压器室、配电间、仪器仪表间和计算机房等在燃烧时不能及时或不宜断电的电气设备带电燃烧的火灾。

（6）F类火灾：指烹饪器具内的烹饪物（如动植物油脂）燃烧的火灾。

二、燃烧的条件与防火措施

（一）燃烧的条件

燃烧需要具备三个条件：可燃物、氧化剂（助燃剂）和着火源（温度），这三个条件也称火灾燃烧的三要素。

（1）可燃物

凡能与空气中的氧或其他氧化剂起剧烈反应的物质，都可称为可燃物。可燃物的种类繁多，不同类型建筑物中的可燃物种类各不相同。按形态可分为气体可燃物、液体可燃物和固体可燃物三种类别。按来源又可分为天然可燃物和人工聚合可燃物。生活中常见的可燃物有木材、纸张、汽油、乙炔、金属钠和钾等。

（2）助燃物（氧化剂）

凡能帮助和支持燃烧的物质，即能与可燃物发生氧化反应的物质称为助燃物。氧气是一种最常见的助燃物，除此以外助燃物还有空气、氯、溴氯酸钾、高锰酸钾、过氧化钠等。

（3）着火源（温度）

能使可燃物与氧化剂发生反应的能源被称为着火源。常见的着火源有明火焰、赤热体、火星和电火花等。

具备了这三个条件也不一定会发生燃烧，只有当可燃物和助燃物达到一定的浓度、具备一定的点火能量且链式反应不受抑制时，燃烧才会发生并继续。

（二）防火措施

防火就是防止燃烧发生，实际上就是防止发生燃烧的三个必要条件同时具备。因此，一切防火措施都应该从以下四个方面考虑。

（1）控制可燃物。用难燃或不燃的材料代替易燃、可燃材料；降低可燃气体、蒸汽或粉尘的浓度；用防火涂料浸涂可燃材料。

（2）隔绝助燃物。就是使可燃物不与助燃物接触。如对使用或生产易爆化学品的生产设备进行密闭操作，防止其与空气接触。

（3）消除着火源。防止可燃物附近有着火源，严格控制明火、电火花并防止静电、雷击引起火灾，加油站严禁任何着火源存在。

（4）阻止火势蔓延。划分防火分区，用防火墙、防火门（窗）及防火卷帘等隔开各防火分区。

三、灭火方法及原理

灭火方法可归纳成冷却法、窒息法、隔离法和化学抑制法四种。

（1）冷却法灭火

冷却法灭火就是采用冷却措施使可燃物既达不到燃点，也不能裂解、蒸馏或蒸发出可燃气体的灭火方法。如可燃固体冷却到自燃点以下，火焰就将熄灭；可燃液体冷却到闪点以下，并隔绝外来的热源，不能挥发出足以维持燃烧的气体，火灾就会被扑灭。

水具有较大的热容量和很高的汽化热，是冷却性能最好的灭火剂。

（2）窒息法灭火

窒息法灭火就是采取措施降低火灾现场空间内氧的含量，使燃烧因缺少氧气而停止。窒息法灭火常采用二氧化碳、氮气、水蒸气及烟雾剂等灭火剂。在条件许可的情况下，也可用水淹窒息法灭火。

（3）隔离法灭火

隔离法灭火就是采取措施将可燃物与火焰、氧气隔离开，使火灾现场没有可燃物，使燃烧无法维持，火灾就会被扑灭。

（4）化学抑制法灭火

化学抑制法灭火就是采用化学措施有效地抑制游离基的产生或者降低游离基的含量，破坏游离基的连锁反应，使燃烧停止。如采用卤代烷（1301.1211）灭火剂灭火，就是降低游离基的灭火方法。

抑制法灭火对于有焰燃烧火灾效果好，但由于渗透性较差，对深部火灾灭火效果不理想，在条件许可的情况下，应与水、泡沫等灭火剂联用，这将产生令人满意的效果。

四、火灾危险性分类

（一）建筑火灾的特点

建筑火灾具有火势蔓延快、火灾扑救困难、人员易伤亡、经济损失惨重的特点。

（1）火势蔓延快。由于烟气的流动和风力的作用，建筑火灾的火势蔓延很快。烟气流动的速度与火灾现场的发热量、建筑的高度和建筑的结构形式等都有关系。另外，建筑高度越高，风力越大，火势蔓延也越快。

（2）火灾扑救困难。对于大型建筑和高层建筑，扑救很困难。我国目前多数消防车的最大工作高度在 24 m 以内，难以保证高层建筑的消防需求。

（3）人员易伤亡。火灾时会产生大量的烟尘和有毒有害气体，对人体的危害很大。大量案例表明在火灾伤亡事故中被烟气熏死的人占死亡总人数的一半以上。

（4）经济损失惨重。建筑火灾造成的经济损失，不仅包括建筑本身的价值，还包括建筑内各种物品的价值。

（二）生产的火灾危险性分类

生产的火灾危险性分类见表 6-1。

表 6-1　生产的火灾危险性分类

生产类别	火灾危险性特征
甲	1. 闪点＜28℃的液体 2. 爆炸下限＜10% 的气体 3. 常温下能自行分解或在空气中氧化即能导致迅速自燃或爆炸的物质 4. 常温下受到水或空气中水蒸气的作用，能产生可燃气体并引起燃烧或爆炸的物质 5. 遇酸、受热、撞击、摩擦、催化，以及遇有机物或硫黄等易燃的无机物，极易引起燃烧或爆炸的强氧化剂 6. 受撞击、摩擦或与氧化剂、有机物接触时能引起燃烧或爆炸的物质 7. 在密闭设备内操作温度不小于物质本身自燃点的生产

续表

生产类别	火灾危险性特征
乙	1. 28℃≤闪点<60℃的液体 2. 爆炸下限≥10% 的气体 3. 不属于甲类的氧化剂 4. 不属于甲类的易燃固体 5. 助燃气体 6. 能与空气形成爆炸性混合物的浮游状态的粉尘、纤维，闪点≥60℃的液体雾滴
丙	1. 闪点≥60℃的液体 2. 可燃固体
丁	1. 对不燃烧物质进行加工，并在高温或熔化状态下经常产生强辐射热、火花或火焰的生产 2. 利用气体、液体、固体作为燃料或将气体、液体进行燃烧作其他用的各种生产 3. 常温下使用或加工难燃烧物质的生产
戊	常温下使用或加工不燃烧物质的生产

第二节　建筑消火栓系统概述

一、室内消火栓系统的设置原则

按照《建筑设计防火规范》（GB 50016—2014）（2018 年版）的规定，下列建筑物应设置室内消火栓系统。

1）建筑占地面积大于 300 m^2 的厂房和仓库；

2）高层公共建筑和建筑高度大于 21 m 的住宅建筑；

3）体积大于 5 000 m^3 的车站、码头、机场的候车（船、机）建筑、展览建筑、商店建筑、旅馆建筑、医疗建筑和图书馆建筑等单、多层建筑；

4）特等、甲等剧场，超过 800 个座位的其他等级的剧场和电影院等，以及超过 1 200 个座位的礼堂、体育馆等单、多层建筑；

5）建筑高度大于 15 m 或体积大于 10 000 m^3 的办公建筑、教学建筑和其他单、多层民用建筑。

国家级文物保护单位的重点砖木或木结构的古建筑，宜设置室内消火栓系统。人员密集的公共建筑、建筑高度大于 100 m 的建筑和建筑面积大于 200 m^2 的商业服务网点内应设置消防软管卷盘或轻便消防水龙。高层住宅建筑的户内宜配置轻便消防水龙。

下列建筑或场所，可不设置室内消火栓系统，但宜设置消防软管卷盘或轻便消防水龙。

1）耐火等级为一、二级且可燃物较少的单、多层丁、戊类厂房（仓库）。

2）耐火等级为三、四级且建筑体积不大于 3 000 m^3 的丁类厂房；耐火等级为三、四级且建筑体积不大于 5 000 m^3 的戊类厂房（仓库）。

3）粮食仓库、金库、远离城镇且无人值班的独立建筑。

4）存有与水接触能引起燃烧爆炸的物品的建筑。

5）室内无生产、生活给水管道，室外消防用水取自储水池且建筑体积不大于 5 000 m^3 的其他建筑。

二、室内消火栓给水系统的组成

室内消火栓给水系统一般由消火栓设备、消防管道和增压储水设备（消防水池、消防水箱、消防水泵、水泵结合器）组成。图 6-1 为室内消火栓给水系统组成示意图。

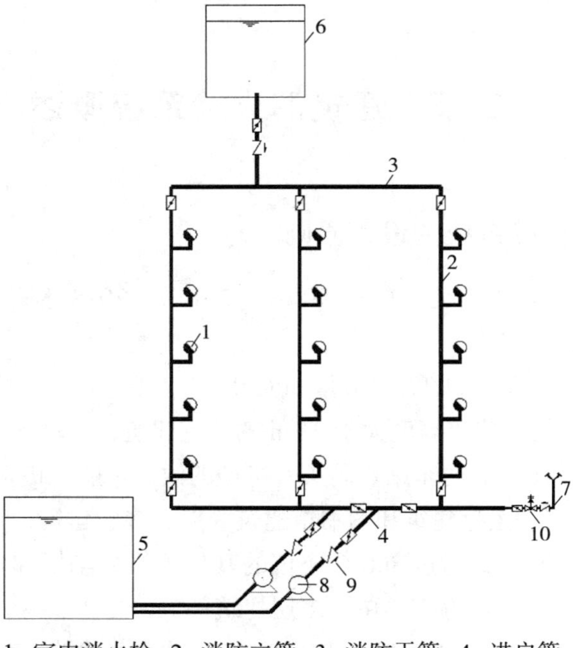

1- 室内消火栓；2- 消防立管；3- 消防干管；4- 进户管；
5- 消防水池；6- 消防水箱；7- 水泵结合器；8- 消防水泵；9- 止回阀；10- 安全阀

图 6-1　室内消火栓给水系统组成

（一）消火栓设备

消火栓设备指水枪、水带、消火栓、消防软管卷盘或轻便消防水龙。

（1）水枪

水枪一般为直流式，喷嘴口径有 16 mm 和 19 mm 两种。

（2）水带

水带口径通常为 65 mm，水带一般有 15 m、20 m、25 m 三种长度；水带材质有麻织和化纤两种，另有衬胶与不衬胶之分，衬胶水带阻力较小。水带长度应根据水力计算结果选定。

（3）消火栓

消火栓均为内扣式接口的球形阀式龙头，消火栓直径为 65 mm。

（4）消防软管卷盘或轻便消防水龙

普通消火栓因喷水压力和消防流量较大，对于没有经过消防训练的普通人员来说难以操控，因此在一些重要的建筑物内，可以加设消防软管卷盘或轻便消防水龙供没有经过消防训练的普通人扑救初期火灾使用。

室内消火栓的选用应符合下列要求。

1）应采用 DN65 室内消火栓，并可与消防软管卷盘或轻便水龙设置在同一箱体内。

2）应配置公称直径 65、有内衬里的消防水带，其长度不宜超过 25.0 m；消防软管卷盘应配置内径不小于 ϕ19 的消防软管，其长度宜为 30.0 m；轻便消防水龙应配置公称直径 25、有内衬里的消防水带，其长度宜为 30.0 m。

3）配置当量喷嘴直径 16 mm 或 19 mm 的消防水枪，但当消火栓设计流量为 2.5 L/s 时宜配置当量喷嘴直径 11 mm 或 13 mm 的消防水枪；消防软管卷盘和轻便消防水龙应配置当量喷嘴直径 6 mm 的消防水枪。

（二）消防管道

室内消火栓系统管网应布置成环状，当室外消火栓设计流量不大于 20 L/s，且室内消火栓不超过 10 个时，除《消防给水及消火栓系统技术规范》（GB 50974—2014）第 8.1.2 条外，可布置成枝状；当由室外生产生活消防合用系统直接供水时，合用系统除应满足室外消防给水设计流量以及生产和生活最大小时设计流量的要求外，还应满足室内消防给水系统的设计流量和压力要求；室内消防管道管径应根据系统设计流量、流速和压力要求经计算确定；室内消火栓竖管管径应根据竖管最低流量经计算确定，但不应小于 DN100。

室内消火栓竖管应保证检修管道时关闭停用的竖管不超过 1 根，当竖管超过 4 根时，可关闭不相邻的 2 根；每根竖管与供水横干管相接处应设置阀门。

室内消火栓给水管网宜与自动喷水等其他水灭火系统的管网分开设置；当合用消防泵时，供水管路沿水流方向应在报警阀前分开设置。

（三）增压储水设备

（1）消防水池

消防水池用于在无室外消防水源情况下，贮存火灾持续时间内的室内消防用水。消防水池可设于室外地下或地面上，也可设在室内地下室，或与室内游泳池、水景水池兼用。

根据各种用水系统对供水水质的要求，可将消防水池与生活或生产贮水池合用，也可单独设置。

（2）消防水箱

消防水箱对扑救初期火灾起着重要作用，为确保其自动供水的可靠性，应在建筑物的最高处设置重力自流的消防水箱；消防用水与其他用水合并的水箱，应有消防用水不作他用的技术设施；消防水箱的最低有效水位应满足水灭火设施最不利点处的静水压力。

（3）水泵接合器

在建筑消防给水系统中均应设置水泵接合器。水泵接合器是连接消防车并向室内消防给水系统加压供水的装置，一端由消防给水管网水平干管引出，另一端设在消防车易于接近的地方。

（4）消防水泵

应在临时高压消防给水系统中设置消防水泵，以保证消防所需压力和消防用水量。水泵外壳宜为球墨铸铁；叶轮宜为青铜或不锈钢。消防水泵应设置备用泵，其性能应与工作泵性能一致。

消防水泵应采取自灌式吸水；一组消防水泵吸水管不应少于两条，当其中一条损坏或检修时，其余吸水管应仍能通过全部消防给水设计流量；消防水泵吸水管布置应避免形成气囊；一组消防水泵应设不少于两条输水干管与消防给水环状管网连接，当其中一条输水管检修时，其余输水管应仍能供应全部消防给水设计流量；消防水泵吸水管和出水管上应设置压力表。

三、室内消火栓给水系统的给水方式

（一）按系统中有无水泵和水箱分类

按系统中有无水泵和水箱，室内消火栓给水系统有下列 3 种给水方式。

（1）由室外给水管网直接供水的消防给水方式

当室外给水管网提供的水量和水压在任何时候均能满足室内消火栓给水系统所需时采用该给水方式，如图 6-2 所示。

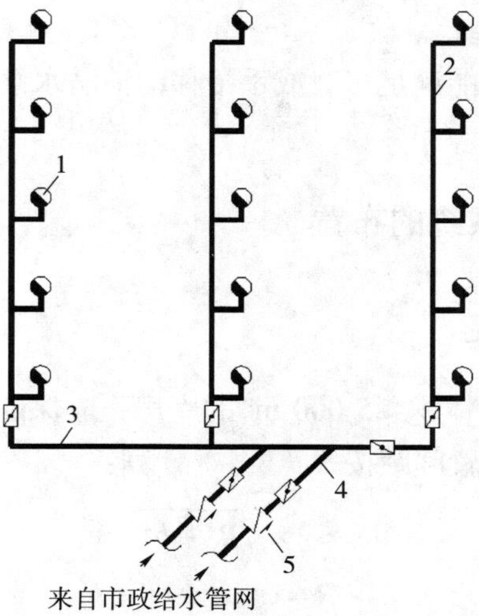

1- 室内消火栓；2- 室内消防竖管；3- 消防干管；4- 进户管；5- 止回阀

图 6-2　直接供水的室内消火栓系统

该给水方式中消防管道有两种布置形式：一种是消防管道与生活（生产）管网共用，此时在水表处应设旁通管，应选择能承受短时通过大量消防水量的水表，此形式可以节省 1 根给水干管、简化管道系统；另一种是单独设置消防管道的布置形式，此形式可以避免消防管道中的水由于滞留过久而腐化，对生活（生产）管网中的水产生污染。

（2）设水箱的消火栓给水方式

该给水方式宜在室外给水管网一天之内有一定时间能保证消防水量、水压时（或是由生活泵向水箱补水时）采用，灭火初期由水箱供水。

（3）设水泵、水箱的消火栓给水方式

该给水方式宜在室外给水管网的水压不能满足室内消火栓给水系统的水压要求时采用。水箱由生活泵补水，火灾发生初期由水箱供水灭火，消防水泵启动后由消防水泵供水灭火，如图 6-1 所示。

（二）按压力和流量是否满足系统要求分类

按压力和流量是否满足系统要求，室内消火栓给水系统分为以下 3 类。

（1）高压消防给水系统

高压消防给水系统是始终能保持满足水灭火设施所需的工作压力和流量，火灾时无须消防水泵直接加压的供水系统。

（2）临时高压消防给水系统

临时高压消防给水系统是平时不能满足水灭火设施所需的工作压力和流量，火灾时能自动启动消防水泵满足水灭火设施所需的工作压力和流量的供水系统。

（3）低压消防给水系统

低压消防给水系统是能满足车载或手抬移动消防水泵等取水所需的工作压力和流量的供水系统。

四、消火栓给水系统的布置

（一）消火栓的布置

（1）建筑高≤24 m、体积≤5 000 m^3 的库房，应保证有 1 支水枪的充实水柱达到同层内任何部位，其布置间距按式（6–1）计算：

$$S_1 \leqslant 2\times\sqrt{R^2-b^2} \quad (6\text{–}1)$$

$$R = C\cdot L_d + h \quad (6\text{–}2)$$

式中，S_1——消火栓间距（1 支水柱达到同层任何位置），m；

R——消火栓保护半径，m；

C——水带展开时的弯曲折减系数，一般取 0.8～0.9；

L_d——水带长度，m；

h——水枪充实水柱倾斜 45° 时的水平投影长度，m，h=0.71 H_m，其中 H_m 为水枪充实水柱长度；

b——消火栓的最大保护宽度，应为一个房间的长度加走廊的宽度，m。

（2）其他民用建筑应保证有 2 支水枪的充实水柱达到同层内任何部位，其布置间距按式（6–3）计算。

$$S_2 \leqslant \sqrt{R^2-b^2} \quad (6\text{–}3)$$

式中，S_2——消火栓间距（2 股水柱达到同层任何部位），m。

（3）消火栓口距地面安装高度为 1.1 m，栓口宜向下或与墙面垂直安装。同一建筑内应选用相同规格的消火栓、水带和水枪，方便使用。为保证及时灭火，每个消火栓箱内应设置消火栓按钮，作为发出报警信号的开关或启动干式消火栓系统的快速启闭装置。

（4）消火栓应设在使用方便的走道内，宜靠近疏散方便的通道口、楼梯间。建筑物设有消防电梯时，其前室应设消火栓。在建筑物屋顶应设 1 个消火栓，方便消防人员检查消防给水系统能否正常运行，同时还能起到保护建筑物免受邻近建筑火灾波及的作用。在寒冷地区，屋顶消火栓可设在顶层出口处、水箱间应采取防冻技术措施。

（二）消防管道的布置

消火栓给水管道布置应满足下列要求。

（1）当室内消火栓个数多于10个或室外消火栓设计流量大于20 L/s时，室内消防给水管道应布置成环状，至少应有两条进水管与室外管道连成环状。

（2）消火栓给水管网应与自动喷水灭火管网分开设置。当布置有困难时，可共用给水干管，在自动喷水灭火系统报警阀后不允许设置消火栓。

（3）闸门的设置应便于管网维修和使用并保证管网安全，检修关闭阀门后，停止使用的消防立管不应多于1根，在1层中停止使用的消火栓不应多于5个。

（4）水泵接合器应设在消防车易于到达的地点，同时还应考虑在其附近15～40 m范围内有供消防车取水的室外消火栓或贮水池。水泵接合器的数量根据室内消防用水量计算确定，每个水泵接合器进水流量为10～15 L/s，但当计算数量超过3个时，可根据供水可靠性适当减少。

第三节　建筑自动喷水灭火系统概述

自动喷水灭火系统是一种在发生火灾时，能自动打开喷头喷水灭火并同时发出火警信号的消防灭火设施。

资料显示，自动喷水灭火系统扑灭初期火灾的有效率在97%以上，因此在一些国家要求公共建筑设置自动喷水灭火系统。

鉴于我国的经济发展状况，目前要求在人员密集不易疏散，外部增援灭火与救生较困难或火灾危险性较大的场所设置自动喷水灭火系统。

一、自动喷水灭火系统的设置原则

我国现行的《自动喷水灭火系统设计规范》（GB 50084—2017）适用于新建、扩建、改建的民用与工业建筑中的自动喷水灭火系统的设计，不适用于火药、炸药、弹药、火工品工厂、核电站及飞机库等特殊功能建筑中的自动喷水灭火系统设计。自动喷水灭火系统不适用于存在较多下列物品的场所。

1）遇水发生爆炸或加速燃烧的物品；

2）遇水发生剧烈化学反应或产生有毒有害物质的物品；

3）洒水将导致喷溅或沸溢的液体。

（一）自动喷水灭火系统设置场所的火灾危险等级

设置场所的火灾危险等级应划分为轻危险级、中危险级（Ⅰ级、Ⅱ级）、严重危险级（Ⅰ级、Ⅱ级）和仓库危险级（Ⅰ级、Ⅱ级、Ⅲ级），见表6-2。

表 6-2　设置场所火灾危险等级

火灾危险等级	设置场所分类	
轻危险级	住宅建筑，幼儿园，老年人建筑，建筑高度为 24 m 的旅馆、办公楼，仅在走道设置闭式系统的建筑等	
中危险级	Ⅰ级	1. 高层民用建筑：旅馆、办公楼、综合楼、邮政楼、金融电信楼、指挥调度楼、广播电视楼（塔）等； 2. 公共建筑（含单多高层）：医院、疗养院，图书馆（书库除外）、档案馆展览馆（厅）、影剧院音乐厅和礼堂（舞台除外），其他娱乐场所，火车站、机场、码头的建筑，总建筑面积小于 5 000 m^2 的商场，建筑面积小于 1 000 m^2 的地下商场等； 3. 文化遗产建筑：木结构古建筑、国家文物保护单位等； 4. 工业建筑：食品家用电器、玻璃制品等工厂的备料与生产车间等，冷藏库、钢屋架等建筑构件
	Ⅱ级	1. 民用建筑：书库、舞台（葡萄架除外）、汽车停车场、总建筑面积为 5 000 m^2 及以上的商场、总建筑面积为 1 000 m^2 及以上的地下商场、净空高度不超过 8 m、物品高度不超过 3.5 m 的自选商场等； 2. 工业建筑：棉毛麻丝及化纤的纺织、织物及其制品，木材木器及胶合板，谷物加工，烟草及其制品，饮用酒（啤酒除外），皮革及其制品，造纸及纸制品，制药等工厂的备料与生产车间
严重危险级	Ⅰ级	印刷厂，酒精制品、可燃液体制品工厂的备料与车间，净空高度不超过 8 m、物品高度超过 3.5 m 的自选商场
	Ⅱ级	易燃液体喷雾操作区域，固体易燃物品、可燃的气溶胶制品、溶剂清洗、喷涂油漆、沥青制品等工厂的备料及生产车间，摄影棚、舞台葡萄架下部
仓库危险级	Ⅰ级	食品、烟酒，木箱、纸箱包装的不燃及难燃物品等
	Ⅱ级	木材、纸、皮革、谷物及其制品，棉毛麻丝化纤及其制品，家用电器、电缆、B 组塑料与橡胶及其制品，钢塑混合材料制品，各种塑料瓶盒包装的不燃物品及各类物品混杂储存的仓库等
	Ⅲ级	A 组塑料与橡胶及其制品、沥青制品等

（二）自动喷水灭火系统的设置场所

我国现行的《建筑设计防火规范》（GB 50016—2014）（2018 年版）规定，除另有规定和不宜用水保护或灭火的场所外，下列场所应设置自动灭火系统，并宜采用自动喷水灭火系统。

（1）厂房和生产部位

1）不小于 50 000 纱锭的棉纺厂的开包、清花车间，不小于 5 000 锭的麻纺厂的分级、梳麻车间、火柴厂的烤梗、筛选部位；

2）占地面积大于 1 500 m^2 或总建筑面积大于 3 000 m^2 的单、多层制鞋、制衣、玩具及电子等类似生产的厂房；

3）占地面积大于 1 500 m^2 的木器厂房；

4）泡沫塑料厂的预发、成型、切片、压花部位；

5）高层乙、丙类厂房；

6）建筑面积大于 500 m^2 的地下或半地下丙类厂房。

（2）仓库

1）每座占地面积大于 1 000 m^2 的棉、毛、丝、麻、化纤、毛皮及其制品的仓库；（注：单层占地面积不大于 2 000 m^2 的棉花库房，可不设置自动喷水灭火系统。）

2）每座占地面积大于 600 m^2 的火柴仓库；

3）邮政建筑内建筑面积大于 500 m^2 的空邮袋库；

4）可燃、难燃物品的高架仓库和高层仓库；

5）设计温度高于 0℃的高架冷库，设计温度高于 0℃且每个防火分区建筑面积大于 1 500 m^2 的非高架冷库；

6）总建筑面积大于 500 m^2 的可燃物品地下仓库；

7）每座占地面积大于 1 500 m^2 或总建筑面积大于 3 000 m^2 的其他单层或多层丙类物品仓库。

（3）高层民用建筑

1）一类高层公共建筑（除游泳池、溜冰场外）及其地下、半地下室；

2）二类高层公共建筑及其地下、半地下室的公共活动用房、走道、办公室和旅馆的客房、可燃物品库房、自动扶梯底部；

3）高层民用建筑内的歌舞娱乐放映游艺场所；

4）建筑高度大于 100 m 的住宅建筑。

（4）单多层民用建筑

1）特等、甲等剧场，超过 1 500 个座位的其他等级的剧场，超过 2 000 个座位的会堂或礼堂，超过 3 000 个座位的体育馆，超过 5 000 人的体育场的室内人员休息室与器材间等；

2）任一层建筑面积大于 1 500 m^2 或总建筑面积大于 3 000 m^2 的展览、商店、餐饮和旅馆建筑，以及医院中同样建筑规模的病房楼、门诊楼和手术部；

3）设置送回风道（管）的集中空气调节系统且总建筑面积大于 3 000 m^2 的办公建筑等；

4）藏书量超过 50 万册的图书馆；

5）大、中型幼儿园，老年人照料设施；

6）总建筑面积大于 500 m^2 的地下或半地下商店；

7）设置在地下或半地下或地上四层及以上楼层的歌舞娱乐放映游艺场所（游

泳场所除外），设置在首层、二层和三层且任一层建筑面积大于 300 m^2 的地上歌舞娱乐放映游艺场所（游泳场所除外）。

二、自动喷水灭火系统的分类

根据喷头的开闭形式和管网充水与否，自动喷水灭火系统可分为下列五种。

（1）湿式自动喷水灭火系统

湿式自动喷水灭火系统为喷头常闭的灭火系统，管网中充满有压水，当建筑物发生火灾，喷头温度达到设计温度时，喷头出水灭火。该系统具有灭火及时，扑救效率高的优点。但由于管网中充满有压水，当渗漏时会损坏建筑装饰并影响建筑的使用。湿式系统适用于环境温度不低于 4℃且不高于 70℃的建筑物。

（2）干式自动喷水灭火系统

干式自动喷水灭火系统管网中平时不充水，充有有压空气。该系统灭火时，由于在报警阀后的管网污水不受环境温度的制约，对建筑装饰没有影响。但干式自动喷水灭火系统需要配套设置补气设施，从而提高了系统造价，比湿式自动喷水灭火系统投资高。又因喷头开启前，首先要排除管道中的气体，延误了灭火的时机，因此干式自动喷水灭火系统的喷水灭火速度不如湿式的快。该系统适用于环境温度小于 4℃或大于 70℃，不适宜用湿式自动喷水灭火系统的场所。

（3）预作用喷水灭火系统

预作用喷水灭火系统管网中平时不充水。该系统克服了湿式自动喷水灭火系统和干式自动喷水灭火系统的缺点，比这两个系统多了一套自动探测报警和自动控制系统，系统比较复杂，投资较大，一般用于建筑装饰要求较高，不允许有水渍损失、要求及时灭火的建筑。

（4）雨淋喷水灭火系统

雨淋喷水灭火系统为开式自动喷水灭火系统，与闭式自动喷水灭火系统最大区别在于其洒水喷头为开式喷头。当建筑物发生火灾时，由火灾探测系统打开雨淋阀，使整个保护区域所有喷头喷水灭火，该系统具有出水量大、灭火及时的优点，但水渍损失大于闭式系统，故适用于火灾蔓延快、危险性大的建筑或部位。

（5）水幕系统

水幕系统不直接扑灭火灾。喷头沿线状布置，发生火灾时主要起挡烟阻火、冷却隔离的作用。水幕系统适用于需要防火隔离的开口部位，如用作舞台与观众之间的隔离水帘或用于防火卷帘的冷却等。

三、自动喷水灭火系统的组成

自动喷水灭火系统由水源、加压储水设备、喷头、管网报警装置等组成，见图 6-3。

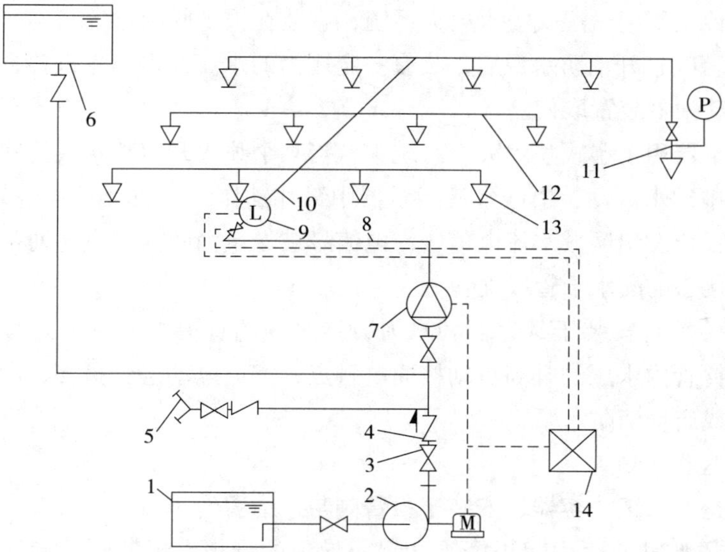

1- 水池；2- 水泵；3- 闸阀；4- 止回阀；5- 水泵接合器；6- 消防水箱；7- 湿式报警阀；
8- 配水干管；9- 水流指示器；10- 配水管；11- 末端试水装置；12- 配水支管；
13- 闭式洒水喷头；14- 报警控制器。P- 压力表；M- 驱动电动机

图 6-3　自动喷水灭火系统

（1）喷头

闭式喷头的喷口平时被用热敏元件组成的释放机构封闭，当达到一定温度时能自动开启。按溅水盘的形式和安装位置分为直立型、下垂型、边墙型、普通型、吊顶型和干式下垂型洒水喷头。

开式喷头根据用途分为开启式、水幕式、喷雾式 3 种类型。

（2）报警阀

报警阀的作用是开启和关闭管网的水流，将控制信号传递至控制系统并启动水力警铃直接报警。

报警阀有湿式、干式、干湿式和雨淋式 4 种类型。

湿式报警阀用于湿式自动喷水灭火系统；干式报警阀用于干式自动喷水灭火系统；干湿式报警阀是由湿式、干式报警阀依次连接而成，在温暖季节用湿式装置，在寒冷季节则用干式装置；雨淋阀用于雨淋、预作用、水幕、水喷雾自动喷水灭火系统。

报警阀有 DN 为 50 mm、65 mm、80 mm、125 mm、150 mm、200 mm 等 8 种规格。

（3）水流报警装置

水流报警装置主要有水力警铃、水流指示器、压力开关。

水力警铃主要用于湿式喷水灭火系统，宜装在报警阀附近（其连接管不宜超过 6 m）。当报警阀打开消防水源后，具有一定压力的水流冲击叶轮打铃报警。水力警铃不得由电动报警装置取代。

水流指示器用于湿式喷水灭火系统中。当某个喷头开启喷水或管网发生水量泄漏时，管道中的水流动，引起水流指示器中桨片动作，接通延时电路 20～30 s 后，继电器触电吸合发出区域水流电信号，电信号被送至消防控制室。通常将水流指示器安装于各楼层的配水干管或支管上。

压力开关垂直安装于延迟器和水力警铃之间的管道上。在水力警铃报警的同时，依靠警铃管内水压的升高自动接通电触点，完成电动警铃报警，向消防控制室传送电信号或启动消防水泵。

（4）延迟器

延迟器是一个罐式容器，安装于报警阀与水力警铃（或压力开关）之间，用于防止由于水压波动原因引起报警阀开启而导致的误报。报警阀开启后，水流需经 30s 左右充满延迟器后，方可冲打水力警铃。

（5）火灾探测器

火灾探测器是自动喷水灭火系统的配套组成部分。目前，常用的有感烟探测器、感温探测器。感烟探测器是通过探测火灾发生地点的烟雾浓度进行报警，感温探测器是通过探测火灾引起的温升进行报警。火灾探测器设置在房间或走道的天花板下面，其数量应根据探测器的保护面积和控测区面积而定。

（6）末端试水装置

每个报警阀组控制的最不利点洒水喷头处应设末端试水装置，其他防火分区、楼层均应设直径为 25 mm 的试水阀。

末端试水装置应由试水阀、压力表及试水接头组成。试水接头出水口的流量系数，应等于同楼层或同防火分区内的最小流量系数洒水喷头的流量系数。末端试水装置的出水，应采取孔口出流的方式排入排水管道，排水立管宜设伸顶通气管，且管径不应小于 75 mm。

末端试水装置和试水阀应有标识，距地面的高度宜为 1.5 m，并应采取保证不被他用的措施。

四、自动喷水系统的布置

喷头的布置间距应满足在被保护的区域内任何部位发生火灾系统都能按一定强度喷水的要求。喷头的布置形式应根据天花板、吊顶的装修要求布置成正方形、长方形、菱形等，如图 6-4 所示。

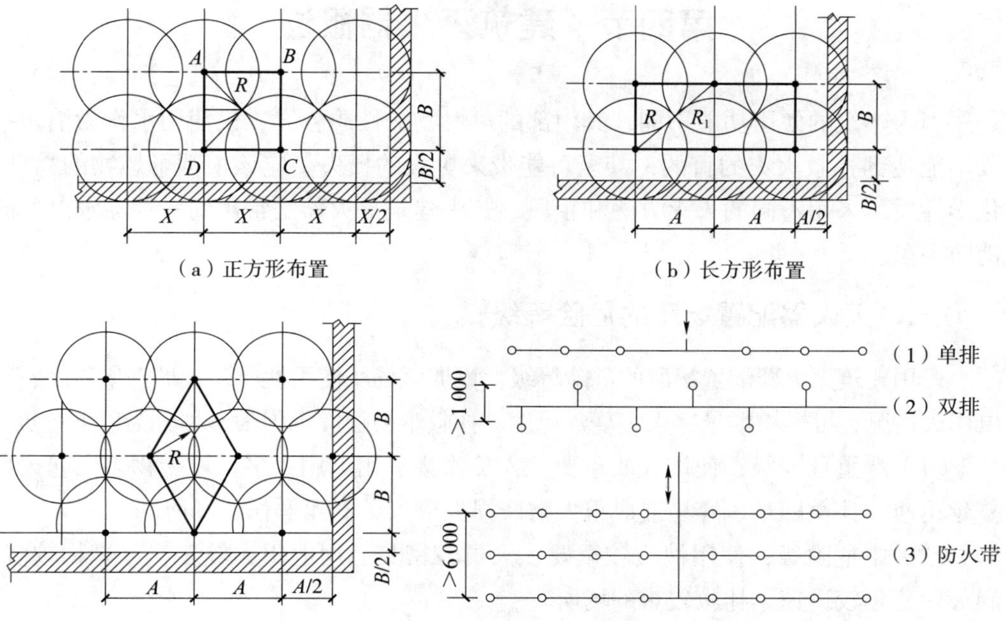

（a）正方形布置　（b）长方形布置

（c）菱形布置　（d）双排及水幕防火带平面布置

图 6-4　喷头布置的几种形式

喷头可设于建筑的顶板下、吊顶下。自动喷水灭火管网，应根据建筑平面的具体情况布置成侧边式或中央式，如图 6-5 所示。一般情况每根支管上设置的喷头不宜多于 8 个。

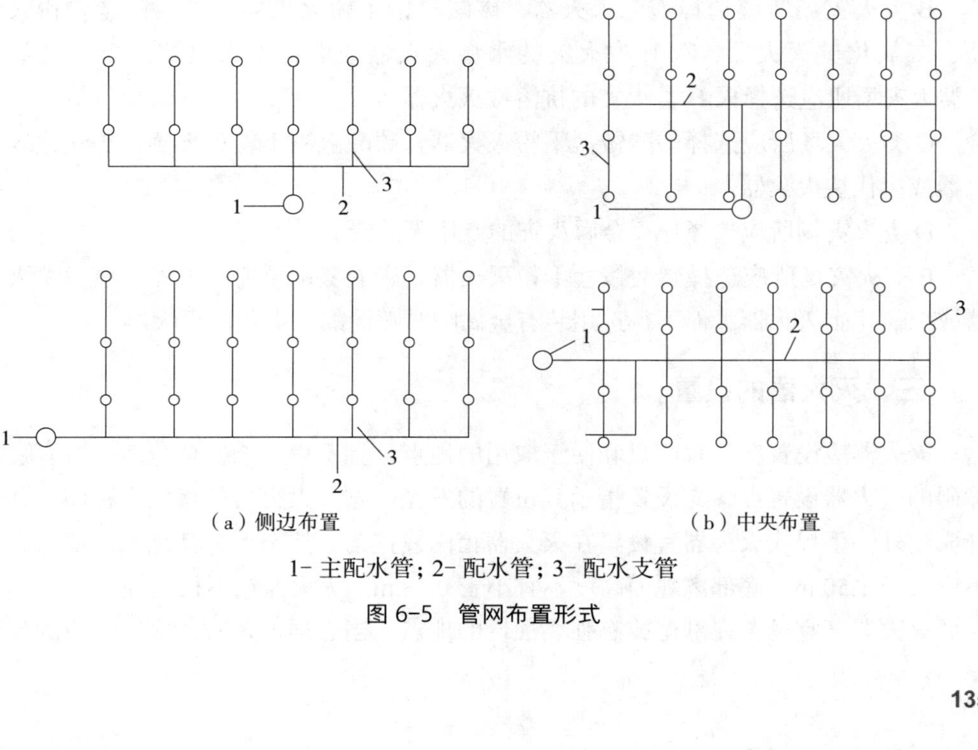

（a）侧边布置　（b）中央布置

1- 主配水管；2- 配水管；3- 配水支管

图 6-5　管网布置形式

第四节　建筑灭火器概述

因为建筑的使用功能不同，其内部的可燃物的性质各异，仅使用水作为消防手段不能达到扑救火灾的目的，甚至可能带来更大的损失。应该根据可燃物的物理、化学性质，采用不同的灭火方法和手段，其中建筑灭火器是常用的一种除水以外的消防手段。

一、灭火器配置场所的危险等级

民用建筑灭火器配置场所的危险等级，根据该场所使用性质、人员密集程度、用电用火情况、可燃物数量、火灾蔓延速度、扑救难易程度等因素，划分为以下三级。

（1）严重危险级：使用性质重要、人员密集、用电用火多、可燃物多、起火后蔓延迅速、扑救困难、容易造成重大财产损失或人员群死群伤的场所。

（2）中危险级：使用性质较重要、人员较密集、用电用火较多、可燃物较多、起火后蔓延较迅速、扑救较难的场所。

（3）轻危险级：使用性质一般、人员不密集、用电用火较少、可燃物较少、起火后蔓延较缓慢、扑救较容易的场所。

二、灭火器的选择

A 类火灾场所应选择水型灭火器、磷酸铵盐干粉灭火器、泡沫灭火器或卤代烷灭火器。

B 类火灾场所应选择泡沫灭火器、碳酸氢钠干粉灭火器、磷酸铵盐干粉灭火器、二氧化碳灭火器、灭 B 类火灾的水型灭火器或卤代烷灭火器。极性溶剂的 B 类火灾场所应选择灭 B 类火灾的抗溶性灭火器。

C 类火灾场所应选择磷酸铵盐干粉灭火器、碳酸氢钠干粉灭火器、二氧化碳灭火器或卤代烷灭火器。

D 类火灾场所应选择扑灭金属火灾的专用灭火器。

E 类火灾场所应选择磷酸铵盐干粉灭火器、碳酸氢钠干粉灭火器、卤代烷灭火器或二氧化碳灭火器，但不得选用装有金属喇叭喷筒的二氧化碳灭火器。

三、灭火器的设置

灭火器应设置在位置明显和便于取用的地点，且不得影响安全疏散。对有视线障碍的灭火器设置点，应设置指示其位置的发光标志。灭火器的摆放应稳固，其铭牌应朝外。手提式灭火器宜设置在灭火器箱内或挂钩、托架上，其顶部离地面高度不应大于 1.50 m；底部离地面高度不宜小于 0.08 m。灭火器箱不得上锁。

灭火器不宜设置在潮湿或有强腐蚀性的地点。当必须设置时，应有相应的保护措施。灭火器设置在室外时，应有相应的保护措施。灭火器不得设置在超出其使用温度范围的地点。

设置在A类火灾场所的灭火器，其最大保护距离应符合表6-3的规定。

表6-3　A类火灾场所的灭火器最大保护距离　　单位：m

危险等级	灭火器形式	
	手提式灭火器	推车式灭火器
严重危险级	15	30
中危险级	20	40
轻危险级	25	50

设置在B、C类火灾场所的灭火器，其最大保护距离应符合表6-4的规定。

表6-4　B、C类火灾场所的灭火器最大保护距离　　单位：m

危险等级	灭火器形式	
	手提式灭火器	推车式灭火器
严重危险级	9	18
中危险级	12	24
轻危险级	15	30

D类火灾场所的灭火器，其最大保护距离应根据具体情况研究确定。

E类火灾场所的灭火器，其最大保护距离不应低于该场所内A类或B类火灾的规定。

四、灭火器的配置

一个计算单元内配置的灭火器数量不得少于2具。每个设置点的灭火器数量不宜多于5具。

A类火灾场所灭火器的最低配置基准应符合表6-5的规定。

表6-5　A类火灾场所灭火器的最低配置基准

危险等级	严重危险级	中危险级	轻危险级
单具灭火器最小配置灭火级别	3A	2A	1A
单位灭火级别最大保护面积 /m^2（A）	50	75	100

B、C类火灾场所灭火器的最低配置基准应符合表6-6的规定。

表6-6　B、C类火灾场所灭火器的最低配置基准

危险等级	严重危险级	中危险级	轻危险级
单具灭火器最小配置灭火级别	89B	55B	21B
单位灭火级别最大保护面积 /m^2（B）	0.5	1.0	1.5

D类火灾场所的灭火器最低配置基准应根据金属的种类、物态及其特性等研究确定。

E类火灾场所的灭火器最低配置基准不应低于该场所内A类或B类火灾的规定。

参考文献

[1] 中华人民共和国公安部. 消防给水及消火栓系统技术规范：GB 50974—2014 [S]. 北京：中国计划出版社，2014: 10.

[2] 中华人民共和国公安部. 建筑设计防火规范：GB 50016—2014（2018年版）[S]. 北京：中国计划出版社，2018: 3.

[3] 中华人民共和国公安部. 自动喷水灭火系统设计规范：GB 50084—2017 [S]. 北京：中国计划出版社，2018: 1.

[4] 中华人民共和国公安部. 建筑灭火器配置设计规范：GB 50140—2005 [S]. 北京：中国计划出版社，2005: 10.

[5] 中华人民共和国住房和城乡建设部. 给水排水制图标准：GB/T 50106—2010 [S]. 北京：中国计划出版社，2011: 3.

[6] 中华人民共和国住房和城乡建设部. 建筑给水排水设计标准：GB 50015—2019 [S]. 北京：中国计划出版社，2020: 3.

[7] 赵锂，陈怀德，姜文源.《消防给水及消火栓系统技术规范》GB 50974—2014实施指南（修订版）[M]. 北京：中国建筑工业出版社，2016: 148-150.

[8] 王增长. 建筑给水排水工程：第7版[M]. 北京：中国建筑工业出版社，2016: 96-97.

[9] 李亚峰. 高层建筑给水排水工程 [M]. 北京：机械工业出版社，2015: 42.

[10] 李亚峰，唐婧，佘海静，等. 建筑消防工程 [M]. 机械工业出版社，2019:10.

[11] 蒋永琨. 高层建筑消防设计手册 [M]. 上海：同济大学出版社，2000: 35.

[12] 李天荣. 建筑消防设备工程 [M]. 重庆：重庆大学出版社，2010: 68.

[13] 张健. 建筑给水排水工程 [M]. 重庆：重庆大学出版社，2013: 56.

[14] 建设部工程质量安全监督与行业发展司，中国建筑标准设计研究所. 2003全国民用建筑工程设计技术措施——给水排水 [M]. 北京：中国计划出版社，2003: 74.

[15] 石敬玮. 建筑消防工程设计与施工手册 [M]. 北京：化学工业出版社，2019: 58.

第七章　水业智能化——仪表与设备概述

第一节　给水排水设备概述

给水排水设备是城市给水排水工程中必要的组成部分，是整个给水排水系统正常运转的关键。给水排水设备可分为通用设备、专用设备和一体化设备三大类。通用设备主要有泵类、阀类、风机类。专用设备有拦污机械设备、排泥及排砂设备、曝气及搅拌设备、投药及消毒设备、污泥浓缩脱水设备、氧化脱盐设备等。近年来又增加了膜处理设备、沼气利用设备、序批法滗水设备、污泥后处置设备及固体废弃物处理设备等。一体化设备是指完成整个水处理过程的设备，是给水排水工程的重要组成部分。

一、给水排水通用设备

给水排水通用设备是指除给水排水工程以外也应用于其他行业的设备，这类设备均为标准化、系列化设备，见图 7-1。在给水排水工程中常用的通用机械设备是水泵、空气压缩机、起重设备、计量设备、减速机械设备、闸门及启闭机、阀门及驱动装置、水锤消除装置等，其中水泵最为常见。在给水工程中，卧式离心泵用得较多，近年来开始采用立式泵。排水工程中轴流泵、潜水泵用得较多。阀门也是给水排水工程中的常用设备，主要用于控制流体的流量和流向。随着对自动控制系统的要求不断提高，气动阀、电动阀的应用越来越广泛。

二、给水排水专用设备

给水排水专用设备类型较多，见图 7-2，以下简要介绍几种常用的给水排水专用设备。

（1）拦污机械设备

城镇自来水厂，污水处理厂中使用的雨水、污水中途加压泵站，工矿企业水处理系统的进水口等处前为去除水体中粗大漂浮物，如树枝、杂草、碎木、塑制品废弃物和生活垃圾等杂质，减轻后续工序负荷常用此类设备。

格栅是常用的拦污机械设备，它由一组平行的金属栅条或筛网制成，被截留的杂质称为栅渣。格栅按形状可分为平面格栅和曲面格栅两种，见图 7-3。平面格栅由栅条与框架组成，曲面格栅可分为固定曲面格栅与旋转鼓筒式格栅两种。

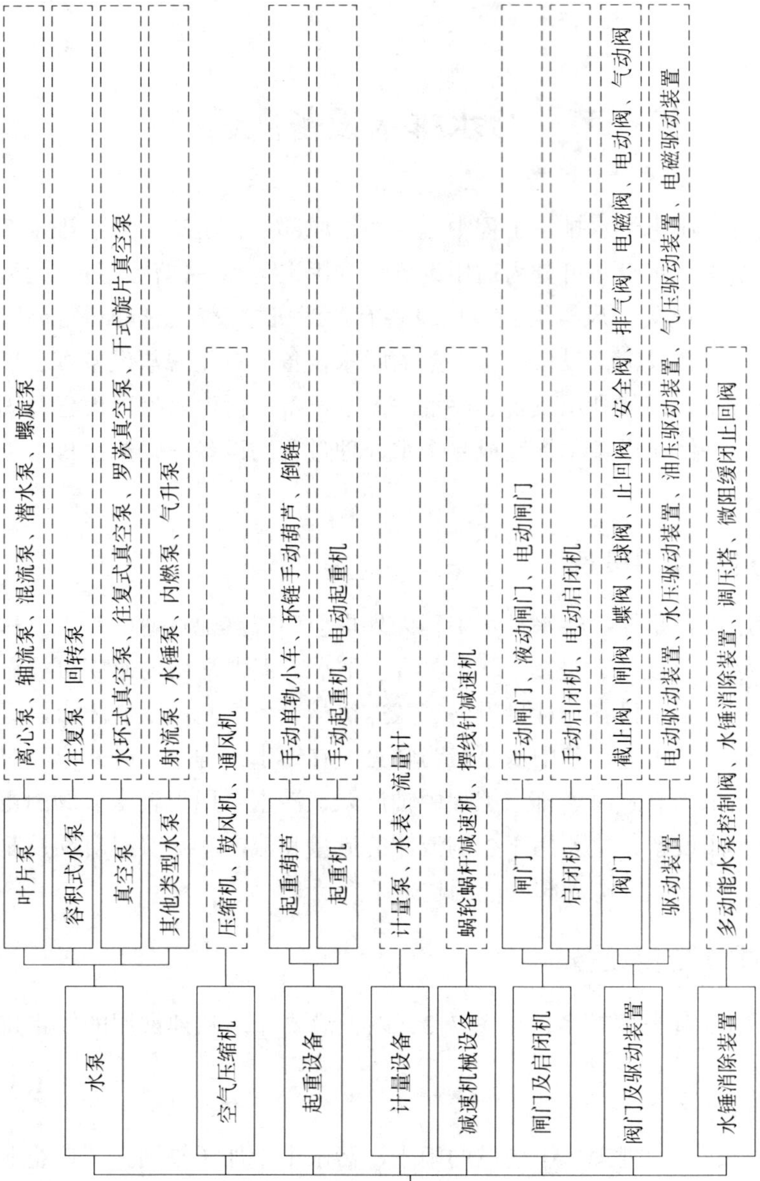

图 7-1　给水排水工程常见通用设备分类

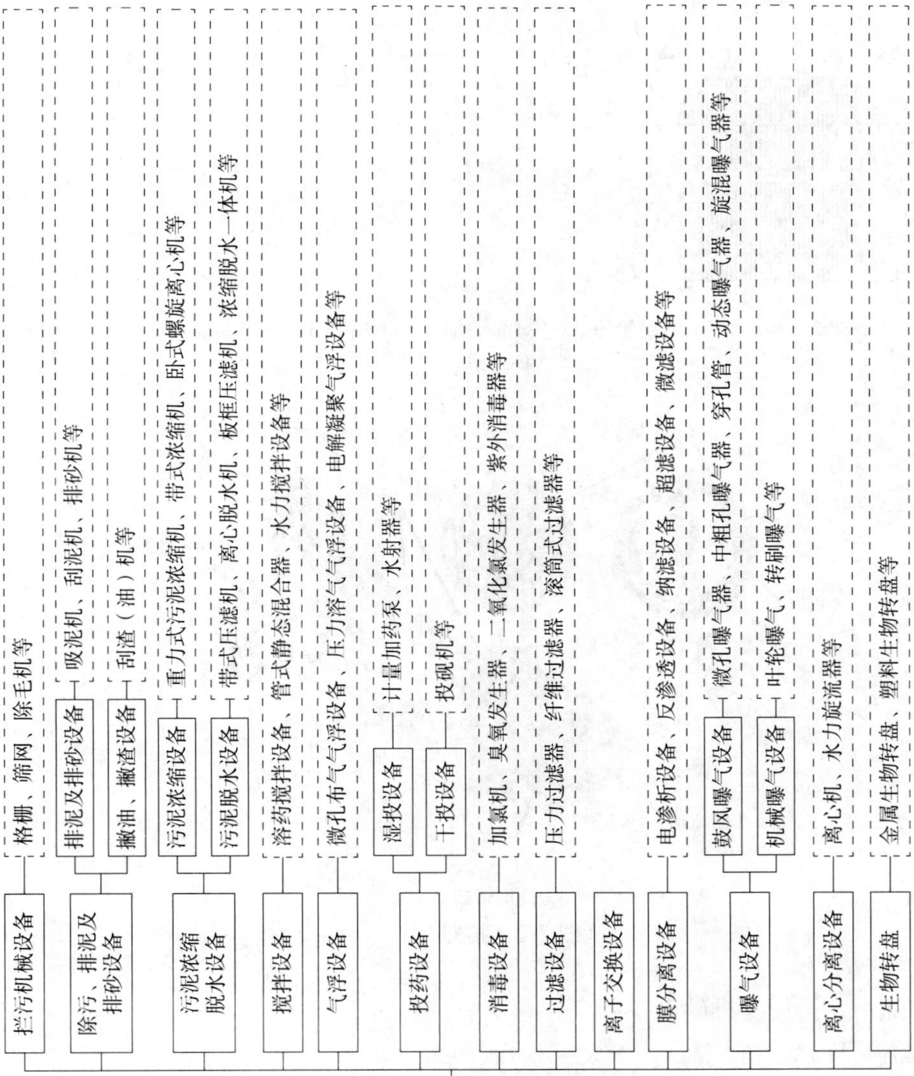

图 7-2　给水排水工程常用专用设备

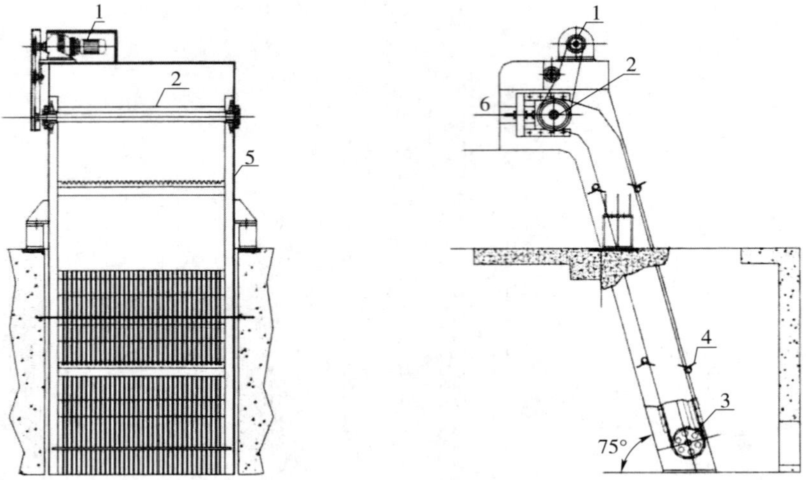

1-驱动机构；2-主传动链轮轴；3-从动链轮轴；4-齿耙；5-机架；6-卸料溜板

（a）平面格栅

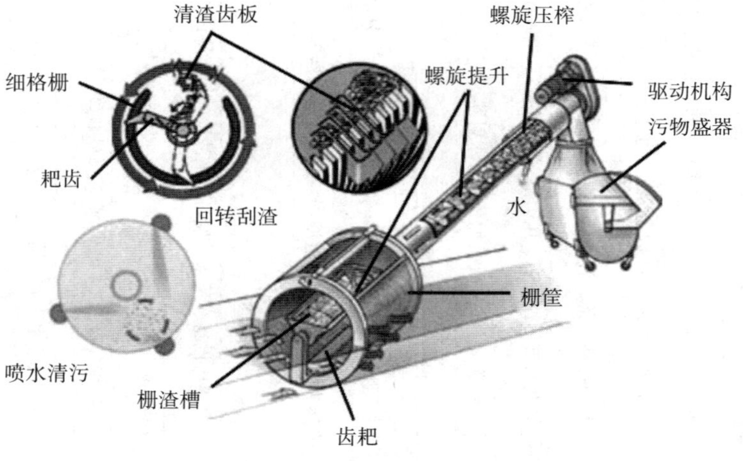

（b）曲面格栅

图 7-3　格栅

（2）除污、排泥及排砂设备

①排泥及排砂设备

排泥设备通常用于排除沉积在沉淀池池底的积泥，排出的泥进行脱水处理，也可以根据工艺需要进行部分回流。

排泥设备主要分为吸泥机、刮泥机、排砂机等，见图 7-4。

吸泥机是将沉淀于池底的污泥吸出的机械设备，一般用于自来水厂沉淀池和污水处理厂二次沉淀池，常用的有回转式吸泥机和桁车式吸泥机，前者用于辐流式二次沉淀池，后者用于平流式沉淀池。

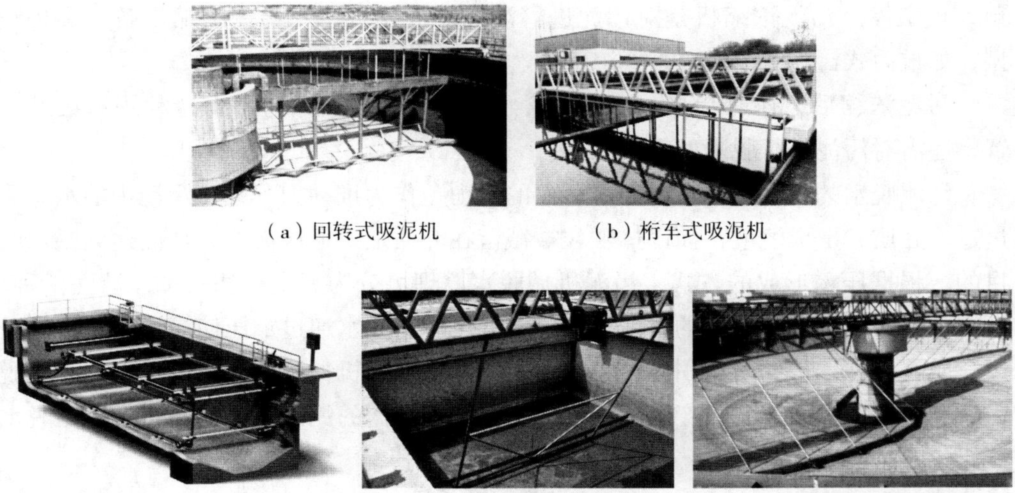

（a）回转式吸泥机　（b）桁车式吸泥机

（c）链条刮板式刮泥机　（d）桁车式刮泥机　（e）回转式刮泥机

图 7-4　吸泥机与刮泥机

刮泥机是将沉淀池中的污泥刮到一个集中部位而后排出，多用于污水处理厂的初次沉淀池，主要类型有用于矩形平流式沉淀池的链条刮板式刮泥机、桁车式刮泥机，以及用于圆形辐流式沉淀池的回转式刮泥机。

排砂机用于沉砂池，起着去除水中密度大于水的砂、石等无机颗粒的作用。根据集砂方式排砂机分为两种：刮砂型和吸砂型。刮砂型排砂机是在缓慢行走的桁车上装设刮板，用刮板将沉积在池底的砂粒集中至池中心或池边的坑、沟内，再清洗提升，脱水后输送到池外盛砂容器内，等待外运处理。吸砂型排砂机是在缓慢行走的桁车上设置吸砂泵，用吸砂泵将池底的砂水混合液抽至池外，砂粒经脱水后，送至盛砂容器内，等待外运处置。

②撇油、撇渣设备

撇油、撇渣设备一般用于去除气浮池或沉淀池中的浮渣、油污、泡沫等物质，它利用刮板将漂浮在水面的污泥和油污等物质刮至排渣槽内，从而达到撇油、撇渣的目的，按运行方式撇油、撇渣设备可以分为桁车式刮渣（油）机、回转式刮渣（油）机。

桁车式刮渣（油）机多用于矩形式沉淀池和气浮池中浮渣、浮油的去除。

回转式刮渣（油）机用于辐流式隔油池、浮选池和沉淀池中浮渣和浮油的去除，由于辐流式沉淀池形状为圆形，故其运转方式为回转式。

撇油、撇渣设备一般为钢制。

（3）污泥浓缩脱水设备

水处理系统产生的污泥，含水率很高，一般可达 99% 左右，体积很大，因而输送、处理或处置都不方便。浓缩的目的是降低污泥含水率，通常作为污泥脱水的预处理工序。污泥浓缩机是对污泥进行浓缩的专用设备。污泥浓缩设备有多种类型，如重力式污泥浓缩机、带式浓缩机、卧式螺旋离心机等。

污泥浓缩后，还有96%～98%的含水率，体积很大，为了综合利用和最终处置，还需对污泥进行脱水处理。

污泥脱水的原理是以过滤介质两面的压力差作为推动力，强迫污泥中的水分通过过滤介质，形成滤液；而固体颗粒被截留在介质上，形成泥饼，从而达到脱水的目的。根据压差形成的方式，污泥机械脱水原理可分为真空吸滤法和压滤法两种。真空吸滤法是在过滤介质的一面造成负压；压滤法脱水通过加压使污泥中的水分通过介质。另外，根据水与固体颗粒密度的不同，污泥机械脱水也可以运用离心法脱水。利用离心机高速旋转产生的离心力，使密度不同的泥和水分离，实现浓缩脱水一体化，见图 7-5。

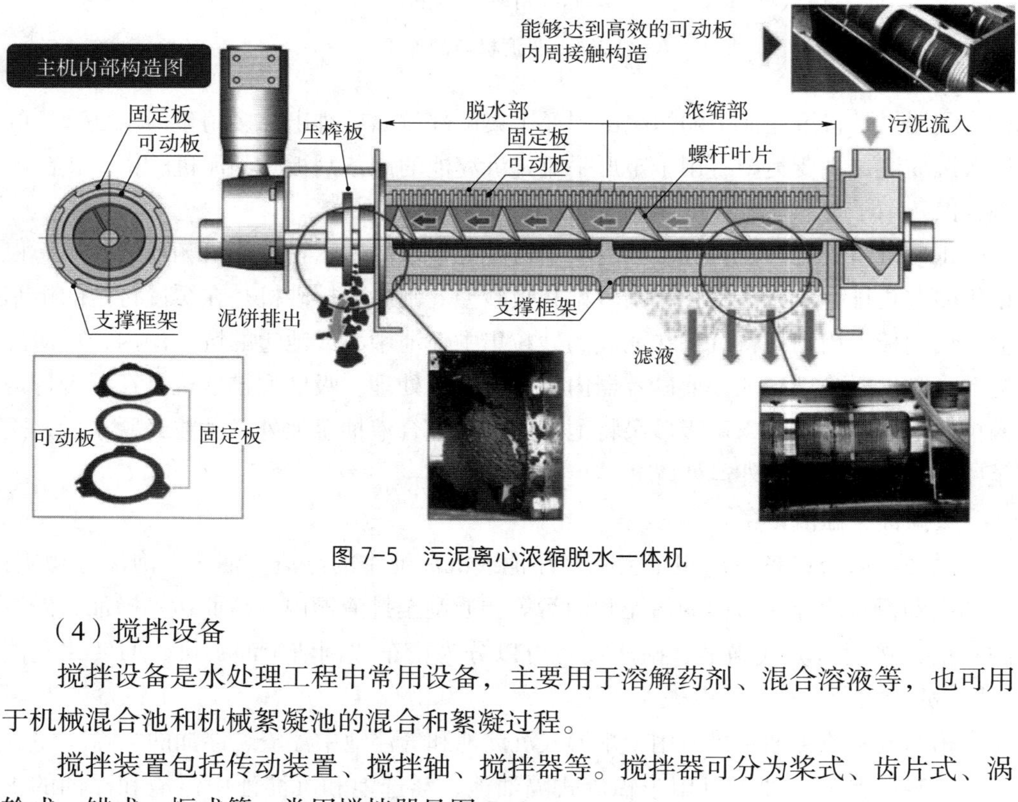

图 7-5　污泥离心浓缩脱水一体机

（4）搅拌设备

搅拌设备是水处理工程中常用设备，主要用于溶解药剂、混合溶液等，也可用于机械混合池和机械絮凝池的混合和絮凝过程。

搅拌装置包括传动装置、搅拌轴、搅拌器等。搅拌器可分为桨式、齿片式、涡轮式、锚式、框式等，常用搅拌器见图 7-6。

搅拌装置一般采用钢和不锈钢制造。

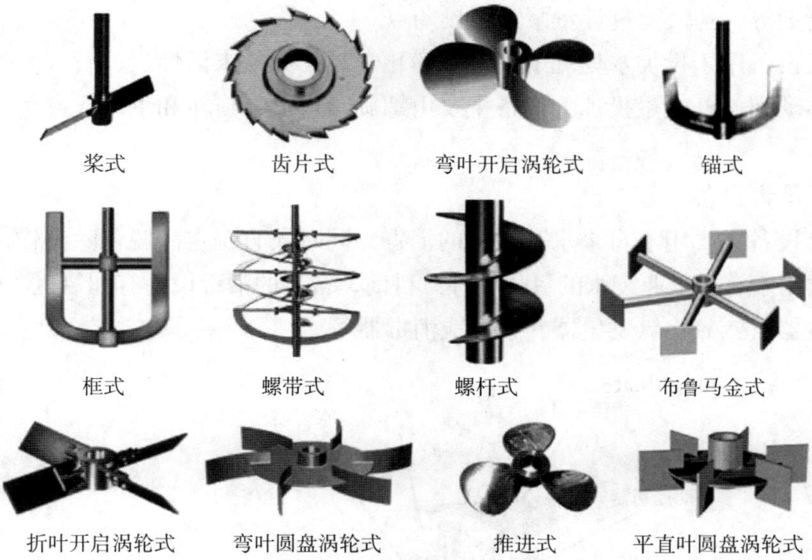

图 7-6 各种搅拌器

（5）气浮设备

气浮设备是向水中加入压缩空气，使空气形成高度分散的微小气泡并以之作为载体将水中的悬浮颗粒浮于水面，从而实现固液分离的水处理设备。按照产生气泡的方式不同，气浮设备可分为微孔布气气浮设备、压力溶气气浮设备（图 7-7）和电解凝聚气浮设备等多种类型。

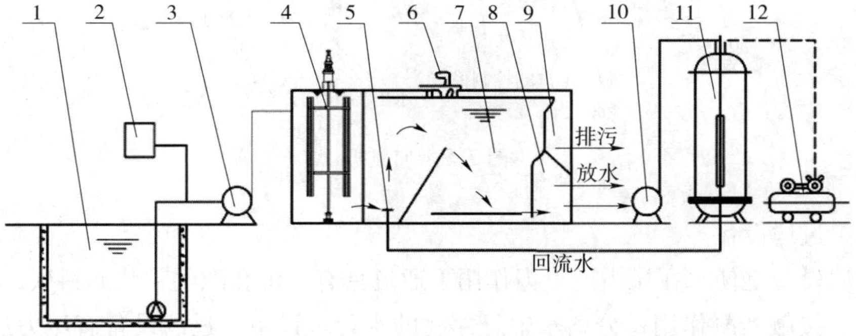

1- 调节池；2- 投加絮凝剂设备；3- 污水泵；4- 反应搅拌机；5- 释放器；6- 刮沫机；7- 气浮池；8- 溶气水存放池；9- 污泥池；10- 溶气水泵；11- 溶气罐；12- 空压机

图 7-7 压力溶气气浮工艺

（6）投药设备

净水药剂是自来水厂和污水处理厂的主要消耗品。投药设备的优劣直接关系到水质、药耗和运行经济性。投药方式可分为湿投和干投，不同投药方式的投药设备不同。

湿投设备由溶药罐、搅拌系统、计量泵等组成，在水处理工艺中用于投加絮凝剂、助凝剂等，药液通过计量泵送至投药点。

干投设备用于投加水处理工艺中干粉化学品，如粉末活性炭、石灰粉等。它依靠电机驱动螺旋杆定量投加。设备主要由螺旋给料器、料斗和手动或自动控制单元组成。

（7）消毒设备

消毒设备主要用于自来水及污水的消毒，同时兼有一定的脱色除臭作用，该设备也常常用于有机工业废水的氧化处理。目前，常用的消毒设备有加氯机（图 7-8）、臭氧发生器、二氧化氯发生器、紫外线消毒器等。

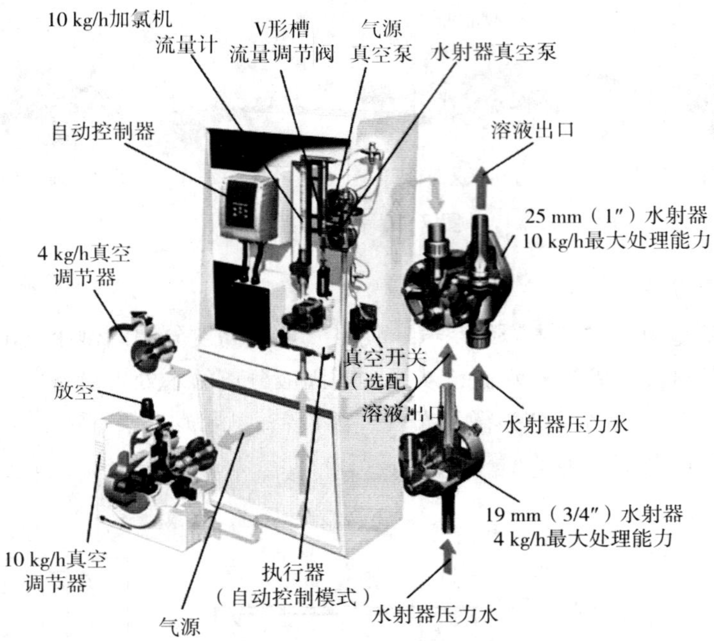

图 7-8　加氯机

（8）过滤设备

过滤设备是使水在压力或重力作用下通过具有一定孔隙的粒状滤料层，依靠机械筛滤、接触絮凝作用，分离水中悬浮物的水处理设备。过滤设备有压力过滤器、纤维过滤器、滚筒过滤器等。

压力过滤器是钢制压力容器，内装粒状滤料及进水和配水系统，容器外设置各种管道和阀门等。压力过滤器在压力下进行过滤，一般采用石英砂或无烟煤作为滤料，滤料可为单层或双层。

纤维过滤器过滤介质为纤维丝，常将纤维丝做成各种形状，以提高过滤效果和过滤精度，适用于去除水中的纤维状悬浮物。

滚筒过滤器通过旋转滤筒截留水中的悬浮物，一般用于去除水中细小颗粒和纤维类悬浮物，其特点是结构简单，可连续运行，自动排渣，见图 7-9。

图 7-9 滚筒过滤器

（9）离子交换设备

离子交换设备多用于工业给水处理，去除水中的钙镁离子或各种盐类，从而达到软化除盐的目的。

离子交换设备为圆筒形钢制容器，可耐 30～50 kPa 的压力，内衬采用橡胶或环氧树脂制造，目的是防酸碱腐蚀。

离子交换设备内部由排水装置、离子交换树脂层、布水装置和再生液分配装置组成，外部设有各种管道。

离子交换设备按再生方式分为顺流、逆流两种；按运行方式分为固定床和浮动床两种；按装填树脂形式分为单层床和双层床两种。

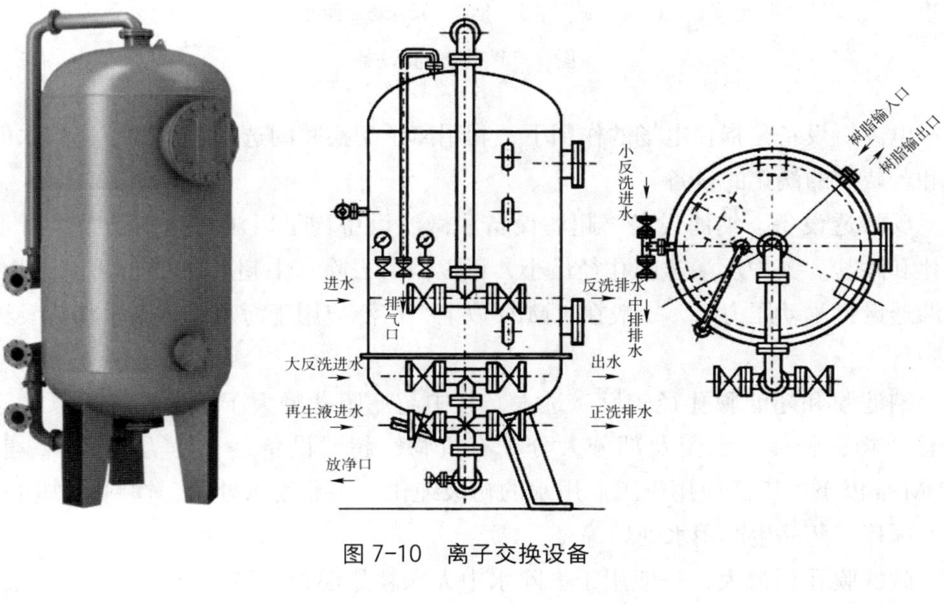

图 7-10 离子交换设备

（10）膜分离设备

膜分离是指在某种推动力的作用下，利用特定膜的透过性，达到分离水中离子、分子及某些微粒的目的，膜分离设备有电渗析设备、反渗透设备、纳滤设备、超滤设备、微滤设备等，见图 7-11。

（a）反渗透

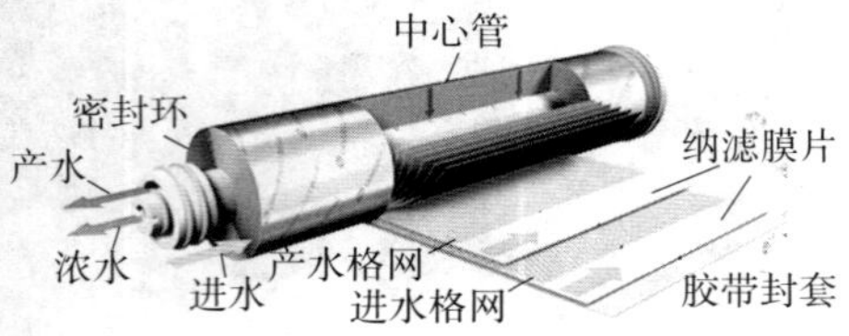

（b）纳滤

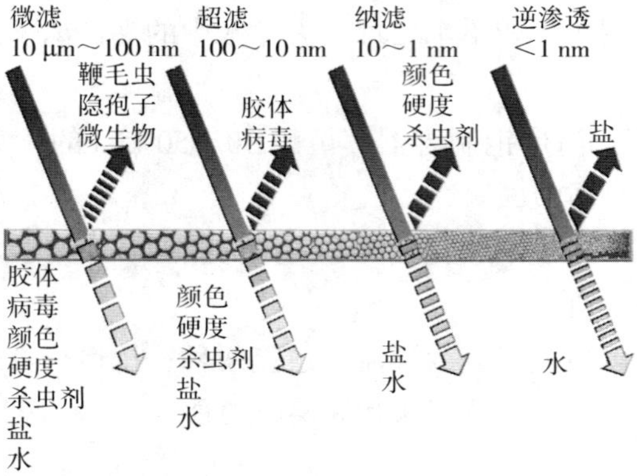

（c）微滤、超滤、纳滤、反渗透之间的关系

图 7-11 膜分离设备

电渗析设备是指在电场的作用下，利用离子交换膜的选择透过性，进行水的除盐和苦咸水的淡化的设备。

反渗透设备、纳滤设备、超滤设备和微滤设备均是以压力为推动力进行水的净化和除盐。其中反渗透膜孔径最小，可以截留去除水中超过 99% 的溶解性物质。反渗透设备驱动压力高，一般在 1 MPa 以上，广泛应用于海水、苦咸水淡化及纯水的制备。

纳滤膜和超滤膜孔径较反渗透大，其中超滤膜孔径大于纳滤膜，可以去除水中悬浮物、胶体、细菌及部分大分子有机物，超滤设备运行压力较低，一般在 0.3 MPa 以下，广泛应用于工业用水的初级纯化，工业废水处理、饮料、饮用水处理及医疗、药品生产用水处理等。

微滤膜孔径最大，一般用于去除水中大颗粒悬浮物，微滤设备运行压力最低，一般在 0.2 MPa 以下，广泛用于自来水厂的原水过滤、工业给水预处理和废水处理等。

用于水处理的主要是有机膜，无机膜如陶瓷膜也有采用。

（11）曝气设备

曝气是污水生化处理的关键技术之一，它的作用是向活性污泥反应器提供足够的溶解氧并使活性污泥与污水充分混合、接触。曝气方法主要有鼓风曝气和机械曝气。

鼓风曝气时，将带有一定压力的气体通过空气扩散器以微小气泡的形式扩散至曝气池中，在使气泡中的氧转移到混合液中的同时，气泡在混合液中的强烈扩散、搅动使泥水充分混合。

机械曝气设备又称表面曝气器，是利用安装在水面的叶轮高速旋转，强烈地搅动水面，造成水与空气接触表面不断更新，使空气中的氧转移到水中。此外，机械曝气还有提升水流的作用。

（a）空气扩散器　　（b）倒伞型表面曝气机

图 7-12　曝气设备

（12）离心分离设备

离心分离设备主要用于将悬浮液中的固体颗粒与液体分开，或将乳浊液中两种密度不同、又互不相溶的液体分开，也可用于排除湿固体中的液体。

（13）生物转盘

生物转盘（Rotating Biological Contactor，RBC）是一种生物膜法污水处理技术，20 世纪 60 年代由原联邦德国开创，是在生物滤池的基础上发展起来的，亦称为浸没式生物滤池。生物转盘作为污水生物处理技术，是一种效果好、效率高、便于维护、运行费用低的工艺。生物转盘的流态属于完全混合推流型，去除有机物的效果好。

三、给水排水一体化设备

（一）一体化净水设备

一体化净水设备是以地面水为水源，将混凝、沉淀、过滤三个净化单元合理地组合于同一设备内，再配以加药、消毒功能即可成为一个完整的小型一体化净水设备，一体化净水设备结构如图 7-13 所示。它适用于水量较小，远离城市供水系统的区域，也经常用于应急处置，如发生地震等供水中断的场合。一体化净水设备内的混凝、沉淀和过滤单元可根据不同原水水质及处理水量采用不同工艺设备，选择工艺设备原则是体积小、效率高，如平流式沉淀池就不宜用于一体化净水设备中。一体化净水设备一般为钢制，平面形状可为矩形、椭圆形或圆形，高度取决于处理工艺和设计布置，一般没有固定规格，占地面积取决于处理水量的大小。

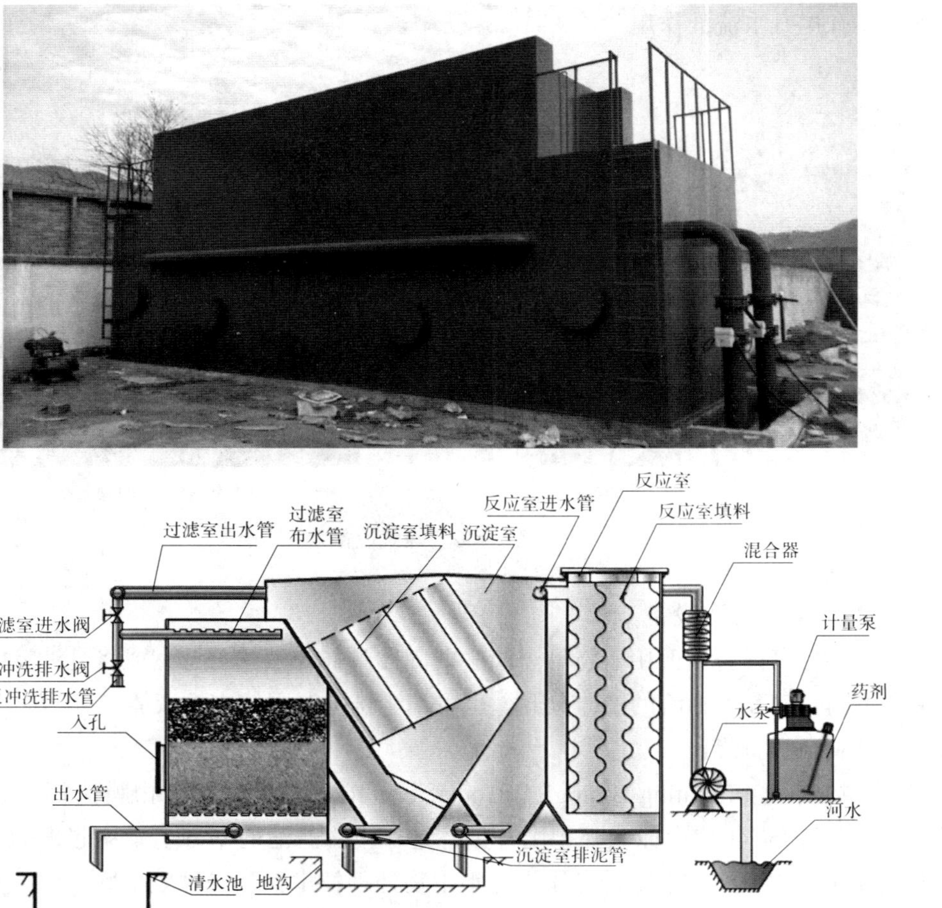

图 7-13　一体化净水设备结构

（二）一体化污水处理设备

一体化污水处理设备多用于分散式的生活污水处理，其结构如图 7-14 所示，由于生活污水可生化性强，采用生物处理比较经济有效，故一体化污水处理设备基本都采用生物处理工艺。一体化污水处理设备主要有以下 3 种。

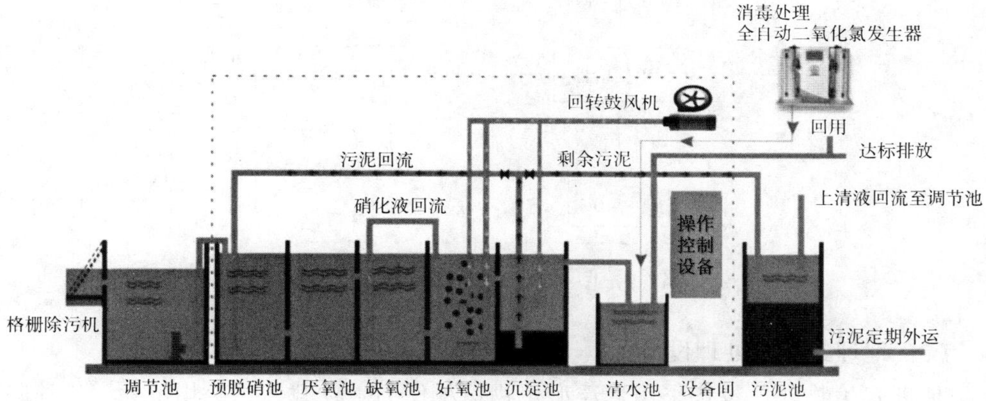

图 7-14 一体化污水处理设备结构

（1）压力式生物处理设备

压力式污水生物处理设备是将污水调节池、初沉池、接触氧化池、二次沉淀池及好氧污泥消化池集中在一个设备中，配以消毒处理即成为一个完整的污水处理设备，如图 7-15 所示。压力式污水生物处理装置为钢制容器，平面形状为长方形。

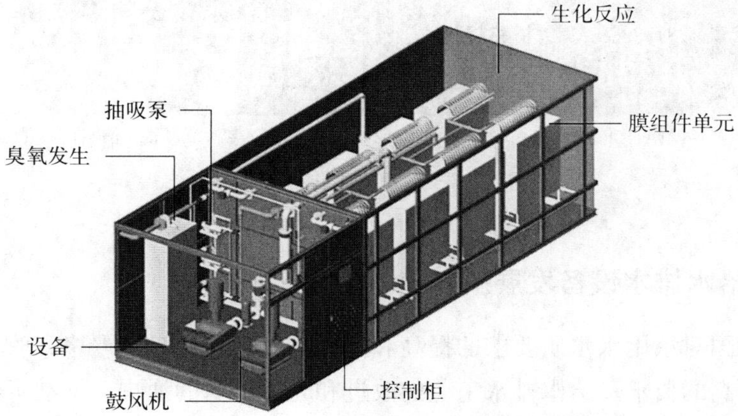

图 7-15 压力式生物处理设备

（2）间歇式生物处理设备

间歇式生物处理设备采用 SBR 工艺，使进水、反应、沉淀、排水和空载排泥五个工序，依次在一个 SBR 反应池中周期性进行，采用全自动操作。该装置具有耐冲击负荷，运行可靠、运行费用低，能脱氮除磷等特点，适用于处理生活污水和其他类似的有机废水。间歇式生物处理设备置为钢制容器，平面形状为方形。工艺流程如图 7-16 所示，虚线内为一体化间歇式生物处理设备工艺流程。

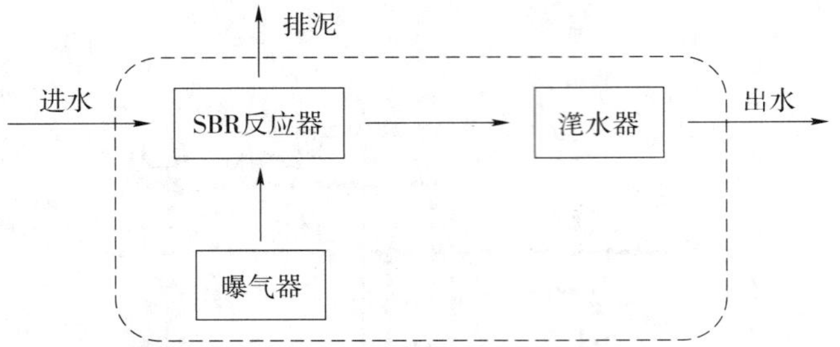

图 7-16　间歇式生物处理设备工艺流程

（3）地埋式生物处理设备

地埋式生物处理设备采用悬浮型生物填料作为生物载体，生物量大、易挂膜、不易堵塞；内设沉淀池和清水消毒池。该设备在去除有机物的同时，具有剩余污泥量少、处理效率高、运行费用低、能脱氮除磷等优点。工艺如图 7-17 所示。地埋式生物处理设备为钢制容器，平面形状呈长方形。

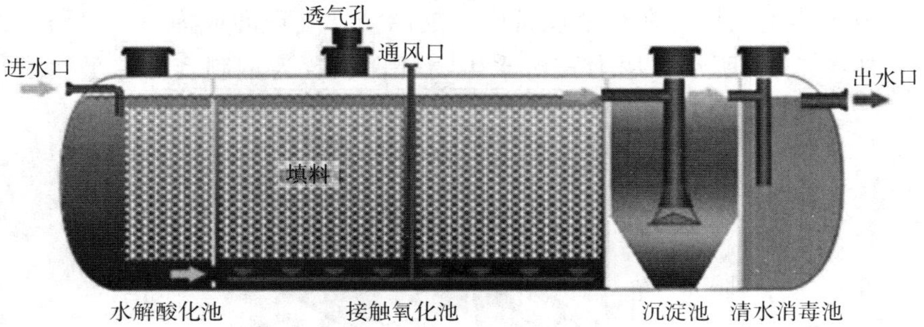

图 7-17　地埋式生物处理工艺

四、给水排水设备发展新方向

随着我国对饮用水水质要求的提高和污水排放标准的日益严格，对水处理水平也提出了更高的要求。给水排水工艺的改进和先进技术的涌现，推动了给水排水设备的快速发展，涌现了一大批新技术和新设备，主要体现在以下 3 个方面。

（1）设备化。以前多采用混凝土池来完成的某些功能，现在则使用设备完成，如过滤；以前常采用砂滤池，其滤速低，占地面积大，现在则可采用过滤设备，如纤维球过滤器，其滤速高，冲洗方便，占地面积小。

（2）集成化。一种设备集合了以前多种设备的功能。例如，以前需要分别设置污泥浓缩、污泥脱水两种设备来完成污泥浓缩脱水功能，现在可以由污泥浓缩脱水机单独完成；以前需要分别设置溶药池和加矾泵，现在可以由成套的加矾设备来代替。采用集成技术的设备，体积小、重量轻，使用方便，清洁卫生。

（3）新型化。随着新技术、新材料的不断涌现，给水排水设备的发展也日新月异，如膜过滤，从以前的有机膜发展到金属膜；分离装置，从板式膜分离装置到中空纤维式膜分离装置。以前采用普通碳钢的设备或部件，现在开始采用不锈钢材料，大大地提高了产品耐用性能和可靠性，保证了产品的使用性能。

第二节　给水排水水质检测概述

水质检测为水处理工艺过程控制提供了依据，表明了处理后的水质是否达到预期的目标和相关水质标准要求，使工作人员掌握水处理设备的运行状况。我国针对水资源的不同用途制定颁布了一系列强制性的水质标准和规范文件，用于规范生活饮用水、工业用水、农业用水以及不同污水处理后的排放水的各项水质参数的限值和相应的检测方法。

水质检测结果，不但是水处理工艺过程控制的重要依据，而且在水环境评价、水处理工艺设计、污水资源化利用、选择水处理设备等方面，也是不可或缺的重要参数。

一、水质检测项目

水质检测项目随着水源水质污染的日趋严重、科学技术的发展及当代对水质要求的提高，不断完善、逐渐严格。我国饮用水卫生标准经历了 8 次修订，污水综合排放标准也经历 3 次修订，而且有些省份或地区结合本地经济发展情况及环境容量限制因素等，制定了比国家标准更为严格的地方标准。2015 年国家颁布《水污染防治行动计划》，将水环境治理全面提升到保障国家水安全层面，相关饮用水卫生标准和污水排放标准也将随之进一步提升。

具体的水质检测项目、检测要求及指标限值一般体现在国家、行业主管部门或地方政府根据不同用途颁布的各种水质标准中。由于水的用途不同，水质检测项目中采用的水质参数、限值、检测方法及仪器设备也有所不同。例如，在《生活饮用水卫生标准》（GB 5749—2022）中，检测总项目达 97 个。其中常规指标 43 项，为每个城市供水厂必测项目；扩展指标 54 项，为当地县级以上供水行政主管部门和卫生行政部门协商确定的检测项目。水质检测方法均按《生活饮用水卫生标准　生活饮用水标准检验方法》（GB/T 5750）执行。同样地，《城镇污水处理厂污染物排放标准》（GB 18918—2002）根据污染物的来源及性质，将污染物控制项目分为基本控制项目和选择控制项目两类，关于水污染物的检测项目共计 62 个。其中，基本控制项目主要包括影响水环境和城镇污水处理厂一般处理工艺可以去除的常规污染物，以及部分一类污染物，共 19 项；选择控制项目包括对环境有较长期影响或毒性较大的污染物，共 43 项。基本控制项目必须执行；选择控制项目由地方环保行政主管部门，根据污水处理厂接纳的工业污染物类别和水环境质量要求选择控制。

由于检测方法不同，所得结果可能有差别，因此在规定检测项目和指标限值的同时，也统一规定了检测方法。

在水质检测项目中，有些是直接测定某一具体物质的含量，如水中铁、锰、锌、四氯化碳、三氯乙烯等；有些是测定能直接或间接反映某种水质特性的替代参数（或综合参数），如水的浑浊度、色度、总溶解性固体（TDS）、生化需氧量（BOD）等。在水质检测项目中，替代参数应用比较广泛，它具有检测方便，能综合反映水的某种物理、化学或生物学特性的优点。主要水质替代参数及其主要替代对象见表 7-1。

表 7-1　主要水质替代参数及其主要替代对象

替代参数名称	主要替代对象说明
浑浊度	反映水中悬浮物和胶体含量
色度	反映水中发色物质含量（包括无机和有机物）
臭和味	反映水中产生臭和味味的物质含量
pH	反映水中的酸、碱性程度
电阻率	反映水中溶解离子的含量
电导率	反映水中溶解离子的含量，是电阻率的倒数
硬度	主要反映水中钙、镁离子的含量
碱度	主要反映水中重碳酸盐、碳酸盐和氢氧化物含量
总溶解性固体（TDS）	反映水中全部溶解性固体的总量，包括无机物和有机物两者的含量
生化需氧量（BOD）	反映水中可生物降解的有机物含量
化学需氧量（COD）	反映水中可化学氧化的有机物含量
总有机碳（TOC）	反映水中含碳有机物总量
紫外吸收值（UV_{254}）	反映水中有机物含量，与 TOC 有一定相关性
总需氧量（TOD）	反映水中需氧有机物和还原性无机物含量
总大肠埃希菌群	反映水中病原菌存在状况
活性炭氯仿萃取物（CCE）	反映水中有机物含量

应当指出的是，上述替代参数中，有些替代参数虽然反映的是同一类物质含量，但由于测定方法不同或采用的试剂不同，所得的测定值和具体物质也有所不同。例如，COD、BOD 和 UV_{254}，虽然均可反映水中有机物含量，但 BOD 仅反映可生物降解的有机物含量；UV_{254} 主要反映在紫外区有强烈吸收的有机物（如芳香

烃类）含量；COD 主要反映可被 $K_2Cr_2O_7$ 或 $KMnO_4$ 氧化的有机物含量，同时测定时因受到能被 $K_2Cr_2O_7$ 或 $KMnO_4$ 氧化的生物难降解有机物和部分无机物的干扰，因而 COD 值一般高于 BOD 值。又如，TDS 可直接表明水中全部溶解离子含量（哪些离子并不清楚），而电阻率或电导率也间接反映水中溶解离子含量，两者之间存在一定的相关性。

二、水质检测方法

水质检测方法主要分为化学检测法、仪器检测法、生物检测法三大类，其中仪器检测法又分为实验室检测和在线检测两类。

随着科学技术的发展，检测方法从以化学检测法为主到广泛采用现代化分析仪器检测法，发生了巨大变化。虽然在水质的常规分析项目中，化学检测方法仍然发挥重要作用，但是在大多数有机污染物检测、微量甚至痕量污染物质检测、给水排水工艺过程中的自动检测，以及应付水污染突发事件的快速检测中，仪器检测法逐渐占据主要地位。

水质检测从人工采样、手工操作分析，到人工采样、进样，仪器自动分析，再到部分检测实现了采样、进样、分析、数据处理全过程自动化，发生了巨大的变化。水质分析的精度（检出限值），从 mg/L 级到 μg/L 级直至 ng/L 级，精度越来越高。基于卫生与安全，饮用水的生物检测一直沿用菌落总数指标，且对总大肠菌群指标的控制越来越严格。在水环境监测方面，随着生物遗传信息分析技术的发展，急性生物毒性、生物危害性的测定及评价方法已经应用于受污染水源的生物风险评价。

（1）化学检测法

化学检测法是以化学反应为基础的水质检测方法。它使水中被测物质（水样或试样中的物质）与另一种已知成分、性质和含量的物质（试剂）发生化学反应，从而产生具有特殊性质的新物质，由此确定水中被测物质是否存在及其组成、性质和含量。这类方法主要有滴定分析法（根据反应不同可分成 4 类）和重量分析法（根据分离方法不同也可分成 4 类），详见表 7-2。

表 7-2　主要水质化学检测方法及分类

水质化学检测方法分类	水质化学检测方法	水质化学检测方法分类	水质化学检测方法
滴定分析法	酸碱滴定法 沉淀滴定法 络合滴定法 氧化还原滴定法	重量分析法	气化法 （又称挥发法） 沉淀法 电解法 萃取法

由于化学反应方程式和反应原理清晰，水质化学检测法能利用参加反应物质的分子量计算得到令人满意的定量结果，并且化学检测法历史悠久，操作程序标准，检

测方法以手工操作为主，易于掌握，因此广泛用于水质常规分析项目的检测。甚至有些仪器检测也运用了化学检测法的原理和过程，只是将手工检测过程、数据分析和计算过程全部自动化，减少了人为误差。例如，化学需氧量（COD）自动在线检测设备。

由于分析方法和设备检测精度制约，化学检测法的检测范围受到限制。难以应用于水中大部分有机物和微量、痕量元素或物质的定性或定量检测。

表 7-3 所列的几种方法，已在《水分析化学》和其他与水质检测等相关的教材中详细介绍，所涉及的主要基础学科是化学。虽然近代仪器检测法的出现和发展，使水质的仪器检测法应用范围扩大、精度提高、操作更加方便和快捷。但是，在生态环境监测部门、供水厂、污水处理厂等设的水质检测分析室中，化学检测法仍然是不可或缺的常规检测手段。例如，水中化学需氧量（COD）测定采用的氧化还原滴定法；水的硬度测定采用的络合滴定法；水中总溶解性固体（TDS）测定采用的气化法等化学检测法，都是常用检测方法。

（2）仪器检测法

仪器检测法采用成套仪器，利用水样中被测物质的物理性质（如光、电、磁、热或声的性质）或物理化学性质，来测定水中物质成分及其含量。根据操作方式，仪器检测法可以分为实验室检测和在线自动检测。仪器检测所采用的设备，很多应用了高新技术，有的价格昂贵，需要专业的高级技术人员操作和管理。

实验室检测方式具有检测项目齐全、检测精度高等特点。例如，采用等离子发射光谱—质谱法（ICP-MS）测定水中多种离子，其检测精度可达 ng/L 级别。由于水样采集的不连续性，实验室检测数据仅反映水样采集时的瞬时值，数据的质量与采样时段代表性、采样操作、样本保存、预处理操作等紧密相关。

在线自动检测方式可以实时检测水质，自动记录、自动统计检测数据，并利用现代通信方式实时传递检测、分析和统计的结果，检测数据可以反映水质连续变化情况。由于被检测水体的成分复杂，干扰严重，很多物质检测前需要对水样进行富集、分离、掩蔽等预处理，给在线自动检测带来一系列困难。因此，水质在线自动检测多用于测定水质综合指标（替代参数）、用于测定具体物质含量的较少。

对于实际水质检测工作，实验室检测和在线自动检测两种方式具有很好的互补性。水质的仪器检测主要方法及分类参见表 7-3 和表 7-4。

表 7-3　水质主要在线自动检测项目及国标推荐的方法

水质在线检测主要项目	国标推荐的方法
水温	热敏电阻、铂电阻（或热电偶）法
pH	玻璃电极法（带温度补偿功能）
电导率	电导分析法（带温度补偿功能）
溶解氧	膜电极法（带温度补偿功能） 荧光分析法（带温度补偿功能）

续表

水质在线检测主要项目	国标推荐的方法
浊度	透过散射和表面散射方式光电法
UV_{254}	紫外吸收光谱法
耗氧量（COD 法）	高锰酸钾氧化法 + 自动微量滴定技术
氨氮	纳氏试剂分光光度法 电极法（带温度补偿功能） 膜浓缩 - 电导率法
总有机碳（TOC）	燃烧氧化 - 红外吸收法 紫外催化氧化 - 红外吸收法
总磷	钼锑抗分光光度法
总氮	过硫酸钾氧化 - 紫外分光光度法
化学需氧量（COD）	重铬酸钾氧化法、分光光度法
石油类	三波长红外光谱法 非分散红外法 荧光分析法
生化需氧量（BOD）	微生物膜电极传感器快速测定法
重金属铬、铅、镉等	将国标仪器检测方法自动化

表 7-4　主要水质仪器检测方法及分类

仪器检测方法分类	仪器检测方法	仪器检测方法分类	仪器检测方法
光学分析法	比色法 吸收光谱法 （或分光光度法） 发射光谱法 火焰光度法 荧光分析法 原子吸收光谱法 比浊法	色谱分析法	气相色谱法 液相色谱法 离子色谱法
电化学分析法	电位分析法 电导分析法 库仑分析法 极谱分析法	色谱 - 质谱联用法 （GC/MS 联用法）	气相色谱 - 质谱法 液相色谱 - 质谱法 气相色谱 - 核磁共振法

表 7-3 是国家环境保护总局主编的《水和废水监测分析方法》规定的，对特定水质指标（或物质）采用的在线自动检测方法。可以对一种检测指标（或物质）采用一种以上检测方法。如水中氨氮的在线自动测定可用纳氏试剂分光光度法、电极法或膜浓缩 - 电导率法。

表 7-4 中所列的检测方法能测定水中多种物质。例如，吸收光谱法利用被测物质对光的选择性吸收的特性，根据光谱来测定水中物质的成分和含量，是给水排水处理中应用最广泛的检测方法之一。水中的 Fe^{2+}、Ca^{2+}、酚和氨氮等均可采用吸收光谱法测定。色谱 - 质谱联用法（GC-MS 联用法）可测水中多种有机物，如采用吹脱捕集 GC-MS 联用法测定挥发性有机物（VOCs），用液—液萃取 GS/MS 联用法或微固相萃取 GC-MS 联用法测定半挥发性有机物（S-VOCs）等。

近年来，仪器检测法发展迅速，大部分可以与计算机联用，实现自动检测、自动分析检测数据，大大减少了人为操作误差。例如，化学需氧量（COD）的测定，人工测定需要经历采样、取样、配制标准液、加热、滴定、计算等多道操作程序，每道程序操作精度和累计误差会因人、因时而异；在线自动检测能有效避免人为造成的测定差异，因为机械操作根据设定程序执行，可以保证精度，机械操作的偏差可以通过标定调整或消除。图 7-18 所示为 COD 在线速测仪。

图 7-18　COD 在线速测仪

应当指出的是，使用仪器检测法时，应根据水质特点。被测物质种类和含量、检测精度要求等，选择合适的检测仪器和操作方法。例如，根据《生活饮用水卫生标准》（GB 5749—2022）中对重金属镉和铅的限定指标，检测这两种物质在自来水样品中是否超标，必须采用石墨炉原子吸收分光光度法。虽然常用的检测水中重金属镉和铅的方法有直接吸入火焰原子吸收分光光度法、等离子发射光谱法、石墨炉原子吸收分光光度法三种方法，但是前两种方法的最低检出限值（灵敏度）均高于 GB 5749—2022 对重金属镉和铅指标的限定值，因此不能采用。

检测用于给水排水工艺过程评价或上报政府有关部门的，国家强制性标准中规定的水质指标，若使用在线自动检测仪器必须满足政府有关部门的监测要求：安装的仪器设备必须是国家有关部门计量审查认证的产品，仪器采用的检测方法必须是国标推荐方法。例如，化学需氧量（COD）在线自动检测仪器国家标准推荐的检测方法是重铬酸钾法，配套自动测定可采用光度法、化学滴定法或恒电流库仑法，COD 检测还可以采用简单、快速、维护成本低的 UV 法、TOC 法等，但是使用这些方法得到的测定结果需要通过国标推荐方法标定后，确定换算系数，才可以通过计算机得到经过换算的测定值。这种通过换算系数确定 COD 的方法还在探讨和论证过程中，尚需通过国家有关部门计量审查认证。因此，使用这些方法的仪器给出的检测数据的换算值仅可作为给水排水工艺过程控制的内部参数，而不宜作为给水排水工艺过程评价或上报政府有关部门的检测参数。

在线检测仪表有两种，一种是在现场设置检测探头，然后采用信号变送器将实时检测信号转变为 4～20 mA 电流信号，通过屏蔽电缆输送到监控室。另一种是在现场设置连续自动采样器，将水样通过专用管道送到监测站室内安置的在线检测仪器系统进行自动监测、记录、信息传输。由于需要考虑检测数据的实时性和代表性，监测站一般尽量靠近监测水体建设，检测信息可以通过网络或卫星传送到监测中心。

（3）生物检测法

水是微生物生存繁殖的天然环境，无论是地表水还是地下水，甚至是雨水或雪水，都含有多种微生物。当水体受到人畜粪便、生活污水或某些工业废水污染时，水中微生物的数量可大量增加。根据历史经验，微生物指标超标，很容易引发传染性肠道疾病，包括世界卫生组织和很多国家的饮用水卫生标准，都将微生物指标放在第一位。但是直接检测水中各种病原微生物，不仅方法较复杂、难度大，而且检测结果为阴性也不能保证绝对安全。参考世界卫生组织和其他国家的饮用水卫生标准，结合我国大量预防医学研究成果，考虑相关检测方法的可操作性，《生活饮用水卫生标准》（GB 5749—2022）规定了常规指标为：单位体积水中的菌落总数、作为粪便污染指示菌的总大肠菌群和大肠埃希氏菌。还有两种原虫微生物指标，即贾第鞭毛虫（*Giardia*）和隐孢子虫（*Cryptosporidium*），被列入扩展指标。我国规定的微生物项目和检测方法见表 7-5。

上述微生物项目中，总大肠菌群指标比较重要。而水中含有菌落总数与水污染状况有一定关系，但该指标不能直接说明是否有病原微生物存在。《生活饮用水卫生标准》（GB 5749—2022）规定总大肠菌群不应检出，如果检出，即表示水体曾受到粪便污染，有可能存在肠道病原微生物，那么该水在卫生学上是不安全的。

表 7-5　我国规定的微生物指标和检测方法

指标分类	微生物指标	国标规定的检测方法
常规检测项目	总大肠菌群	多管发酵法 滤膜法 酶底物法
	大肠埃希氏菌	多管发酵法 滤膜法 酶底物法
	菌落总数	平皿计数法
非常规检测项目	贾第鞭毛虫 隐孢子虫	免疫磁分离荧光抗体法

第三节　给水排水工艺过程检测与仪表控制

过程检测及控制仪表是指在生产过程中，为及时监测和控制生产过程而设置的，对有关工艺变量进行检测、显示、控制、执行等仪表的总称。由于它的作用是实现生产过程自动化，因此也称工业自动化仪表。

一、给水排水系统过程检测

给水排水工艺过程检测的目的主要是保证给水排水工艺运行正常，为生产操作、运行控制及管理提供依据。给水排水工艺过程检测主要包括水力特性参数检测、气体特性参数检测、其他工艺参数检测（表 7-6）。

表 7-6　给水排水工艺过程主要检测项目及仪器和设备

工艺过程检测项目分类	检测项目	检测仪器或设备
水力特性参数检测	流量	明渠系统：三角堰、巴氏槽、宽顶堰、文丘里计量堰等； 管道系统：超声波流量计、电磁流量计、压差式流量计、转子流量计、计量水表
	流速	在线超声波测速仪
	水压	水压表 水压变送器
水力特性参数检测	水位	无控制自动水位开关：浮球阀式、浮球式、悬臂式、升降式、固定式水位开关； 水位变送器：超声波式、电容式、激光式

续表

工艺过程检测项目分类	检测项目	检测仪器或设备
气体特性参数检测	气体流量	涡轮式气体流量变送器 超声波气体流量变送器
	气压	气压表或空气压力变送器
	溶解氧（DO）	在线溶解氧测定仪、便携式溶解氧测定仪
其他工艺参数检测	污泥界面	超声波污泥界面仪、光电式污泥界面仪
	污泥浓度	超声波污泥浓度仪、光电式污泥浓度仪
	絮凝过程	流动电流（SCD）检测仪
	氧化还原电位（ORP）	在线氧化还原电位仪
	pH	在线 pH 计
	微小颗粒	在线颗粒计数仪
	浊度	在线浊度仪

其他工艺参数检测除表 7-6 中所列的几种参数外，还可以根据给水排水工艺过程特点加入其他参数。

给水排水工艺过程检测结果可及时反映设备的运行状态，向中央控制系统提供整个给水排水系统工艺设备的控制参数并对其进行运行保护，例如：

（1）对设备动力传动部位采用温度变送器进行实时监测。设备的运行温度是否正常关系到系统安全。当检测仪器与控制系统连接，出现温度突变时可以采取保护动作，按程序退出运行状态并及时报警。

（2）对设备动力系统采用电流、电压变送器进行实时监测，可以在电流、电压出现过载的情况下，采取保护动作，按程序退出运行状态并及时报警。

（3）对给水排水系统某些单元过程的转动设备的转动速度进行实时监测。转动信号变送器可将转动设备运行是否正常的检测信息传输到中央控制室。

（4）中央控制室还可以对所有动力设备运行时间进行自动累积统计，并根据设备设定的运行检修时间，作出保养和定期维修提示。

给水排水工艺系统除应对各个单元过程实施监测外，还必须对整个系统进行统一的监测，包括进行备用系统状态的监测等。对设备运行和备用状态的监测，除上述参数检测外，还可辅以实时图像监测、声音传输监测等手段。对备用系统还可采取自动交替的运行方式，使每台设备都有轮流维护保养的时间。

图 7-19、图 7-20 所示分别为某污水处理厂、某自来水厂的过程控制检测仪表配置系统。

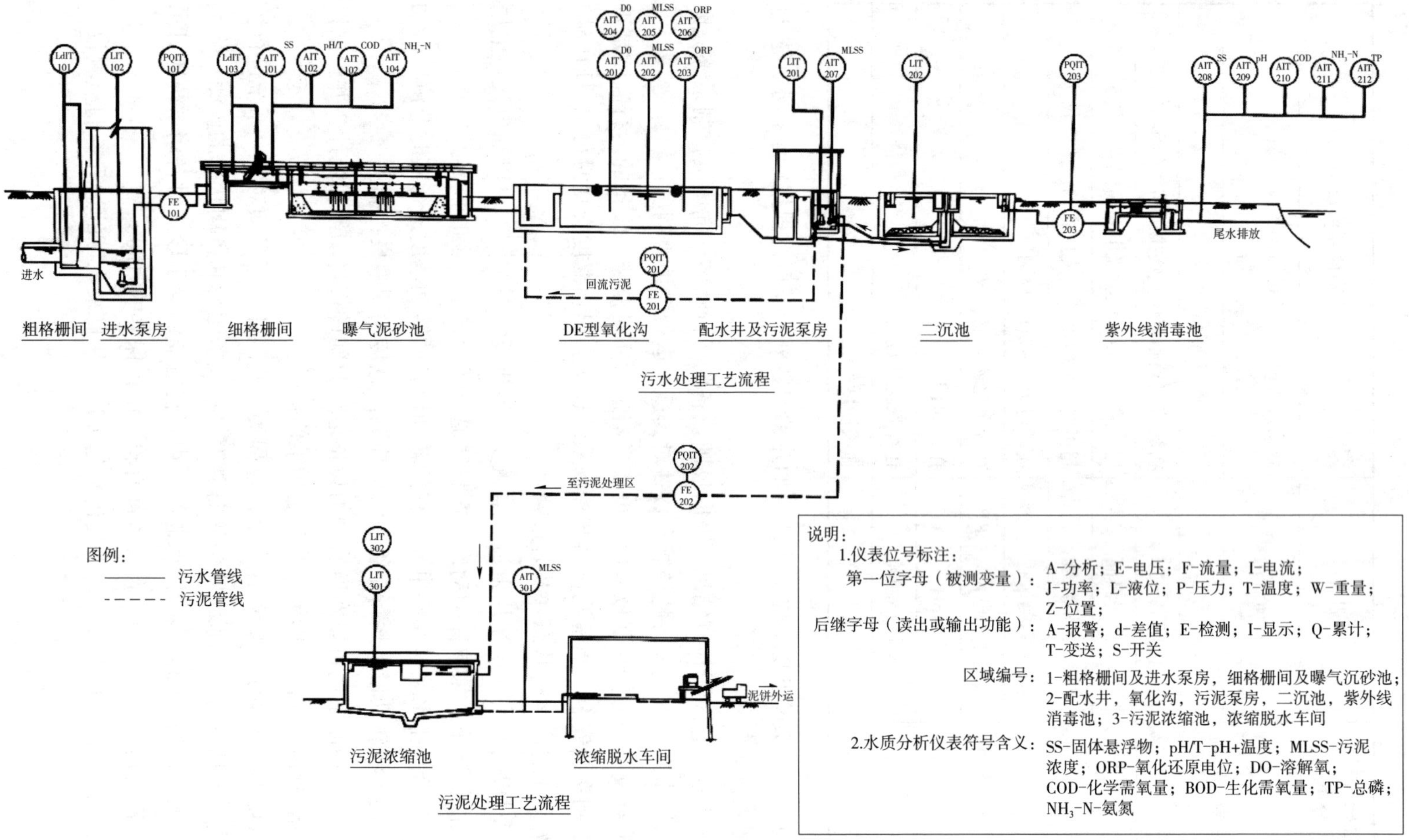

图 7-19　某污水处理厂过程控制检测仪表配置系统

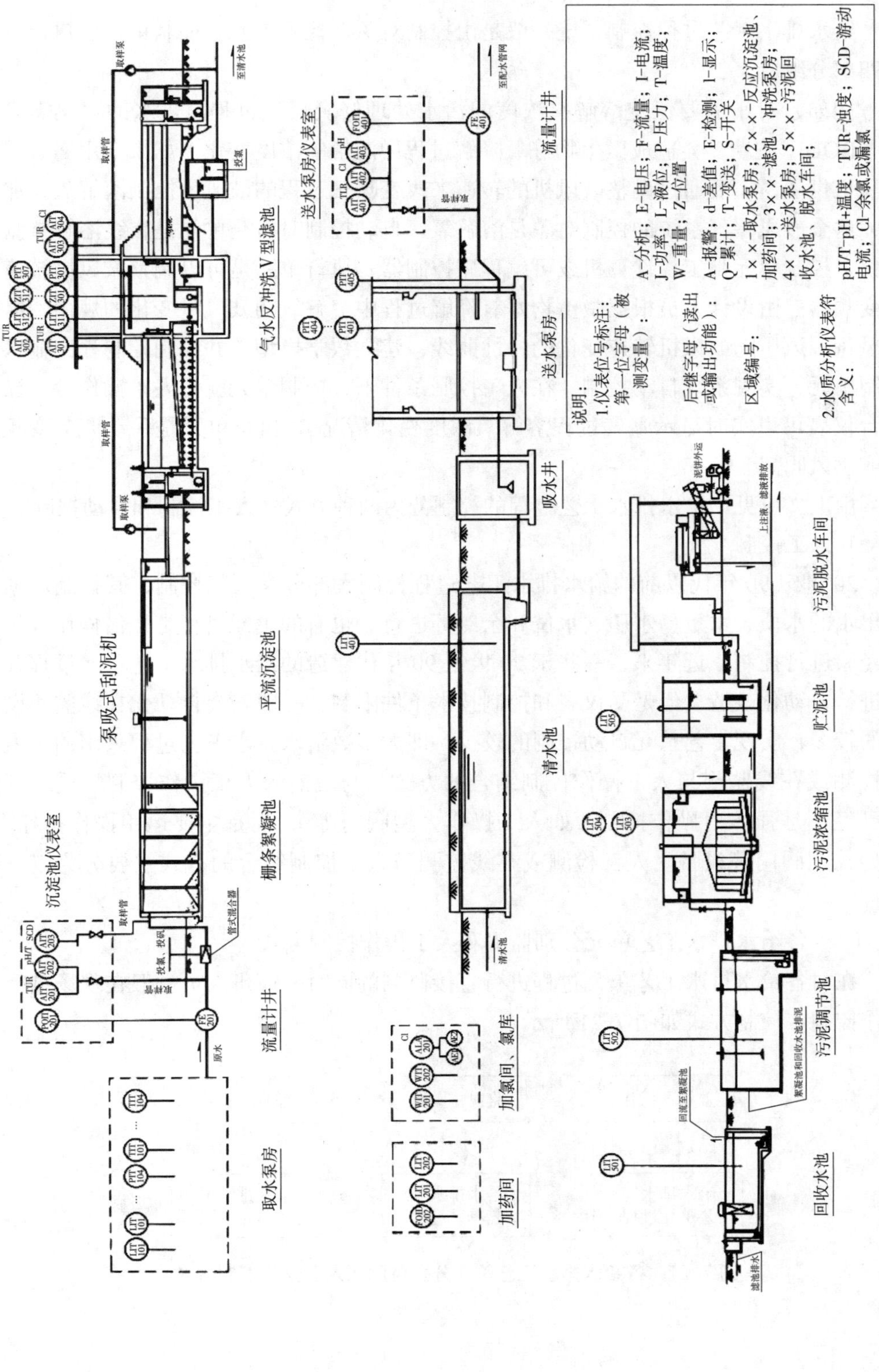

图 7-20　某自来水厂过程控制检测仪表配置系统

二、给水排水工艺过程控制

给水排水工艺过程控制系统一般是由控制对象、检测单元、控制单元、执行单元四部分组成。

例如，对于需要恒定溶解氧浓度的污水处理好氧曝气过程，进水的生化需氧量（BOD）波动，会造成微生物好氧降解过程中溶解氧浓度变化。如果采用离心式鼓风机供氧，需要通过调整鼓风机的转速来改变曝气过程的鼓风量控制溶解氧。那么，这个鼓风曝气系统的控制对象是溶解氧，自动控制时检测单元是在线溶解氧测定仪，控制单元是工控计算机或可编程序控制器，执行单元是可以调整鼓风机转速的变频器。由设计人员根据微生物好氧降解过程中溶解氧随鼓风量变化的规律，以及风量、风压随鼓风机转速变化的特性曲线，建立数学模型，并编制控制程序输入控制单元，实现系统自动控制。在人工控制条件下，控制单元就是人工操作台（操作台仪表可以实时显示曝气过程溶解氧浓度变化情况），执行单元是手动调节变频器或供风阀门。

由上文可见，给水排水工艺过程的控制分为两种方式：人工控制和自动控制。

1. 人工控制

20 世纪 90 年代以前的给水排水工艺过程控制大部分是人工控制，其控制依据进出水的水质、水量、水压、水位和余氯等进行，也有的单元过程是凭借操作人员的经验进行控制。近年来，一些于 20 世纪 90 年代建造的给水排水工艺单元过程开始进行自动化改造，但是受仪表和控制技术条件限制，一般安装自动化在线监测设备的较多，实现工艺单元自动控制的较少，即大多数给水排水工艺过程采用的是人工检测或在线监测与人工操作控制结合的方式。与之前的人工操作控制不同，现在已经不是强体力操作控制（如人工操作大型阀门等），而是主要运用操作按钮、小型控制阀门等设备。人工检测或在线监测与人工控制结合的方式主要分为以下两种。

（1）各给水排水工艺单元分别监测和人工操作控制方式

在对各给水排水工艺单元过程进行直接监测的同时，值班人员一般在现场进行操作控制。控制方式如图 7-21 所示。

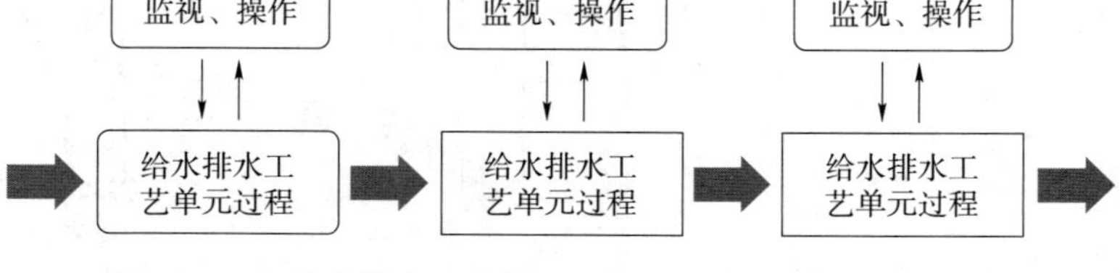

图 7-21　各给水排水工艺单元分别监测和人工操作控制方式

（2）各给水排水工艺过程集中监测管理与各工艺单元分散操作控制方式

该控制方式通过计算机和数据采集系统（data processing system，DPS）对在线检测仪表的数据进行采集处理，由计算机对工艺过程参数进行巡回检测，并对其进行处理分析记录、参数越线报警等。但是，计算机不直接参与过程控制，而是操作人员根据检测数据的计算机处理结果进行操作控制。

采用这种控制方式可以通过计算机、DPS 系统数据积累，逐步获得给水排水工艺系统运行的统计规律，建立给水排水工艺过程的数学模型。在自动控制发展的初始阶段，该控制方式累积的操作控制数据，对于进一步进行计算机控制系统设计和调试控制程序具有重要的指导意义。该控制方式如图 7-22 所示。

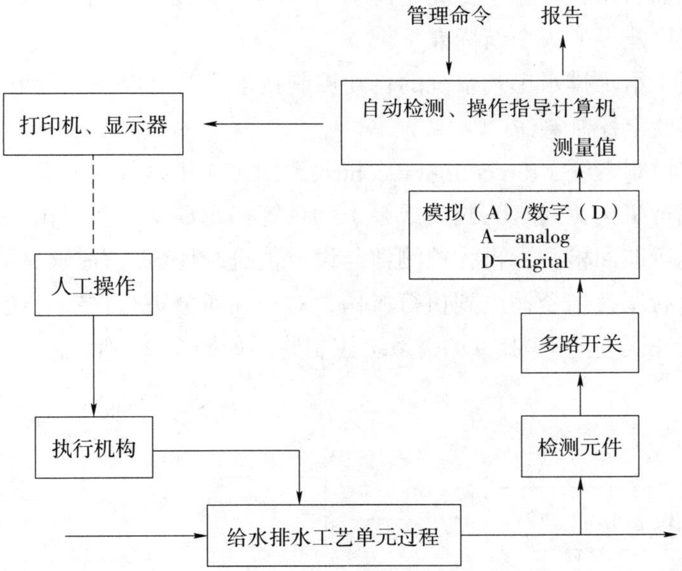

图 7-22　各工艺过程集中监测管理与各工艺单元分散操作控制方式

人工检测或在线监测与计算机数据处理系统和人工操作控制结合的控制方式，实际上是给水排水工艺过程控制技术发展的一种过渡方式。在统计资料比较完整的条件下，新建的系统基本上都采用自动控制。

2. 自动控制

随着微电子、仪器仪表与自动化技术的迅速发展，现代科学技术的新成果越来越多地渗透到给水排水工艺过程的各个环节，各种先进的自动检测、自动控制技术与设备已在各个给水排水工艺单元，甚至整个给水排水工艺系统中获得不同程度的应用，并逐渐成为给水排水工艺系统不可或缺的组成部分和高效优化运行的重要保障。自动控制已经成为给水排水工艺系统控制现代化的一个标志。

例如，在污水处理领域发展迅速的仪表、控制和自动化技术（Instrument，

Control and Automation，ICA）在全球范围的应用现状显示：在硬件方面，仪表技术更加成熟，复杂的仪表已经被普遍应用；变频控制器已经广泛应用于水泵和鼓风机自动控制；各种工控计算机功能十分强大，已经不再是控制系统的限制因素。

在控制理论和自动化技术方面，人们建立了可以识别不同控制方法的基准；开发了一些评价不同控制策略性能的新型工具，如具有数据获取和污水处理厂监控功能的软件包，即数据采集与监视控制系统（Supervisory Control and Data Acquisition Systems，SCADAS）；还建立了多变量统计和软计算方法的数据加工工具。

在自动化应用技术方面，已经开发许多单元控制的高级动态模型，适应污水处理厂动态特性的商业化模拟器也投入市场。操作人员和管理工程师在仪表、计算机和自动控制方面获得良好培训。为了降低系统运行能耗，提高效率，ICA 技术已经成为污水处理厂建设的一个新标准。

现在应用于给水排水工艺系统的自动控制技术主要有以下 5 种形式。

（1）直接数字控制系统

直接数字控制系统（direct digital control，DDC）由被控制对象（过程或装置）、检测仪表、执行机构（通常为阀门或泵）和计算机组成。工作时由一台计算机对多个被控参数进行巡回检测，再将检测值与设定值进行比较，并按已确定的控制模型进行计算，然后调整指令输出到执行机构，对被控对象进行控制，使控制参数稳定在设定值的允许误差范围内。DDC 系统控制原理如图 7-23 所示。

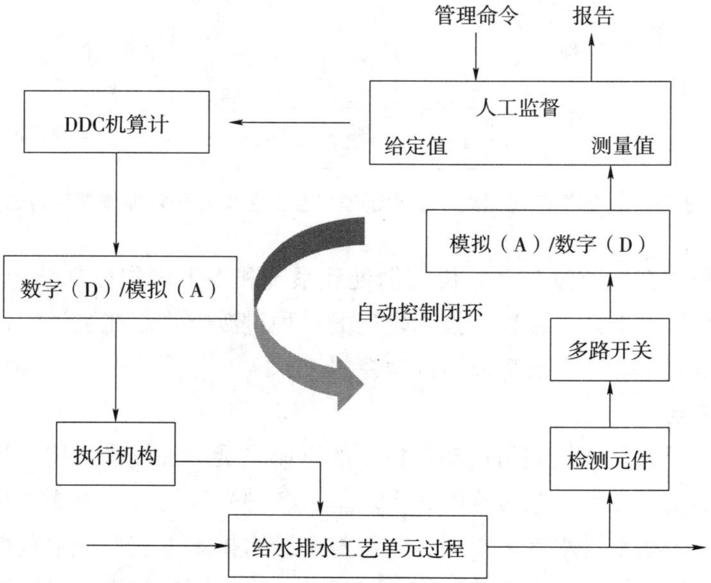

图 7-23　DDC 系统控制原理

DDC 系统的第一个特点是由计算机参与了直接控制，系统构成了闭环；第二个特点是设定值是预先设定好输入计算机内的，在控制过程中不变。

DDC 系统利用了计算机的数据处理能力，一台计算机可以取代多个模拟调节器，比较经济。另外，采用 DDC 系统不必更换硬件，只要改变程序就可以实现各种复杂的控制方案（如串级、前馈、解耦、大滞后补偿等）。由于上述特点，DDC 系统得到了广泛应用。

例如，给水处理工艺中，采集进水浊度、流量变化信息的前馈式混凝剂投加控制系统就是一个典型 DDC 系统。这个系统的控制对象是混凝剂投加量，检测单元是在线浊度测定仪和流量计，控制单元是 DDC 微型计算机，执行单元是投加混凝剂的计量泵。

前述污水处理好氧曝气过程的溶解氧控制系统也是一个典型的 DDC 系统。

（2）计算机监督控制系统

计算机监督控制系统（supervisory computer control，SCC）又称设定值控制系统（set point control，SPC）。其系统的实际应用结构分为两种，一种是 SCC+模拟调节器控制系统；另一种是 SCC+DDC 控制系统。SCC 系统控制原理如图 7-24 所示。

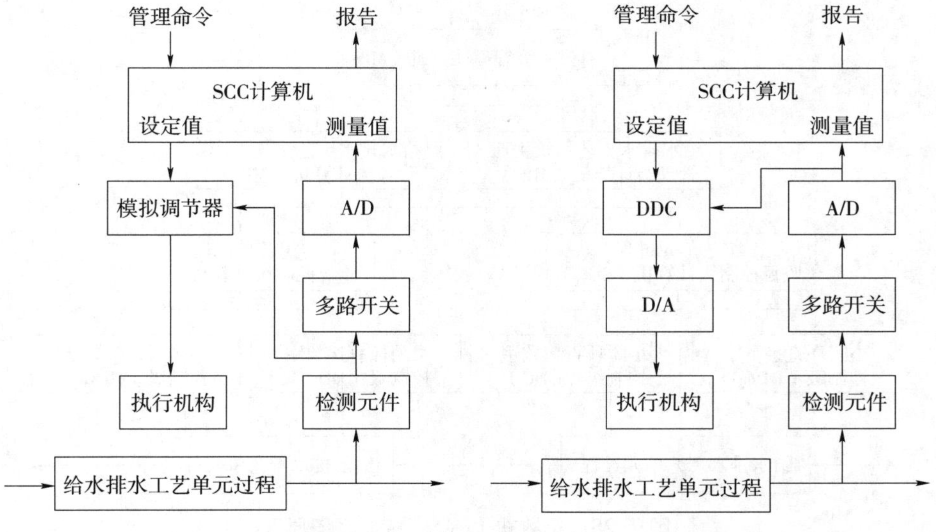

（a）SCC+模拟调节器控制系统原理　（b）SCC+DDC控制系统原理

图 7-24 SCC 系统控制原理

SCC 系统在运行状态下，通过计算机监督系统不断检测被控对象的参数，并根据给定的工艺参数、管理命令和控制模型计算出最优设定值，同时输出到模拟调节器或 DDC 计算机控制单元过程，从而使给水排水工艺过程处于最佳工作状态。

SCC 系统较 DDC 系统更接近被控过程变化的实际情况，不仅可以进行设定值的控制，还可以进行顺序控制、最优控制与自适应控制等。与 DDC 系统相比，SCC 系统的可靠性更好。

（3）分布式控制系统

分布式控制系统（distributed control system，DCS）又称集散型控制系统。DCS 是 20 世纪 70 年代发展起来的大系统，也称第三代控制系统。由于给水排水工艺过程比较复杂，设备分布很广，其中各单元过程和各设备同时运行，而且基本上是独立运行，因此控制系统比较复杂。在大系统理论中把一个状态变量数目很多的大系统分解为若干个子系统，以便处理。由于整个系统的优化并不完全等于各个子系统的分别优化的简单叠加，大系统理论以整个大系统的优化为目标。

DCS 是以微型计算机为主的连接单元，主要考虑信息的存取方法、传输延迟时间、信息吞吐量、网络扩展的灵活性和可靠性以及投资情况等因素。常见的结构形式有分级式、完全互联式、网状（部分互连式）、星状、总线式、共享存储器式、开关转换式、环形、无线电网状等。给水排水工艺系统最常用的分级式结构形式如图 7-25 所示，这种形式也称主从结构式或树形结构式。

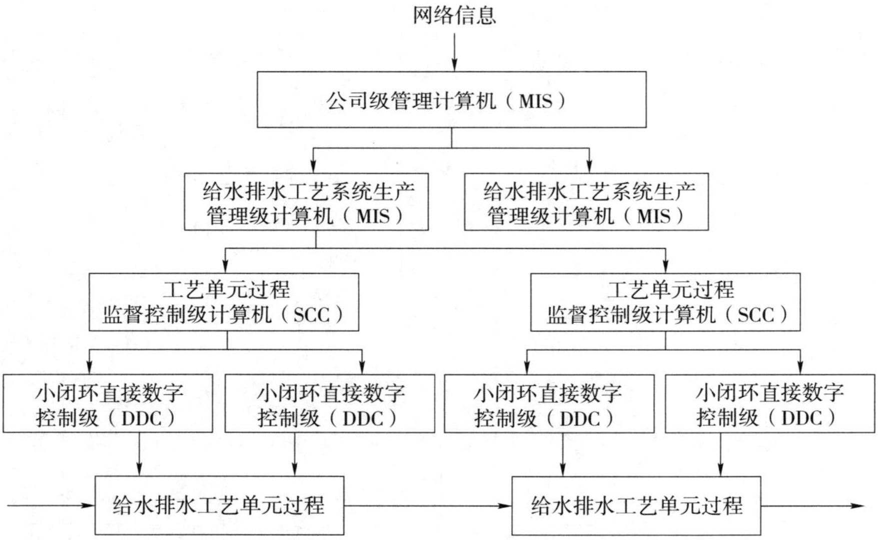

图 7-25　集散式（DCS）控制系统原理

给水排水工艺系统 DCS 分级式结构一般分为三级，即整个给水排水工艺系统生产管理级（MIS 级）、给水排水工艺单元过程监督控制级（SCC 级）及单体构筑物或设备小闭环直接数字控制级（DDC 级）。

DCS 具有控制功能和控制位置高度分散，监测和控制操作高度集中，系统由模块化组成，设计、开发和维护简便，系统可靠性高，能远程通信等特点。在给水排水系统中，DCS 是目前国际上最先进的控制方式之一。

（4）工业计算机＋可编程序控制器控制系统

该系统是由工业计算机（IPC）和可编程序控制器（PLC）组成的分布控制系统，可以实现 DCS 的初级功能。由于 IPC+PLC 系统的性能已达到 DCS 的要求，而价格比 DCS 低得多且开发方便，在目前国内给水处理自动化控制中应用比较广泛。

（5）数据采集和监控系统

数据采集和监控系统（supervisory control and data acquisition systems，SCADAS），是由一个主控站（MTU）和若干个远程终端站（RTU）组成的。

该系统联网通信功能较强。通信方式可以采用无线、微波、同轴电缆、光缆、双绞线等，监测的点多，控制功能强。由于该系统侧重于监测，控制功能较弱，一般适用于被测点地域分布较广及分级监视和控制的场合，如供水和排水管网的无线（有线）调度系统和工艺系统变得越来越复杂的污水处理厂等。

三、给水排水系统自动控制的新发展

随着对给水排水工艺理论的深入研究和广泛实践，许多给水排水系统长期积累的运行参数，为给水排水系统控制理论的发展提供了依据。因此，在硬件（如网络技术、远程控制技术等）发展的同时，软件系统开发也得到了快速发展。

（一）自动化控制系统的智能化发展

（1）模糊控制（fuzzy control）

模糊控制是以模糊集合论、模糊语言变量及模糊逻辑推理为基础的一种计算机数字控制技术。给水排水系统模糊控制理论的应用控制程序仍在发展之中，目前在控制混凝剂投加量、控制水泵的运行台数及管网的调度控制等方面，都在进行模糊控制研究。

（2）神经控制（neuro control）

神经控制也称神经网络控制，是基于人类的神经网络控制原理，模拟人的思考方式来“思考、学习、判断”的一种控制方式。将神经网络的智能模拟用于系统控制是实现控制智能化的一个重要方向，近年来得到了迅速的发展。

（3）自动控制的专家系统

该系统是以专家的知识和经验为基础的系统控制方式，也可以认为专家系统是一个具有大量专业知识与经验的控制程序系统。它应用人工智能技术，根据一个或多个专家提供的知识和经验进行推理和判断，模拟专家做决策的过程来解决一些需要专家才能解决的复杂问题。在给水排水工艺系统中发展自动控制的专家系统，是自动控制智能化的高级阶段，尚待进一步研究和开发。

此外，还有多个控制方式组合的复合控制系统也在快速发展。

（二）自动控制系统的网络化发展

自动控制系统正向多元化方向发展，各种控制单元可以通过网络联结，并通过计算机进行大范围的综合管理和调度。网络技术和硬件设备的发展为实现给水排水系统控制网络化提供了条件，互联网技术的发展使远程异地控制和管理的现代化成为可能。

参考文献

[1] 李圭白，蒋展鹏，范瑾初，等. 给排水科学与工程概论 [M]. 北京：中国建筑工业出版社，2018.

[2] 崔福义，彭永臻，南军. 给排水工程仪表与控制 [M]. 北京：中国建筑工业出版社，2006.

[3] 中国核电工程有限公司. 给水排水设计手册：第 8 册　电气与自控：第 3 版 [M]. 北京：中国建筑工业出版社，2013.

[4] 黄廷林. 水工艺设备基础：第 3 版 [M]. 北京：中国建筑工业出版社，2016.

第八章　现代水业施工概述

第一节　室外管道工程施工

一、开槽施工

开槽施工是一种常用的室外给水排水管道施工方法，该方法在地面开挖沟槽，在沟槽内开展敷设管渠的工作。其施工内容通常包含测量与放线、沟槽开挖、地基处理、下管、稳管、接口、管道工程质量检查验收和土方回填等工作。

（一）管道开槽施工的目的和要求

管道开槽施工应按设计文件指定位置铺设管道。按施工规范连接管道，保证不渗不漏，达到通水运行要求。同时，应保证施工过程及此后运营不影响周边环境。

具体来说，室外管道开槽施工包括沟槽开挖，下管、排管、接管，阀门安装，阀门井和检查井砌筑，土方回填。实际施工还可细分为施工准备，沟槽开挖，基础处理，下管、排管、接管，防腐处理，阀门安装，阀门（检查）井砌筑，试压消毒（渗水试验）和土方回填等工序。

（二）室外管道开槽施工的步骤

1. 施工准备

施工准备应完成材料准备、现场准备、机械准备、人员准备、技术准备和程序准备等任务。其工作内容包括现场核查、工程交底、编制施工组织设计，即确定施工方法和技术组织措施，确定合理的施工程序；制订工程进度计划；计算人力物力需用量，均衡施工；对施工现场的总平面和空间进行合理布置；拟订保证工程质量、降低成本、防火及确保施工安全的各项措施，满足成本和安全要求。

2. 管道定线

给水排水构筑物、基坑、管道及附属构筑物的定线，工具可选取经纬仪、全站仪。定线前，沿管道走向每隔 200 m 用原场内水准基点设临时水准点一个。给水管道放线，每隔 20 m 设中心桩，排水管道放线每隔 10 m 设中心桩，给水排水管道在阀门井、室外检查井变换管径的管道分支处均应设中心桩。

3. 土方开槽

沟槽断面的选择应考虑土的种类、地下水的情况、施工环境、施工方法、管道埋深、管长及沟槽的支撑条件等，应在保证工程质量和施工安全及施工工作面的前提下，尽量减小断面尺寸，以减少土方量，降低工程造价。沟槽开挖时应根据土质条件，运用沟槽边坡保持槽壁稳定。沟槽的边坡系数除考虑土质条件，还应据地下水位、基坑底面高程参考施工规范确定。当土质较好时槽深不超过 1 m，可开成直槽，且不需要支撑。沟槽每侧临时堆土或施加其他荷载时，不得影响周边建（构）筑物、各种管线和其他设施的安全；堆土距沟槽边缘不小于 0.8 m，且高度不应超过 1.5 m。

沟槽开挖不得扰动槽底原状地基土，机械开挖槽底应预留 200～300 mm 的土层再由人工开挖至设计高程，整平；槽底不得受水浸泡或受冻，当槽底局部扰动或受水浸泡时，宜采用天然级配砂砾石或石灰土回填；槽底土层为杂填土、腐蚀性土时，应全部挖除并按设计要求进行地基处理。

为加快施工进度应尽量采用生产效率高的机械来完成沟槽开挖。对于较浅、长度不大的沟槽及坑也可以采用人工开挖。沟槽基坑的土石方机械开挖应依据具体施工条件，选择与施工进度相匹配的单斗挖土机和多斗挖土机。正向铲挖土机能开挖停机面以上的 1～4 类土，适用于开挖高度 2 m 以上，底部尺寸较大的沟槽和基坑，但需设置下坡道。反向铲挖土机，工作时后退向下强制切土，适用于开挖停机面以下的 1～2 类土，深度在 4 m 左右的管沟或基坑。土质合适时，可采用专用挖沟机。

4. 沟槽基坑支撑

开挖管沟或基坑，当土质与周围场地条件允许时，可采取梯形槽、大开槽的开挖方法。当受环境限制且开挖的土方量太大时，采取直槽加支撑的施工方法。支撑应有足够的强度、刚度和稳定性。支撑应便于支设和拆除，不妨碍沟槽或基坑开挖及后续工序的施工。支撑按撑板形式分横撑和竖撑，横撑用于土质较好、地下水量较小的沟槽；竖撑用于土质较差、地下水较多或有流沙的沟槽。此外，常用的支撑方式还有板桩撑，它是将板桩垂直打入槽或坑底一定深度支护槽壁土的支撑，分为木板桩、钢板桩和钢筋混凝土板桩。

（1）支撑的设置

当沟槽挖到一定深度或到达地下水位以上时，开始支设支撑。横撑的支设顺序为支设撑板、支设立柱和撑杆；竖撑的支设顺序为先撑板密排，立贴于槽壁，再用横木在撑板上、下两端支设，并加撑杆固定，之后随着挖土逐块将撑板打入槽底。板桩撑打桩时，常采用锤击打桩、水冲沉桩、振动沉桩和静力压桩等方法。

（2）支撑的倒撑和拆除

施工过程中更换立柱和撑杆位置称为倒撑。当原支撑妨碍下一道工序正常进行、原支撑不稳定或一次支撑有危险时必须倒撑。在施工期间，应经常检查槽壁和支撑的情况，尤其在流沙地段或雨后。槽壁有塌方预兆时应加设支撑。沟槽内工作全部完成后，才可将支撑拆除，拆除与沟槽回填应同步进行，边填边拆。

5. 地基处理

工程中常遇到一些软弱土层，土质疏松、压缩性高，抗剪强度低的软土松散沙土或未经处理的填土，此时应进行加固处理。地基处理的方法有换土垫层、挤密与振密、碾压与夯实、夯实排水固结和降压加固五类。常用的地基处理方法有换土垫层、挤密与振密和碾压与夯实。

6. 管道铺设

管道铺设前首先应检查管道沟槽开挖深度，沟槽断面，沟槽边坡堆土位置是否符合规定，检查管道地基处理情况等。同时还必须对管材、管件进行质量检验，不得使用不合格或已经损坏的管材及管件。经检验合格后的管材及管件运至沟槽边，按设计进行排管核对，确保管材管件位置无误。下管方法分为人工下管和机械下管两类。

人工下管多用于施工现场狭窄，重量不大的中小型管子。包括贯绳法、压绳下管法、集中压绳下管法、搭架下管法（溜管法）。

机械下管速度快且安全，可以减轻工人的劳动强度，劳动效率高，有条件时应尽可能采用。机械下管常用轮式或履带式起重机械下管。下管时还应注意管道管材附件不被损坏、起重机械的机械安全、起吊作业区内人员安全等，且应特别注意有关安全操作规程。

7. 稳管与接管

管道稳管与连接稳管是将管道按设计的高层与平面位置，稳定在地基或基础上的施工过程。稳管包括管道对中和对高，两者应同时进行，方法如图 8-1 所示。重力管道铺设应保证管道的中心线和高程的准确性，允许偏差应按给水排水管道工程施工及验收规范执行，一般为 ±10 mm。承插式管道安装，承口一般朝向介质流来的方向，铺设时一般从低处向高处铺设。

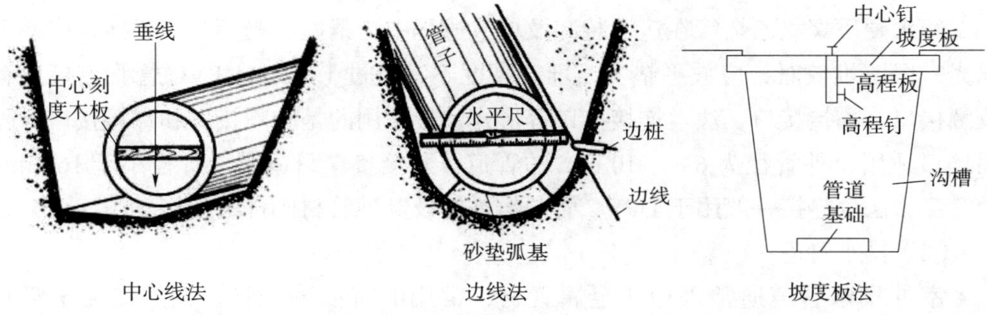

图 8-1　管道对中和对高时采用的方法

（1）给水管道

室外给水管道通常选择普通铸铁管、球墨铸铁管、钢管、预应力钢筋混凝土管、给水用硬聚乙烯（UPVC）管等管材。其接口形式及接口材料应根据管道材料、管材工作压力及经济因素选择。

球墨铸铁管有较好的抗腐蚀能力，强度高、韧性大，因此得到广泛应用。球墨铸铁管采用离心浇筑，公称直径为 80～2 600 mm，管径范围较大，长度一般为 4～6 m。其接口形式分推入式（T 形）和机械式（K 形）两大类。

推入式球墨铸铁管采用承插式柔性接口，工具配套，操作简便快速。施工过程中应注意将插口推入承口。承插口上胶圈时不得将润滑剂涂在承口内表面。橡胶圈应随用随取，暂时不用的橡胶圈用原包装封存，放在阴凉干燥处保存。

机械式球墨铸铁管也称亚兰氏球墨铸铁管，其接口属柔性接口，不需复杂的安装设备，抗震性能好，安装与拆修方便，缺点是配件多、造价高。

管子接好后不得移动，可在管底两侧回填沙土并夯实或用垫块将管子临时固定。三通、变径管和弯头等处应按设计要求设置支墩。

钢管自重轻、强度高、接口方便、耐压、水力条件好，但钢管的耐腐蚀能力差。钢管连接时以焊接或法兰连接为主。给水管道钢管多采用防腐内衬管，如内衬塑料、内衬橡胶、内衬玻璃钢和内衬玄武岩的钢管。

预应力钢筋混凝土管做压力给水管可代替钢管和铸铁管降低工程造价，是目前我国小城镇常用的给水管材。生产预应力混凝土管的内模，由于长期使用，误差增大，施工时要对承口进行详细的检查与量测，为选配胶圈提供依据。

选配胶圈时还应考虑管道安装的试验压力、管子出厂前的抗渗检验压力、管道承口与插口的实际尺寸与环向间隙、胶圈的硬度和性能及胶圈使用的条件等。

预应力钢筋混凝土管公称直径一般为 400～2 000 mm，有效长度为 5 m。预应力钢筋混凝土管施工中，在管网分支变径转向时，必须采取铸铁或钢制管件。

预应力钢筋混凝土常采用小型工具辅助安装，如千斤顶、手拉葫芦、撬杆等。

给水硬质聚氯乙烯管在运输装卸及堆放过程中严禁抛、扔等激烈碰撞，应避免阳光暴晒。堆放时，应放平垫实，堆放高度不宜超过 1.5 m。UPVC 管管道接口有胶圈接口、黏接接口、法兰连接接口等形式，最常用的是胶圈接口和黏接接口。胶圈接口适用于外管径为 63～710 mm 的管道，黏接接口只适用于管径小于 160 mm 的管道，法兰连接一般用于 UPVC 管与铸铁管及其他管材阀件的连接。

（2）排水管道

室外排水管道通常采用非金属管材，常用的有混凝土管、钢筋混凝土管及陶土管。污水管道属重力流管道，施工中应对管道的中心位置和高程进行严格控制。

排水管道安装常采用坡度板法和边线法，控制管道中心位置和高程。边线法控制管道中心与高程比坡度板法速度快，但准确度不如坡度板法高。

排水管道采用混凝土管或钢筋混凝土管等非金属管道材料时，往往需要铺设混凝土基础或采用水泥砂浆接口。

混凝土排水管道铺设基础时，通常采用平基法、垫块法或 4 合 1 施工法（图 8-2）来完成管道基础铺设及管道稳管。

平基法首先浇筑平基或者通基，待管道平基达到一定强度后再下管、稳管、浇铸管座和抹带接口；垫块法是安放预制混凝土垫块后，将管道放在垫块上稳管，然后再浇筑混凝土基础和接口的施工方法。4 合 1 施工方法在灌注平基混凝土时，平基高出设计平基面 20～40 mm。在平基未达到设计强度前，将管子从模板上滚至平基坪内，将管基揉至设计高程，同时控制中心线位置，完成稳管后立即支设管座模板，浇筑两侧管座混凝土，捣固管座两侧三角区，补填对口砂浆，抹平管座两肩。

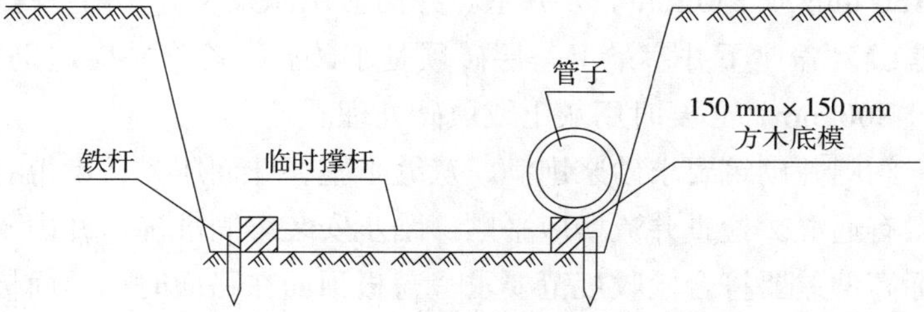

图 8-2　4 合 1 施工法安管支模排管示意图

混凝土管和钢筋混凝土管的接口形式有刚性和柔性两种。在地基较好、管径较小时，通常采用水泥砂浆抹带接口或钢丝网水泥砂浆抹带接口，两者均为刚性接口。水泥砂浆抹带接口多用于雨水管道；钢丝网水泥砂浆抹带接口的闭水性较好，常用于污水管道接口。混凝土管或钢筋混凝土管的柔性承插接口，在承口和插口间使用沥青麻布、沥青砂浆或沥青油膏来防止水的渗漏，适用于地基较差、管径较大、密封要求较高的管道系统中。

近年来，UPVC 双壁波纹管由于质地轻、强度高、韧性好、易铺设、阻力小、成本低、耐腐蚀性强等优点，被广泛应用在地下埋设的各种管道中。UPVC 双壁波纹管通常采用垫层基础，土质较好的地段槽底只需铺一层砂垫层，其厚度为 100 mm。在软土地基或槽底位于地下水位以下时，可采用 150 mm 厚、颗粒尺寸为 5～40 mm 的碎石或砾石垫底，上铺 50 mm 砂垫层整平。

8. 检查井和阀门井的砌筑

排水管道每隔一定长度和变径、变坡处需要设置检查井，以便后期运行时系统维护使用。给水管道在监测、分支、接户位置需设置阀门井（小口径管道也可设置阀门套筒），此类小型构筑物通常采用砌筑结构，埋深较大时也可采用混凝土结构，不少地区目前推广使用塑料材质的整体结构检查井、阀门井。

砌筑检查井一般由井底（包括基础）、井身、井盖（包括盖座）三部分组成，井底一般采用低标号混凝土，基础采用碎石、卵石、碎砖夯实或 C15 混凝土。井身采用 MU10 砖和 M10 水泥砂浆砌筑，无地下水时，井外壁用 1：2.5 水泥砂浆勾缝；有地下水时，用 1：2.5 水泥砂浆加 5% 防水粉抹面，抹面厚 20 mm，高出地下水位 0.5 m。

排水检查井比给水阀门井更复杂，井壁厚常为 240 mm，采用全丁式或一顺一丁式砌筑，砌筑时应注意：①井壁砌筑至管底时开始砌筑流槽，污水管井底流槽顶与上下游管道管顶相平，或与 0.85 倍大管管径相平，雨水及合流管渠流槽顶与 0.5 倍大管管径相平。②各种预留支管应随砌随安，管口深入井内 30 mm，管径、方向和标高应符合设计要求。③上端收井口时，若四面收进，则每次不超过 30 mm；若偏心收进，则每次不超过 50 mm。④接入较大圆管时，管顶应砌砖券加固，券拱高 150 mm 或 250 mm。⑤井室、井筒应用原浆勾缝，内壁抹面分层压实，外壁用砂浆搓缝。盖座下井室最上一层砖须是丁砖。⑥检查井应边砌筑、边回填，每层不宜超过 300 mm，必要时用灰土或填砂处理。

检查井、阀门井砌筑要求砂浆饱满，灰缝平整，抹面压光，不得有空鼓、裂缝等现象，不得有通缝。检查井流槽应平顺，踏步安装牢固准确，井内不得有建筑垃圾。尺寸及标高偏差要符合验收规范要求。盖板顶面在路面时，顶面标高应与路面标高一致，误差不超过 25 mm，当为非路面时，井口略高于地面，且做 0.02 比降的护坡。

9. 管道的严密性试验和压力试验

（1）压力管道试验

压力管道验收前，应对管道接口、阀门配件、伸缩器及其他附属构筑物进行外观检查，复测管道的纵断面，检查管道的放气和排水条件是否合适。管道验收时对管道的强度和严密性进行试验。试验应按下列规定进行：架空管道、明装管道及非隐蔽的管道，应在外观检查合格后进行压力试验；地下管道必须在管基检查合格，管身两侧及其上部回填不小于 0.5 m，接口部分尚敞露时，进行初次试压，全部回填、完成该管段各项工作后还需进行末次试压。铺设后必须立即全部回填土的管道，在回填前应认真对接口做外观检查，回填后进行一次压力试验，对于组装的有焊接接口的钢管，必要时可在沟边做预先试验，在下管连接后仍需进行压力试验（图 8-3）。

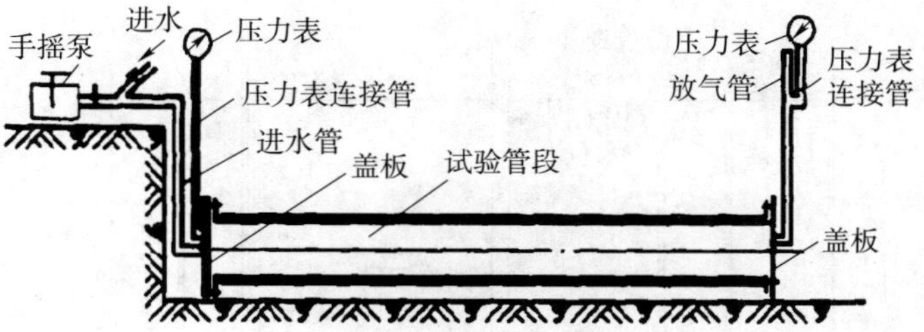

图 8-3　压力管道试验

试压管段的长度应控制在 1 km 内，非金属管段不宜超过 500 m。管道试压时，应设试压后背。试压前，应排除管内空气，灌水进行浸润。铸铁管、球墨铸铁管、钢管无水泥砂浆衬底时，试压时间不小于 24 h；有水泥砂浆衬底时，试压时间不小于 48 h。水压试验压力应按试验规范确定，不同材料、类型的管道，按工作压力大小采用不同的试验压力。水压试验可以采用落压试验法及漏水量试验法。落压试验法：先加载试验压力，加压 10 min 内压力降不大于 0.05 MPa，且管道及附件无损坏，随后从试验压力降至工作压力，恒压 2 h 无漏水现象，试验合格。漏水量试验法：将管道压力升至试验压力后，记录表压降低 0.1 MPa 所需的时间，然后在管内重新加压至试验压力，根据放水阀放水，记录表压下降 0.1 MPa 时所需的时间及此时间内放出的水量，按验收规范要求计算相应的渗水率，渗水率小于规范标准要求为合格。管径较大的管道或者输气管道，可以采用气压试验代替水压试验，相关验收标准参考《给水排水管道工程施工验收规范》（GB 50268—2008）。

（2）无压管道严密性试验

污水管道、雨污合流管道、倒虹吸管等排水管道，回填前应采用闭水法进行严密性试验。试验管按检查井分隔，长度不大于 1 km。雨水管道及与其性质相似的管道，除位于大孔性土壤及水源地区域的，可不做渗水量试验，而污水管道必须做渗水试验。

闭水试验前管道及检查井外观质量应已验收合格，管道未回填，沟槽内无积水，全部预留孔已封堵，坚固不渗水，管道两端堵板承载力经核算大于水压力的合力，试验管段灌水浸泡时间不小于 24 h。当试验水头达到规定水头时，开始计时，观测时间不少于 30 min，同时观测管道的渗水量，其间应不断向试验管道补水，保持试验水头恒定。无压管道严密性试验，当试验管段上游设计水头不超过管顶内壁时，采用的试验水头应以试验段上游管顶内壁加 2 m 计；当上游设计水头超过管顶内壁时，采用的试验水头应以试验段上游设计水头加 2 m 计；当计算出的试验水头小于 10 m，但已超过上游检查井井口时，试验水头应以上游检查井井口高度为准，如图 8-4 所示。

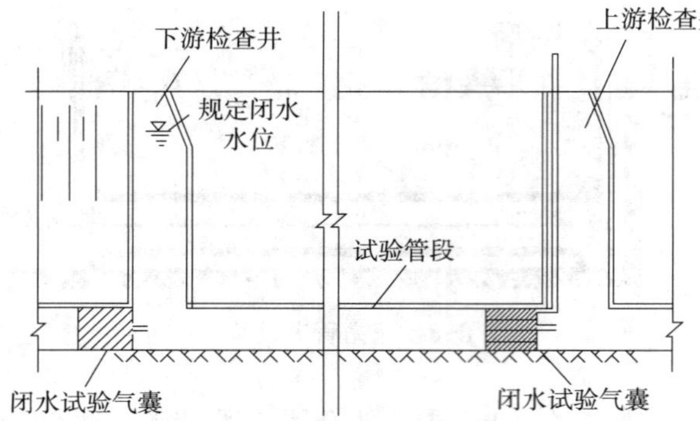

图 8-4　用闭水法进行管道严密性试验

10. 地下给水排水管道的冲洗与消毒

给水管道压力试验合格后，竣工验收前应进行冲洗消毒，使出水符合《生活饮用水卫生标准》。冲洗流量和流速不小于设计流量或流速，且流速不小于 1.5 m/s。生活饮用水水管冲洗后，用含 20～30 mg/L 游离氯的水灌洗消毒，含氯水留滞 24 h 以上，再用饮用水冲洗，直至出水水质满足要求。

11. 回填土施工

管道隐蔽工程验收合格后，应立即回填至管顶以上一倍管径高度。在沟槽回填时，从管道基础部位开始到管顶以上 700 mm 必须采用人工回填，严禁用机械推土机回填。管顶 700 mm 以上部位的回填，可用机械从管道轴线两侧同时回填夯实或碾压。回填前应排除沟槽积水，不得回填淤泥、有机质土及冻土，回填土中不应含有石块、砖、其他杂物及带有棱角的大块物体，回填时应分层对称进行，每层回填高度不大于 200 mm。管道两侧、顶部不同深度范围回填夯实的密实度应满足施工验收规范要求，过低将可能造成施工路面塌陷，过高（尤其是管道上部）可能破坏管道，如图 8-5 所示。

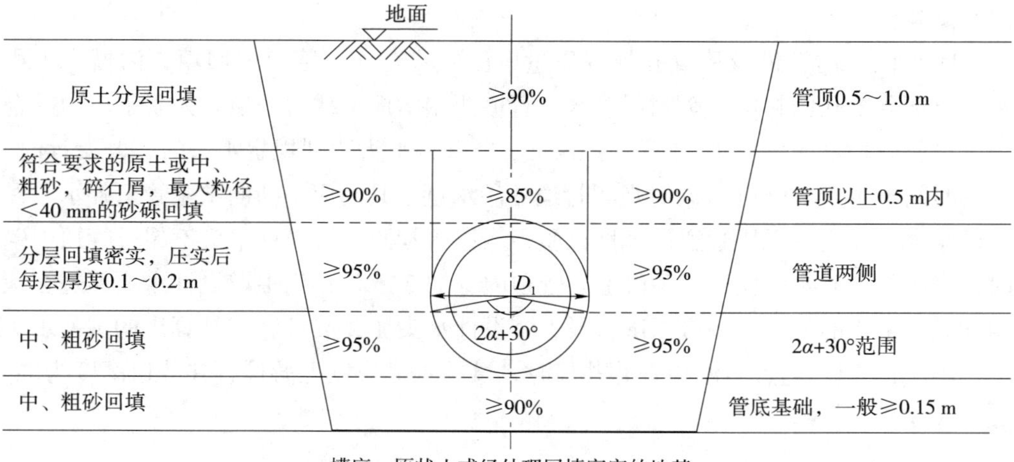

图 8-5　沟槽回填土压实度与回填材料示意

二、不开槽施工

当管道施工遇到穿越道路、公路、河流、构筑物，或施工区域处于街道狭窄、两侧建筑物多、交通量大的市区街道（现场条件复杂且与地面作业互相干扰，易发生危险），或管道覆土较深、开槽土方量大时，管道施工应考虑采用不开槽施工方法。

不开槽施工占地面积小，不影响交通，不污染环境，还可以减少沿线的拆迁，不破坏现有的管线及构筑物，减少了土方的挖填量，降低了工程造价。不开槽施工存在以下一些问题：①若土质不良或管道超挖过多，竣工后地面下沉时，地表裂缝需要采用灌浆处理；②必须有详细的工程地质和水文地质勘探资料，否则施工中可能出现不易克服的困难；③遇到复杂的地质条件时（如松散的沙砾层和地下水位以下的粉土），施工困难，工程造价将明显提高。因此，采用不开槽施工方法前应详细勘察施工地质、水文地质和地下障碍物的情况。另外，不开槽施工既不适用于岩石层、含水层施工，也不适用于穿越坚硬地下障碍物的施工，在上述情况下若必须应用不开槽施工方法，应有相应的附加措施。

不开槽施工方法包括顶管施工（包括掘进顶管和压土顶管）、盾构施工（包括掘进衬砌成型管道和管廊）、定向钻施工和气动矛施工等。

（一）顶管施工

顶管施工在管道一端挖工作坑，按照设计管线的位置和坡度，在工作坑里修筑基础，设置基座导轨，将管安放在基座导轨上，在管前进端挖土，而后在后端用千斤顶将管节逐节顶入，反复上述操作，直到顶至下一个工作坑，如图 8-6 所示。

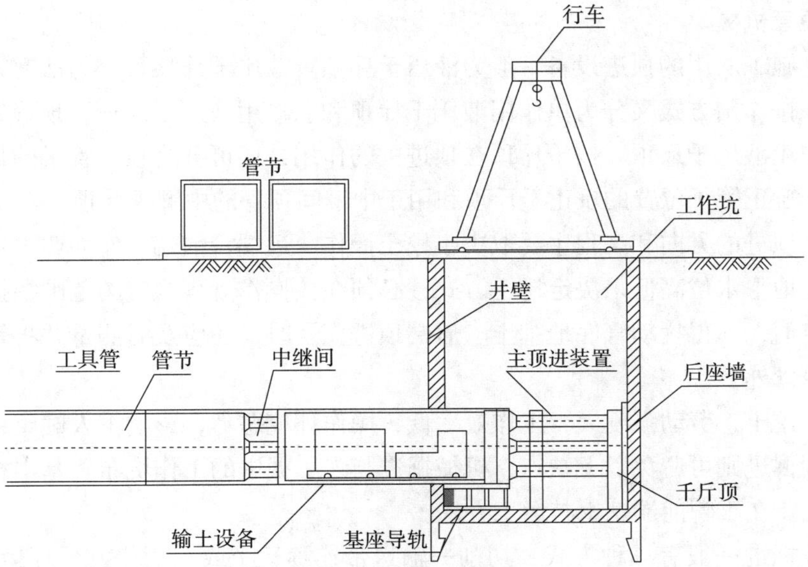

图 8-6　顶管施工

1. 顶管工作坑

顶管施工时应在现场设置临时性工作坑，工作坑内设置后座墙、基座导轨和基础。工作坑是人、机械、材料较集中的场所，位置应尽量选择在设计管线的附属构筑物位置上。单向顶进时工作坑宜设置在管线下游，工作坑尺寸与顶进管道大小、管节长度、覆土深度、顶进形式、施工方法有关，并受土的性质、地下水条件等影响，还需要考虑各种设备的布置位置、操作空间、工期长短、垂直运输条件等多种因素。

工作坑应设基础，常采用土槽木枕基础、软石木枕基础或混凝土木枕基础，基础的选择取决于地基土的种类、单节管道的重量及地下水位的高低。

基座导轨的作用是引导管子按设计的要求顶入土中，保证管子在将要顶入土中时位置正确，基座导轨有钢导轨和木导轨两种，基座导轨的安装应依据管道设计的高程、方向和坡度要求进行。两轨道平行各点的轨距应相等，导轨装好后，按设计检查轨面高程坡度及方向，检查高程时在每条轨道的前后各选 6～8 个点，测其高程，允许误差不高于 3 mm、不低于 0 mm。

后座墙和后备式千斤顶的支撑结构造价低廉。原土后座墙，修建简便，是常用的一种后座墙，当无法利用原土做后座墙时可修建人工后座墙。

后座墙的功能主要是在顶管过程中承担千斤顶顶管前进的反作用力——后坐力，后座墙的构造应有利于减少对后座墙单位面积的压力。

工作坑应附设工作台、工作棚、顶进口装置。工作台位于工作坑顶部地面上，由型钢支架而成，铺设有方木和木板，中部设有下管孔道，是堆放管节、起吊管节的出入口，工作坑布置时还要设计坑内排水、照明、工作坑上下扶梯等设施。

2. 顶管机械

顶管施工所用的顶进设备一般为液压千斤顶。液压千斤顶可分为活塞式和柱塞式两种，按作用方式又分为单作用液压千斤顶和双作用液压千斤顶，顶管施工常用的是双作用液压千斤顶。按千斤顶在顶进中的作用，还可分为顶进管子的顶进千斤顶、用于矫正管子位置的矫正千斤顶和用于中继间顶管的中继千斤顶。

管节顶进的方向和高程主要取决于挖土操作，远端管前端工作面要求根据工作面土质及地下水位高低来决定挖土方式，必须在按操作规程规定的范围挖掘，不得超出规定值，不得扰动管底地基土，后端顶进应及时，还应及时测量并将管前挖出的土运出管外。

人工挖土，劳动强度大，工作效率低，操作环境恶劣，影响工人健康，而采用机械管端掘进则可避免以上缺点，机械掘进与人工掘进的工作坑布置基本相同，不同之处主要在于管前端挖土与运土方式。

机械掘进一般有三种方式：切削—输送带连续运土或车辆往复循环运输方式、切削掘进—螺旋输送机运土方式、水力掘进—泥浆输送方式。

伞式挖掘机用于 800 mm 以上大管，是顶进机械中最常见的形式。螺旋掘进机主要用于管径小于 800 mm 的小口径顶管，适用于短距离顶进，最大顶进长度 80 m。机械手挖掘机采用弧形刀臂，机械构造简单，安装维修方便，便于转向，挖掘效率高，适用于黏性土。

水力掘进是利用高压水枪射流，将切入工作管管口的土冲碎，水和土混合成泥浆状态输送出工作坑，机械化水平较高，施工速度快，工程造价低，适用于高地下水位的弱土层、流沙层和穿越水下的饱和土层。

3. 管段的连接

顶进用的钢管通常采用永久性焊接，整体顶进长度越长，管道位置偏移越小，但一旦产生顶进位置误差积累，矫正也较困难，所以采用整体焊接钢管顶进时，应随时进行测量，避免积累误差。

钢筋混凝土管通常采用钢板焊制的整体式内套环临时连接，在水平直径以上的套环与管壁间楔入木楔，两管连接处设置柔性材料，以防管端顶裂。顶进完成后及时按设计连接方式固定，固定通常采用内套环形式。

4. 延长顶进技术

普通顶管法的一次顶进长度为 100 m 左右，在铺设长距离管线时为减少工作坑数量，加快施工进度，可采取延长顶进技术。

延长顶进技术，可分为中继间顶进、泥浆套顶进及蜡覆顶进。中继间顶进是在顶进管段中设置接力顶进工作间，工作间内安装中继千斤顶，担负中继间之前的管段顶进；泥浆套顶进则在管壁和坑壁间注入触变泥浆形成泥浆套，以减少管壁与土壤之间的摩擦阻力；蜡覆顶进在管道外表面涂覆蜡质，既减少管子顶进的摩擦力（一般可减少 20% 的摩擦阻力），又提高管表面平整度，且设备简单、操作方便。

顶管施工适用土层很广，特别适用于黏性土、粉性土和沙土，也适用于软石、碎石、风化残积土等非黏性土，但对于淤泥沼泽地及岩石来说，若想采用顶管施工，则要详细分析，根据实际条件决定是否采用。

5. 顶管测量与矫正

在顶管施工时，为了使管节按规定的方向前进，在顶进前要求按设计的高程和方向精确地安装基座导轨、修筑后座墙及布置顶铁，在顶进过程中必须不断观测管节前进的轨迹，当发现前端管节前进的方向或高程偏离原设计位置后，要及时采取措施，迫使管节恢复原位再继续顶进，该操作过程称为管道矫正。

顶管测量分为中心水平测量和高程测量，传统的中心水平测量是用经纬仪测量或垂线检查，高程测量是用水准仪在工作坑内检查，但采用上述测量的方法易造成误差累积。激光测量是当前顶管施工中广泛应用的测量方法，采用激光定位仪和激光水准仪进行顶管中心水平测量和高程测量，没有测量时间间隔，因此精度被大大提高。

对于顶管铺设的重力流管道，中心水平允许误差为 ±30 mm，高程允许误差为 ±20 mm。

（二）盾构施工

盾构施工广泛应用于水下隧道、水工隧洞、城市地下综合管廊、地下给水排水管沟，以及铁路隧道、地下隧道和地下铁道的修建工程。

盾构机是用于地下掘进和衬砌的大型施工专用设备，壳体为钢质，由三部分组成，前部为切削环，中部为支撑环，尾部为衬砌环。切削环作为保护罩，其作用类似于普通顶管法中的工具管，挖土机械设备安装于其中。支撑环内安装液压千斤顶等顶进设施，衬砌环内设有衬砌机构衬砌砌块，当砌筑完一循环的砌块后，以砌筑好的砌块做后座墙，由支撑环内的千斤顶顶进切削环开始下一循环的挖土和砌筑。

盾构机适用于任何土层施工，只要安装不同的掘进机械，就可以在岩层、砂卵石层、密实砂层、黏土层、流沙层和淤泥层中掘进。盾构的断面可以根据需要做成任何形状，包括圆形、矩形、马蹄形、椭圆形。高级盾构机还具有良好的机动性，可开挖曲线走向的隧道。

（三）定向钻施工

用于铺设水平管道的定向钻机被称为水平定向钻机。水平定向钻机的关键技术是钻头的定向钻进，钻头在钻进时受到来自钻机的推力和切削力。定向钻的钻头前端有一个斜面，随着钻头改变倾斜方向，连续回钻时，在推力和切削力的联合作用下转出一个直孔；钻头不回钻时，斜面的倾斜方向不变，钻头在钻机的推力作用下向前移动，牵引钻机朝斜面指着的方向前进，从而使钻进方向发生改变。

定向钻施工一般按以下步骤进行：首先钻导向孔，水平定向钻在管轴线的一侧下钻，钻头在受控的情况下穿过河床、公路或铁路，绕过地下障碍物，在管轴线的另一侧钻出地面，完成倒向孔的设置。其次扩孔和铺管，导向孔完成后将钻杆回拖，回拖前，钻杆末端装上扩孔器，在回拖的同时扩孔，经过来回数次扩孔，在最后一次扩孔时将需要铺设的管道通过回转接头与扩孔器连接，拉入扩大的钻孔之内，直至脱出地面。

水平钻进的施工难易程度与地层类型有关，均质黏土地层最容易钻进，沙土层要难一些，尤其是处于地下水位以下的不稳定土层，不宜用此法施工。

（四）气动矛施工

气动矛类似于一只卧放的风镐，在压缩空气的驱动下推动活塞不断打击气动矛的头部将土排向周边，并将土体压密，同时气动矛不断向前行进，形成先导孔，先导孔完成后，管道便可直接脱落或随后拉入，也可以通过拉扩法将钻扩大，以便铺设更大直径的管道。

气动矛可用于铺设距离较短的通信电缆、动力电缆、煤气管及上下水管，具有施工速度快、经济性好的优点，如干道上进入建筑物的管线，连接街道和铁路路梯的横向穿越煤气管网的入户管。气动矛的成孔速度很快，平均速度可以达到 12 m/h。

第二节 室内给水排水管道工程施工

一、室内给水排水管道工程施工的内容和要求

室内给水排水管道工程施工包括给水管道工程施工、排水管道工程施工、消防管道工程施工和卫生器具及设备安装施工。室内给水排水管道及卫生器具施工，通常在土建主体工程完成后、内外装饰工程施工前开展，建筑施工项目实施过程前期，给排水施工的主要工作是配合土建工程进行各种孔洞、金属结构的预留、预埋施工。卫生器具排水管安装完成后，按以下顺序安装：卫生器具落位安装、进水管与卫生器具连接。

二、室内给水排水管道工程施工的基本步骤

室内给水排水管道工程施工配合土建工程施工开展，内容包括前期现场预留孔洞、现场预埋管件，以及建筑主体工程完成后开始的室内管道施工。室内管道工程给水排水管道的安装顺序为：引入管—干管—立管—支管，管道安装后进行水压试验及卫生器具、用水设备、配水器具安装。

1. 施工前的准备

施工前施工人员、施工技术员应熟悉施工图纸。建设单位组织施工图纸会审，由设计人员说明设计意图、设计思想及对施工质量的要求，明确建筑结构及特点，明确生产工艺流程、生产工艺对给水排水工程的要求，明确对管道及设备布置的要求，明确对相关加工件及特殊材料的要求等，针对施工图纸可能出现的施工问题提出解决方案。

施工前施工人员还应进行调查研究，充分掌握以下情况和资料：①现场地形及现有建筑物和构筑物的情况；②工程地址与水文地质资料；③气象资料；④工程用地、交通运输及排水条件；⑤施工供水供电条件；⑥工程材料和工施工机械供应条件；⑦有关工程特点和现场条件的其他情况与资料。

2. 孔洞及预埋件等的施工

室内给水排水管道施工与土建施工关系密切，对于一般的多层建筑的砖墙，可以用冲击电钻、开孔器等机具进行现场打孔、钻墙，但钢筋混凝土结构的墙、梁、

楼板不允许手工开凿、穿墙、打洞。因此，必须在土建钢筋混凝土施工阶段进行孔洞的预留或预埋件的预埋等配合性施工工作。

现场预留孔洞法，可避免土建施工与安装施工的交叉作业，也可避免由于安装工程面窄等造成的窝工现象，是建筑给水排水管道施工中常用的方法。预留孔洞大小应根据管道规格、铺设方式确定，其平面位置、高程应满足施工验收规范的误差要求，给水排水引入管或排出管穿越基础或外墙时，其管顶上部净空一般不小于100 mm。

预埋管件法。管道在穿越外墙或剪力墙时，为保证墙面不漏水，应预埋防水套管，套管应比穿越的管道大1～2号，刚性防水套管应在浇筑混凝土之前，点焊在钢筋网上，两端与墙面平齐，浇筑时应有专人配合监督，防止套管移位，当防水套管预埋在非混凝土墙壁中时，应将非混凝土改成混凝土材料，浇筑范围应该比铸铁套管外径或套管翼环直径大200～300 mm，且必须将套管一次性浇筑于墙内。

管道穿越普通砖墙及无防水要求的楼板时，可采用普通钢制或塑料套管，套管的管径较穿越的管道大1～2号，穿墙套管应与墙面平齐，穿楼板套管上端应高出地面20 mm，下端与顶棚平齐，卫生间内，穿楼板套管上端应高出地面50 mm。

在浇筑时，应将用于固定管道或设备的预埋铁件焊接在钢筋网上，一次性浇筑于混凝土结构内。

3. 室内给水管道安装

（1）引入管的安装

引入管的安装在室内地坪及室外地坪尚未完工前完成，一般为埋地铺设，其埋设深度应满足设计要求，穿越管道外墙时，应尽量与外墙轴线垂直，若管穿过承重墙或基础，则必须注意对管道的保护，防止基础下沉破坏管子。

引入管敷设时应设置不小于0.003的坡度，坡向室外泄水装置，引入管和排水管平行铺设时，水平净距不小于1.0 m，垂直净距离不小于0.15 m，且引入管应位于排水管上方。

（2）建筑内部给水管道安装

建筑内部给水管道安装的方法有直接施工和预制化施工两种，直接施工是在现场根据不同部位实际尺寸测量下料，适用于土建结构尺寸要求不太严格，主体工程采用砌筑法施工的建筑内部管道。预制化施工是按建筑内部排水系统的施工图，考虑管道尺寸，预先在场外完成下料切割和部件组装，随后开展现场安装的施工方法。该方法要求土建结构的施工尺寸准确，预留孔洞及预埋套管铁件尺寸、位置无误。

随着建筑物主体工程采用预制化、装配化施工，以及装配式卫生间等的推广，给排水系统预制化施工是未来的重要发展方向。非装配式室内给水管道的安装可分为明装和暗装两种形式。明装管道的给水干管安装位置一般在建筑物的地下室顶板下或建筑物的顶层顶棚下。架空铺设的给水钢管，应尽量沿墙、柱子铺设，大管径管装在里面，小管径管装在外面，同时管道应避开门窗的开闭空间。干管与墙、柱、梁、设备及其他钢管之间应留有一定的间距，通常管外壁距墙不小于 100 mm，管道与梁、柱、设备之间的距离可减少到 50 mm。敷设在顶棚里的暗装管道，应考虑采取冬季防冻措施或保温措施，铺设在地沟内时，不允许直接铺设在沟底，应架设在支架上，管道表面到沟壁与沟底的距离，应按管径进行调整，公称直径小于等于 32 mm 时，间距一般不小于 100 mm；公称直径大于 32 mm 时，间距不小于 150 mm。直接埋地的金属管道应进行防腐处理。

①给水立管安装

给水立管安装前，应弄清各分支管之间的距离以及支管标高、管径和安装方向，尤其应注意安装支管的预留口——甩口的位置，确保支管的方向、坡度的准确性。立管外壁与墙面的间距，当管径小于等于 32 mm 时，应为 25～35 mm；当管径大于 32 mm 时，应为 30～50 mm。明装立管应垂直，其偏差应满足每米不超过 ± 2 mm 的要求；高度超过 5 m 的楼层，总偏差不得超过 ± 8 mm。层高小于或等于 5 m 时，每层需安装一个给水立管管卡，层高大于 5 m 时，每层不得少于两个给水立管管卡，管卡安装高度应距地面 1.5～1.8 m，两个以上管卡可匀称安装。

立管穿楼板，应加套管，套管可采取预留或现场打洞的方式安装，立管的接口不允许设在套管内。暗装管道的立管一般设在管道井内或管槽内，采用型钢支架或管卡固定，设在管槽内的立管的安装工作一定要在墙壁抹灰前完成，并做水压试验，暗装管道的各种阀门的管道活接不得埋入墙内，设在管槽内的阀门需设置检查门。

②横支管的安装

横支管管径较小，一般可集中预制，现场安装，明装横支管应设有 0.002～0.005 的坡度，坡向泄水装置，绕梁柱时，各平行管上的弧形弯曲部分也应保持平行。安装好的横支管应根据卫生器具接口的位置预留好管口，加临时管堵。

③热水管道安装

冷热水管上下平行安装时，热水管应在冷水管上方，垂直并行安装时，热水管应安装在冷水管左侧，管中心距为 80 mm。

热水管依选定的方式铺设在室内管沟、管井、地下室顶部、建筑物天棚（闷顶）内或设备层内，当沿水平方向铺设时，热水管的横支管应保持与水流相反的坡向，以便泄水和排气，其坡度一般为 0.003，但不得小于 0.002。

热水横干管直线段应安装足够的伸缩器，上行下给式配水横干管的最高点，应设置排气装置，管网最低点设置泄水阀门或丝堵。对下行上给全循环管网，应将每根立管的循环管始端都接到相应配水立管的最高点以下 0.5 m 处，干管与立管连接时，其连接点不采用直接连接，而采用两个 90° 弯头过渡连接。

为减少散热，热水系统的配水干管、水加热器、贮水罐等，一般要进行保温。

4. 室内排水管道安装

排水管道包括卫生器具排水管、排水支管、排水立管、排出管、通气管、通气设备及清通设备等。

污废水管道安装顺序为排出管—排水立管、通气立管—排水支管、环形通气管—支管器具排水管。

（1）排出管安装

排出管的安装，应采取排出管预埋或预留孔洞的方式。当土建砌筑基础时，排出管按设计坡度，承口朝向来水方向铺设，安装坡度一般为标准坡度且不小于最小坡度，坡向室外检查井，排出管与排水立管应采用 45° 弯头连接，其他排水管道的横管与横管，立管与横管之间应采用 45° 三通、45° 四通、90° 斜三通或 90° 斜四通连接。预埋好的管道应及时在接口处进行临时封堵，穿越外墙或基础时，应预留孔洞；穿过地下室外墙或地下构筑物外墙时，应采用刚性或柔性防水套管。

（2）排水立管安装

排出管及排水干管安装完成之后进行排水立管和通气立管安装，立管在施工前应检查楼板预留孔洞的位置和大小是否准确，预留的尺寸或大小不对时，应重新打孔。立管沿墙角安装时，立管中心距墙面的距离应便于接口操作，立管管径在 50～75 mm 时，距墙 110 mm 左右；管径在 100 mm 时，距墙 140 mm；管径在 150 mm 时，距墙 180 mm 左右。

立管安装，宜采取预制组装法，即先测量建筑物层高以确定立管加工长度，然后进行立管上管件预制，再分楼层由下而上安装。排水立管预制时，应注意管件接口的位置、检查口位置及标高、三通及四通设置位置及标高。当支管沿楼层地面安装时，其三通或四通中心至地面距离一般为 100 mm 左右；当支管悬吊在楼板下，其三通或四通中心至上层楼板底面距离为 350～400 mm。

立管分层组装时，必须注意立管上检查口盖板开口向外，方向与墙面成 45°，设在管槽内的立管检查口，应设检修门。

立管安装应保证垂直度，安装时可用线垂校验检查，当达到垂直度要求时，再进行支架固定，立管的底部弯管处应设装置支架或混凝土支墩。

伸顶通气管应高出屋面 0.3 m 以上，且应大于最大积雪厚度；有人活动的屋面伸顶通气管应高出屋面 2 m。通气口上应做网罩，通气管伸出屋面处应做防水处理。

（3）排水支管或横管预装

排水支管的安装通常采用工厂预制或现场地面预制组装，然后现场吊装连接的方法。支管预装过程，必须准确地掌握土建实际施工的各楼层地平线和楼板的实际厚度，依据卫生器具的实际构造尺寸和国标大样图，精准确定建筑尺寸。排水支管连接时要算好坡度，接口要直。排水支管组装完毕后，应小心靠墙或贴地坪放置，不得绊动，接口湿养时间不少于48 h。

（4）支吊架安装

立管支管安装之前应将管道支吊架安装好，管道支吊架必须装设在规定的标高上，一排支吊架的高度、形式、离墙距离应保持一致。

（5）支管器具排水管的安装

支管支吊架安装好后可进行支管吊装，管径较大的架空铺设管道应在地面上进行组装，将支管上的三通、四通、弯头、阀门等装备好，经检查尺寸无误后进行吊装，吊装时注意操作安全，吊装时应不少于两个吊点，将卫生器具排水管穿过楼板，调整好，在整体到位后，将支管末端插入立管三通或四通内，初步固定后，采用水平尺测量，并调整吊杆顶端螺母，以满足支管所需坡度。最后进行立管与支管接口，并进行养护，伸出楼板的卫生器具的排水管应进行有效的临时封堵。

5. 卫生器具的安装

卫生器具的安装一般在建筑内装饰工作基本完成、内部给排水管道铺设完毕后进行。卫生器具排水管安装完成后，按以下顺序安装：卫生器具的落位安装、进水管和卫生器具连接。

安装前应对卫生器具及其附件进行质量检查。

卫生器具未安装前，应根据卫生器具的位置进行支托架的安装。支托架的安装应采用膨胀螺栓或预埋螺栓固定，支托架安装要求平整、牢固且与卫生器具接触紧密。卫生器具的安装高度如无设计要求，应遵循卫生器具安装标准图集要求，成组器具应保证高度、间距一致。

6. 室内消防管道系统安装

建筑消防给水系统多采用无缝钢管和焊接钢管，当管径小于等于100 mm时，采用螺纹连接；当管径大于100 mm时，采用镀锌处理的无缝钢管和焊接钢管焊接、法兰连接或卡箍连接，焊接部分应做防腐处理。消防和生活共用的消防管道系统，采用HDPE管或PPR管，采取热熔或电熔方式连接。

（1）消火栓给水系统管道安装

消火栓给水系统由水枪、水带、消火栓、消防管道等组成。消防立管的安装应注意短支管的预留口位置，保证短支管的方向准确。安装室内消火栓，栓口应正面朝外，轴线与墙面成90°，栓口中心距地面1.1 m，允许偏差 ±20 mm；安装应牢固平整，箱体安装的垂直度允许偏差为 ±3 mm。

（2）自动喷水设施和水幕消防管道的安装

自动喷水灭火设施配水管道应采用内外壁热镀锌钢管，其连接应符合设计要求，若设计无要求，可采用螺纹连接、沟槽式卡箍连接或法兰连接。自动喷水灭火设施管道的安装应有一定的坡度，坡向立管或泄水装置，充水系统坡度应不小于0.002，充气系统和分支管的坡度应不小于0.004。

自动喷水设施和水幕的消防管网所用管材可选择镀锌焊接钢管、镀锌无缝钢管，如设计无要求，充水系统可采取螺纹连接或焊接，充气或气水交替系统则应采取焊接。横支管应有坡度，充水系统坡度不小于0.002，充气系统和分支管的坡度应不小于0.004，坡向配水立管。不同管径管道的连接，应避免采用补芯，应采用异径管。

7. 建筑给水排水系统试压与验收

给水排水管道工程完成后，应根据设计要求和施工验收规范进行质量检查，给水管道一般进行水压试验，排水管道应做闭水或灌水试验。

（1）给水系统试压

建筑内部给水系统需通过水压试验，对管道及其接口的强度和严密性进行检验，建筑内部暗装和埋地给水管道，必须在工程隐蔽前做水压试验。试压时应将给水系统各放水处临时封堵，系统进户管上的阀门应关闭，各立管、支管上阀门打开，在系统的最高点装设排气阀，在系统的最低点设泄水阀，给水管道试压前管道接口不得涂油漆和设置保温层。给水管道系统试验压力如无设计规定不应小于0.6 MPa，生活饮用水与生产消防合用的管道，试验压力为工作压力的1.5倍，但不得小于0.6 MPa。金属管道系统将压力升至试验压力后在试验压力下观测10 min，压力降不得大于0.02 MPa，然后降至工作压力进行检查，保持不渗不漏；塑料管道系统应在试验压力下稳压1 h，压力降不得超过0.05 MPa，然后在工作压力的1.15倍状态下稳压2 h，压力降不得超过0.03 MPa，同时各连接处不得渗漏象。

（2）排水系统闭水试验

排水管道一般通过闭水或灌水试验检查其严密性，建筑内部暗装或埋地排水管应在隐蔽或覆土之前做闭水试验。其灌水高度应不低于底层地面高度，对生活和生产排水管道系统，管内灌水高度一般可设为楼层的高度；雨水管的灌水高度必须到每根立管最上部的雨水斗。灌水试验时，先将封闭管段灌满水15 min，液面有所下降，再灌满，连续观察管道各接口5 min，不得有渗漏现象，液面不下降。排水管道还应检查是否有堵塞现象。检查堵塞采用通水试验，通水试验又称通球试验，试验时用与管道直径接近的木球或橡胶球由上而下，从排水立管顶端投入并注入一定量的水，以管内试验球能顺利流出为合格。

第三节　给排水构筑物施工概述

给排水工程中常用的构筑物有水池、水塔、取水井、沟渠和检查井等。由于构筑功能和工艺要求不同，不同的构筑物具有不同的平面布置和构造特点。大多数取水泵房、水处理构筑物均采用圆形筒体钢筋混凝土结构，而沟渠、检查井等，为减少造价，多采用砌体结构，部分体积较小、防水要求不高的水池，也可采用砌体结构。

给排水工程中的构筑物通常有以下特点：主体通常为单层结构，如单层敞口池体或箱体；给排水构筑物管道布置复杂，主体上预埋件及孔洞位置多且复杂，位置高程精度要求高，同时还应准确控制构筑物尺寸和标高，确保工艺运行参数达到设计要求；构筑物防水要求高，防水施工严格。

一、钢筋混凝土构筑物

钢筋混凝土构筑物包括现浇钢筋混凝土构筑物和装配式预应力钢筋混凝土构筑物。其中现浇钢筋混凝土构筑物主要用作大中型给排水工程中的永久性水池。

1. 现浇钢筋混凝土构筑物的施工

构筑物施工一般遵循以下步骤：①场地平整；②基础建造，包括土方开挖、施工降水、土方回填等；③主体建造；④设备安装；⑤管道及其他机电设备安装；⑥试运行及验收。

现浇钢筋混凝土工程包括模板工程、钢筋工程和混凝土工程，又可细分为：①施工准备；②材料采运；③模板或钢筋加工；④钢筋制作与安装、模板制作与安装；⑤混凝土拌和及运输；⑥混凝土浇筑与振实；⑦混凝土养护；⑧检查验收。

施工准备包括技术准备、机械工具准备和材料准备。技术准备包括图纸会审、确定施工方案等，是开展施工的基础。

钢筋混凝土构筑物具有施工强度大、施工周期长、施工工序相对复杂的特点，对施工质量要求较高。施工应保证各部位尺寸正确、各处结构力学性能达到设计要求，池体不漏水、表观平整。为确保实体各部位尺寸正确，要注意模板安装的准确性。施工过程中，应对影响结构性能的材料重点检查，同时不应忽视影响结构性能的环境因素、人工因素及机械因素。

2. 钢筋混凝土施工的基本内容和要求

（1）模板工程

大中型给排水工程中的构筑物在现场安装木质或钢制模板时，要确保工程结构和构件各部分尺寸、形状及位置正确无误，同时模板的支设还应便于钢筋的绑扎、混凝土的浇筑和养护，确保建筑实体达到设计要求的强度、刚度和稳定性。

①模板工程的基本要求

模板应有足够的强度、刚度和稳定性，能可靠地承受混凝土及模板自重及施工过程的荷载；模板加工及安装应保证工程结构和构件各部位的形状尺寸和相对位置正确；模板选择应遵循经济合理、构造简单、装拆方便的原则，同时应便于模板内钢筋的绑扎安装、混凝土的浇筑与养护；模板应接缝严密，混凝土浇筑过程中，不得漏浆；为保证构筑物尺寸正确，模板安装后应对相应的轴线位置、底模的表面标高、截面的内部尺寸及表面平整度进行检查，其误差应达到施工验收规范的要求。

②模板的拆除

模板的拆除时间应根据构件混凝土强度及模板所处的位置确定，及时拆模可提高模板的周转率；过早拆模混凝土会因强度不足，或受到外力作用而变形，甚至断裂。拆模顺序一般遵循先支后拆、后支先拆，先拆侧模、后拆底模的顺序，跨度在 4 m 及 4 m 以上的梁，应保持支撑直至强度达到设计强度才可拆除。

（2）钢筋工程

钢筋工程质量关系到构件的抗拉强度，对构筑物质量起决定性作用，保证钢筋工程质量应关注如下问题：①进场的钢筋是否复试合格；②使用的钢筋的规格、种类、数量、保护层厚度是否符合设计要求；③钢筋的锚固长度、接头位置是否符合规范要求；④钢筋的绑扎是否到位；⑤预埋件的规格、数量和位置是否准确。

钢筋绑扎过程中为保证混凝土保护层对钢筋的保护厚度，可将 20～25 mm 厚的混凝土垫块置于最外层钢筋与模板之间。

钢筋工程中钢筋的安装应保证后续施工不对已完成安装的钢筋造成影响，应保证钢筋不挪位，混凝土保护层厚度足，预埋件到位、准确。为此，必须对钢筋进行必要的绑扎和连接。

钢筋绑扎常用 20～22 号的铁丝或镀锌铁丝，其中 22 号的铁丝只用于绑扎直径 12 mm 以下的钢筋，12 mm 以上的钢筋通常采用焊接或其他机械方法进行连接。钢筋绑扎要注意对搭接长度的要求，同一构件中，相邻纵向受力钢筋的绑扎搭接接头宜相互错开，绑扎搭接接头处钢筋混凝土横向净距不应小于钢筋直径，且不小于 25 mm。

钢筋还可采用焊接与机械连接，这样可以节省绑扎钢筋时为保证搭接长度造成的浪费。

钢筋工程属于隐蔽工程，验收检查时应检查钢筋绑扎构件的数量、规格、间距等是否达到技术要求。在混凝土浇筑之前，应再次对钢筋及预埋件进行检查，并做好隐蔽工程记录；在浇筑过程中，钢筋工要到浇筑现场，以便及时进行修整，确保钢筋工程的质量。

（3）混凝土工程

普通混凝土由水泥、沙石和水组成，是一种强度较大的凝胶混合物，有时还会在混凝土中加入适量的外加剂和掺合剂以调整混凝土特性。影响混凝土强度的主要因素，包括使用的水泥强度，水泥浆用量，混凝土的水灰比或水胶比，粗骨料、细骨料的比例及各自的级配。

混凝土最终施工强度受施工条件影响呈正态分布，不是一个固定不变的常值，使用时应按构件设计强度要求进行配置强度计算，并按照 95% 以上的保证率进行计算试配及验证。为保证制作的混凝土应匀质密实，应加强混凝土振捣、养护，保证混凝土施工质量。

①混凝土运输

混凝土运输过程中应保证混凝土匀质，不产生分层离析，运至浇筑地点的混凝土应有规定的坍落度，并保证在初凝前有充分的时间进行浇筑。

大型构筑施工通常采用商品混凝土。从搅拌机卸出到浇筑进模的时间间隔应根据室外环境温度及混凝土强度等级确定，一般应大于 60 min。

构筑物混凝土施工通常采用井架加双人手推车的方式或泵送混凝土的方式。泵送混凝土，具有输送能力强、速度快、效率高、节省人力、连续输送等特点，适用于大型基础、大型体现浇高层建筑、水下工程和隧道工程等。

②混凝土浇筑

混凝土浇筑前不应发生离析或初凝现象，如已发生需重新搅拌，运至现场的混凝土，其坍落度，应满足浇筑部位钢筋的密度的要求。

混凝土浇筑是将混凝土料放入已安装好的模板内，振捣密实，形成符合要求的结构或构件的施工过程，包括布料、振捣、抹平等工序。

混凝土浇筑应做到分层浇筑、分层捣实。不同层混凝土浇筑时间间隔不得超过规范规定，浇筑应尽可能连续作业。在竖向结构中，如浇灌高度超过 3 m 应采用溜槽或串筒下料，在浇筑竖向结构混凝土前，还应先在浇筑处的底部填入 50～100 mm 厚的水泥砂浆，其成分与底部的混凝土的砂浆成分相同。浇筑过程中应观察模板及其支架、钢筋、埋设件和预留孔洞的情况，当发现有变形或位移时，应立即快速处理。

混凝土的振捣方式分为人工振捣和机械振捣，当被振捣的混凝土表面无气泡排出，拌和物不再下沉，且表面冒浆时即可停止对该点的振捣。

浇筑时应注意要将混凝土拌合料倒在适当的位置，浇灌的速度应均匀，并且要配合混凝土振捣。严禁用振捣棒接触钢筋，或带动拌合料。

③混凝土的养护

为保证水泥水化过程顺利，必须为混凝土提供适当的湿度和温度进行养护。气候炎热、空气干燥时，若不及时进行养护，混凝土中水分蒸发过快会出现脱水现象时，混凝土表面易出现片状或粉状剥落，影响混凝土的强度；混凝土未具备足够的强度时水分过早蒸发，会产生较大的收缩变形，出现干缩裂缝。

普通混凝土浇筑完毕后，应在 12 h 内开始养护；干硬性混凝土和真空脱水混凝土，应在浇筑完毕后立即进行养护。普通硅酸盐水泥或矿渣硅酸盐水泥配置的混凝土，浇水养护时间不得少于 7 d；对掺用混凝型外加剂、矿物混掺和料或有抗渗性要求的混凝土，浇水养护时间不得少于 14 d。平均气温低于 5℃时，不得浇水；在平均气温高于 5℃的自然条件下，应用适当的材料对混凝土表面加以覆盖，并经常洒水保持混凝土处于湿润状态。混凝土强度达到 1.2 N/m^2 以上，才允许在其上行人、架设支架和安装模板。对于表面积大的构件，也可在构件中蓄水养护。现浇混凝土水池浇筑完成后也需采用蓄水养护法。

二、砌体构筑物

给排水工程中检查井、阀门井及某些小型构筑物，通常使用砌体材料建造，当砌筑高度高于 1.2 m 时，应搭设脚手架，每次搭设高度 1.2 m 左右。

砌筑用脚手架按其搭设位置分为外脚手架和里脚手架两大类，按其所用材料分为木脚手架、竹脚手架和金属脚手架。脚手架在使用时应有可靠的安全防护措施，使用中应经常检查。

砌体工程所用砌体材料主要是砖石及各种砌块。

砌体的连接材料主要为砂浆，砂浆通常是由无机胶凝材料、细骨料及水拌制成的。常用的无机胶凝材料包括石灰、石膏和水泥。建筑砂浆按用途不同可分为砌筑砂浆、抹面砂浆、防水砂浆和装饰砂浆。拌制好的砂浆除了应有一定的强度，还应保证有良好的和易性，砂浆的和易性包括流动性和保水性两个方面。

砌体结构有承重要求时，其所用砂浆强度等级应大于等于 M5；无承重要求时，砂浆强度等级应不小于 M2.5。市政工程中检查井、阀门井、跌水井、雨水口和化粪池等所用砂浆的强度等级一般应不小于 M5，隔油池、挡墙等所用砂浆等级应不小于 M10，砖砌筒拱砂浆的强度等级应不小于 M5，石砌平拱砂浆的强度等级应不小于 M10。

水池表面采用抹面砂浆进行平整。抹面砂浆一般分两层到三层完成，第一层称为底层，最后一层称为面层，中间层为结构层。

制作防水层时应采用砂浆叫作防水砂浆，防水水泥砂浆可在水泥砂浆中加入质量分数为 3%～5% 的防水剂。配制防水水泥砂浆时，还应采用以下材料：强度等级不低于 32.5 MPa 的硅酸盐水泥、碳酸盐水泥或特种水泥，严禁使用受潮结块的水泥；泥含量不大于 1% 的中砂；技术性能达到国家相关产品质量标准中一等品要求的外加剂、防水剂。

砂浆应采用机械拌和，砂浆的配料应准确，水泥微沫剂的配料准确度应控制在 2% 以内，其他材料配料的准确度应控制在 ±5% 以内，砂浆拌成后和使用时，如出现泌水现象，应在砌筑前再次拌和，砂浆应随拌随用，常温下水泥砂浆和水泥混合砂浆，必须在拌和后 3～4 h 内使用完毕，如施工期间最高气温超过 30℃，则必须在拌和后 2～3 h 内使用完毕。

砌筑砖的品种、强度等级必须符合设计要求，且应规格一致，砌筑前 1～2 d 应将砖浇水湿润，但也要注意不能将砖浇得过湿。

砖墙的砌筑方法包括一顺一丁、三顺一丁和梅花钉。砌筑好的砌体应做到横平竖直、灰浆饱满、错缝搭接、接搓可靠，以保证墙体有足够的强度和稳定性，同时组砌要有规律，少砍砖，以提高技术效率、节约材料。砖砌体的位置及垂直度允许偏差、一般尺寸允许偏差应符合施工验收规范的要求。

砌筑的主要工序为找平弹线、立皮数杆、砌筑、勾缝清理。砌砖的操作方法一般为“三一法”，即一铲灰、一块砖、一挤揉。砌砖时，先挂通线，按所排的干砖位置，把第 1 皮砖砌好后盘角，每次盘角不超过 6 皮砖，随时检查垂直度、灰缝厚度，盘角完成后立皮数杆挂线再完成整个墙体，最后用细沙拌制的 1∶1.5 水泥砂浆勾缝，如图 8-7 所示。

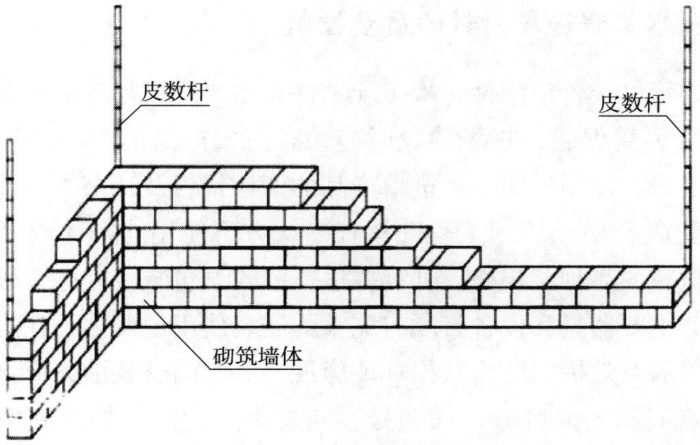

图 8-7 皮数杆砌筑示意图

第四节 施工的质量与验收

一、建筑工程的施工质量控制

建筑工程施工质量应实施目标管理，施工单位在工程开工前应制定质量目标，进行质量策划。实施过程中进行科学管理，强化工程工序质量管理。建筑工程的施工质量控制重点应放在原材料、过程工序质量控制及功能效果的测试上。

施工现场基本质量管理制度、基本质量责任制度要求如下：①现场项目部组织机构健全，建立质量保证体系，并能有效运行；②具有材料构件设备的进场验收制度及抽样检验制度；③设立质量管理责任制度及奖罚制度。

施工现场应配备基本的施工操作标准及质量验收规范，施工前应制定完善的施工组织设计与施工方案，并制定工程质量目标及保证措施。

（一）建筑工程的施工质量控制规定

（1）建筑工程采用的主要材料、半成品、成品、建筑构配件、器具和设备应进行进场检验，凡涉及安全、节能、环境保护和主要使用功能的重要材料、产品，应按各专业工程施工规范、验收规范和设计文件等的规定进行复验，由监理工程师检查认可。

（2）各施工工序应按施工技术标准进行质量控制，每道工序完成后，施工单位自检符合规定，才能进行下道工序，涉及不同专业工种的相关工序应进行交接检验。

（3）重要工序应经监理工程师检查认可，才能进行下道工序施工。

（二）给排水工程进场材料的质量控制

工程所用的管材、管道附件、构（配）件和主要原材料等进入施工现场时必须进行进场验收并妥善保管，进场验收时应检查每批产品的订购合同、质量合格证书、性能检验报告、使用说明书、进口产品的商检报告及证书等，并按国家有关标准进行复验，验收合格经监理工程师核查确认方可使用。具体内容包括：①进场时，应对所有材料的品种、规格、外观等进行验收，包装应完好，表面无划痕及外力冲击破损。②主要器具和设备必须有完整的安装使用说明书，在运输、保管和施工过程中，应采取有效措施防止其损坏或腐蚀。③阀门安装前，应做强度和严密性试验，试验应在每批（同牌号、同型号、同规格）阀门中抽查10%（以数量计），且不少于1个。对于安装在主干管上起切断作用的闭路阀门，应逐个进行强度和严密性试验，试验应符合以下规定：阀门的强度试验压力为公称压力的1.5倍；严密性试验压力为公称压力的1.1倍；试验压力在试验持续时间内保持不变，且壳体填料及阀瓣密封面无渗漏。④所用管节、半成品、构（配）件等在运输、保管和施工过程中，应采取有效措施防止其损坏、锈蚀或变质。⑤现场配制的混凝土、砂浆和防腐与防水涂料等工程材料应经检测合格后方可使用。

（三）给排水管道工程施工过程质量的控制

给排水管道工程施工过程质量的控制应符合下列规定。

（1）分项工程应按照施工技术标准进行质量控制，分项工程完成后须进行检验。

（2）相关各分项工程之间，必须进行交接检验，所有隐蔽分项工程必须进行隐蔽验收，未经检验或验收不合格不得进行下个分项工程。

（3）施工单位应按照相应的施工技术标准对工程施工质量进行全过程控制，建设单位、勘察单位、设计单位、监理单位等均应按有关规定对工程质量进行管理。

二、建筑工程的验收

（一）施工质量验收的基本要求

（1）工程施工质量验收应在施工单位自检合格的基础上进行；

（2）参加工程施工质量验收的各方人员应具备相应的资质；

（3）检验批的质量验收应分主控项目和一般项目进行；

（4）对涉及结构安全、节能、环境保护和主要使用功能的试块、试件及材料，应在进场时或施工中按规定进行见证检验；

（5）隐蔽工程在隐蔽前应由施工单位通知监理单位进行验收，并应形成验收文件，验收合格后方可继续施工；

（6）对涉及结构安全、节能、环境保护和使用功能的重要分部工程，应在验收前按规定进行抽样检验；

（7）工程的观感质量应经相关方验收人员现场检查后共同确认。

（二）建筑工程施工质量验收层次

建筑工程施工质量验收应划分为检验批、分项工程、分部工程和单位工程四个层次，从检验批开始，前一层次的验收合格是后一层次进行验收的基础。

1. 检验批

检验批是按相同的生产条件或按规定的方式汇总起来供抽样检验用的、由一定数量样本组成的检验体。检验批抽样样本应随机抽取，满足分布均匀、具有代表性的要求，抽样数量应符合专业验收规范的规定。验收批分主控项目和一般项目检验。主控项目是指工程中对安全、节能、环境保护和主要使用功能起决定性作用的检验项目。一般项目是指除主控项目外的检验项目。

验收批质量验收合格应符合下列规定：①主控项目的质量经抽样检验合格；②一般项目中的实测项目（允许偏差）抽样检验的合格率应达到 80%，且超差点的最大偏差值应在允许偏差值的 1.5 倍范围内；③主要工程材料的进场验收和复验合格，试块、试件检验合格；④主要工程材料的质量保证资料及相关试验检测资料齐全、正确；⑤具有完整的施工操作依据和质量检查记录。

2. 分项工程

分项工程由若干个验收批构成，是分部工程的组成部分。分项工程可按主要工种、材料、施工工艺、设备组别进行划分。建筑设备安装工程的分项工程一般按主要工种及设备组别等划分，如锅炉安装、卫生器具安装等。同时也可按系统、区段来划分，如给水管道、排水管道等。

分项工程质量验收合格应符合下列规定：①所含检验批的质量均应验收合格；②所含检验批的质量验收记录应完整。分项工程应由专业监理工程师组织施工单位项目各专业技术负责人等进行验收。

3. 分部工程

分部工程是指不能独立发挥功能或效益，又不具备独立施工条件，但具有结算工程价款条件的工程。分部工程是单位工程的组成部分，若干分项工程构成分部工程。

室外给排水分部工程可细分为土方工程、管道主体结构、管道附属构筑物三个分部。有时在一个单位工程中，可按标段或长度划分若干个分部工程，工程规模大时也可按工作内容不同分成以下子分部工程。①土石方子分部：分项工程为沟槽开挖、沟槽回填；②管道安装子分部：分项工程为管道安装、管道防腐；③闸门及附件安装子分部：分项工程为闸门安装、钢制件安装、附件安装；④井室与支墩子分部：分项工程为现浇混凝土、砌筑、井盖安装；⑤功能性试验子分部：分项工程为水压（气压）试验、冲洗、消毒。

分部工程质量验收合格应符合下列规定：①所含分项工程的质量均验收合格；②质量控制资料完整；③有关安全、节能、环境保护和主要使用功能的抽样检验结果符合相应规定；④观感质量符合要求。分部工程应由总监理工程师组织施工单位项目负责人和项目技术负责人等进行验收。

4. 单位工程

单位工程是指具备独立的设计文件、独立的施工条件并能形成独立使用功能的建筑物或构筑物，若干分部工程组成单位工程。

单位工程质量验收合格应符合下列规定：①所含分部工程的质量均验收合格；②质量控制资料完整；③所含分部工程有关安全、节能、环境保护和主要使用功能的检验资料完整；④主要使用功能的抽查结果符合相关专业验收规范的规定；⑤观感质量符合要求。

单位工程中的分包工程完工后，分包单位应对所承包的工程自检，验收时，总包单位派人参加，分包单位应将所分包工程的质量控制资料整理移交给总包单位。

（三）竣工验收

1. 验收流程

单位工程完工后，施工单位组织有关人员进行自检，总监理工程师组织各专业监理工程师对工程质量进行竣工预验收，存在施工质量问题时，由施工单位整改，整改完毕后，施工单位向建设单位提交竣工报告，申请工程竣工验收。建设单位收到工程竣工报告后，由建设单位项目负责人组织监理、施工、设计、勘察等单位项目负责人进行单位工程验收。

2. 隐蔽工程验收流程

①隐蔽工程开工前，由施工单位负责对其所用材料进行检验，检验结果均合格后方可进行施工。②隐蔽工序施工应在监理人员、项目总工程师、专职质检员的监督下进行，重要工序必须有设计单位在场，隐蔽工序施工应严格按规程、规范及作业指导书进行。③隐蔽工序施工完毕后，必须经施工负责人自检合格后填写施工记录，由班长、质检员、技术员、检查人确认合格后签字，再由现场监理员确认合格后签字。④施工队检验合格后，由施工队施工负责人在《隐蔽工程验收签证单》上

签字并报项目部检验。⑤项目部对隐蔽工程进行抽查，并检查施工记录，确认合格后在《隐蔽工程验收签证单》上签证，并报监理公司工程监理部检验。⑥监理公司对隐蔽工程进行现场抽查，检查施工记录和材料质量证明资料，确认合格后在《隐蔽工程验收签证单》上签证。

3. 市政给排水工程中的隐蔽工程

（1）基础工程中的隐蔽工程

①轴线：施工单位填报施工测量报验单（报验申请单），附施工测量放线复核单；②挖土（包括设计标高、暗浜、地质、基槽宽度、长度、放坡、坡度的检查）：施工单位填报地基验槽记录；③垫层（包括标高、长度、厚度、宽度、混凝土强度等级的检查）；④底板钢筋（包括钢筋品种、规格、数量、搭接长度、箍筋间距、保护层厚度、预埋件数量和位置）；⑤钢筋、混凝土品质（包括断面尺寸，标高，是否有蜂窝、麻面、露筋，混凝土强度等级）：混凝土浇筑令、混凝土级配单；⑥基础墙（包括标高、大放脚尺寸、砌筑砂浆强度）：砂浆级配单；⑦防潮层钢筋（包括钢筋数量、规格、品种、搭接长度）；⑧架空板安装（包括楼板型号，下底板的离缝，搁置长度，硬找平，软坐灰，架空板锚固筋数量、规格、长度）。

（2）主体工程中的隐蔽工程

①轴线及放样；②柱、梁、楼梯、板钢筋（包括数量、规格、品种、搭接长度、焊接情况、保护层厚度、箍筋间距、预埋件等）：巡视旁站记录；③雨篷、阳台、空调板等悬臂部位钢筋：巡视旁站记录；④混凝土（包括表面质量、强度等级）：巡视旁站记录；⑤墙体砌筑（包括柱与墙拉结筋数量、规格及设置情况）：砂浆级配单。

（3）给排水管道工程中的隐蔽工程

①验槽；②平基验收；③闭水试验；④变形量检测；⑤水压试验；⑥回填；⑦沉井钢筋验收；⑧顶管管内底标高检测；⑨顶管外观质量检查；⑩构筑物钢筋验收；⑪桩基验收（含标高、桩位等）；⑫水池满水试验。

第九章　现代水工程经济概述

水工程经济运用工程学和经济学的方法，从工程经济学角度出发，研究水工程投资、运营和管理的经济可行性，在资源有限的条件下，对水工程可行方案进行评价和决策，最终确定满意方案。本章主要内容包括工程经济学基础和水工程项目投资管理两部分。

第一节　工程经济学基础概述

工程经济学是一门运用工程学和经济学，在有限资源条件下，应用有效方法，对多种可行方案进行评价和决策，确定最佳方案的学科。本节对资金的时间价值、建设项目经济评价和投资方案进行阐述。

一、资金的时间价值

资金时间价值是资金随着时间的推移而发生的增值，即资金周转使用后的增值额，也称货币时间价值，可表示为资金的利息或纯收益。资金的时间价值意味着当前所持有的一定量货币比未来获得的等量货币具有更高的价值。

对于资金的时间价值，可以从两个方面来理解。

首先，资金随着时间的推移，其价值会增加，这种现象叫作资金增值。增值的原因是资金的投资和再投资。1 元今年到手和明年到手是不一样的，先到手的资金可以用来投资以产生新的价值，因此，今年的 1 元比明年的 1 元更值钱。从投资者的角度来看，资金的增值特性使资金具有时间价值。

其次，从经济学的角度而言，现在的一单位货币与未来的一单位货币的购买力之所以不同，是因为要节省现在的一单位货币不消费而改在未来消费，则在未来消费时必须有大于一单位的货币可消费，作为延迟消费的补偿。

资金的时间价值在生产实践过程中起着广泛的作用。其最大的作用在于使资金的流向更加合理和易于控制，从而使有限的资金发挥更大的作用。在基本建设投资过程中，必须充分考虑资金的时间价值，想方设法缩短建设周期，加速资金周转，提高建设资金的使用效率。

资金时间价值是社会劳动创造能力的一种表现形式。用于衡量资金时间价值的尺度有两种：一是绝对尺度，即利息、盈利或收益；二是相对尺度，即利率、盈利率或收益率。资金的时间价值一般借助复利计算表述。

二、建设项目经济评价

（一）建设项目经济评价概述

建设项目经济评价是指对拟建项目方案计算期内各种相关技术经济因素和与方案投入与产出有关的财务、经济资料数据进行调查、分析、预测，对方案的经济效益进行计算、评价，通过多方案比较，对拟建项目的财务可行性和经济可行性进行分析论证，作出全面的经济评价，为拟建项目的科学决策提供依据。建设项目经济评价，根据评价的角度、范围、作用等分为财务评价和国民经济评价两个层次。

财务评价是建设项目经济评价的第一步，是从企业或项目的角度出发，根据国家现行财税制度和现行市场价格，计算项目的投资费用、产品成本与产品销售收入、税金等，进而计算和分析项目的盈利能力、清偿能力及外汇平衡能力等财务状况，据以判断项目的财务可行性，并得出财务评价的结论。投资者可根据项目财务评价的结论、项目投资的财务经济效果和投资所承担的风险大小来决定项目是否应该投资建设。项目的财务评价是项目可行性研究和评价的核心内容，其目的在于根据国民经济、社会发展战略和行业与地区发展规划的要求，在做好产品的市场需求预测及场址选择等工程技术工作的基础上，对项目进行评价，从微观和宏观两个方面对其建设的财务可行性和经济合理性进行分析论证，最大限度地提高投资效益，为项目的科学决策提供可靠的依据。

财务评价必须保证评价的客观性、科学性、公正性，坚持定量分析与定性分析相结合、以定量分析为主，以及动态分析与静态分析相结合、以动态分析为主的原则。财务评价和国民经济评价共同组成了建设项目经济评价，财务评价属于微观经济效果分析，它是从企业的利益出发，分析项目建成后，财务上的获利状况及借款偿还能力。而国民经济评价则属于宏观经济评价，是从国民经济的整体利益出发，计算分析项目给国民经济带来的净效益，评价项目经济上的合理性。

（二）建设项目财务评价类型

1. 按是否考虑不确定性因素分类

按是否考虑不确定性因素，建设项目财务评价的基本方法可分为确定性评价方法和不确定性评价方法两类。对于同一个项目必须同时进行确定性评价和不确定性评价，如图 9-1 所示。

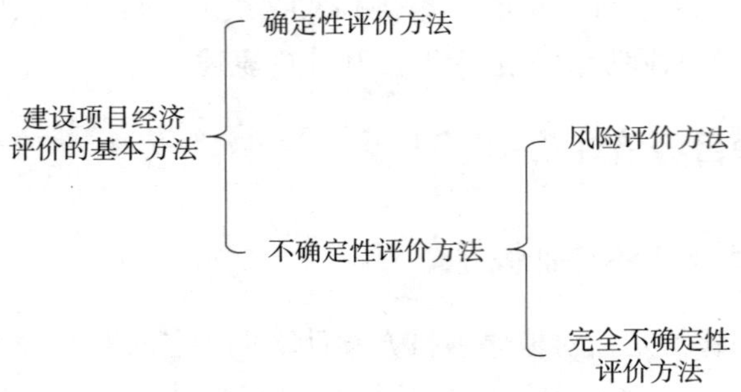

图 9-1　按是否考虑不确定性因素分类

2. 按是否考虑时间因素分类

按是否考虑时间因素，建设项目财务评价基本方法可分为静态评价方法和动态评价方法。

静态评价方法是不考虑资金的时间价值，即不考虑时间因素对货币价值的影响，而对各现金流量分别进行直接汇总来计算评价指标的方法。静态评价方法最大的特点是计算简便。因此，在对方案进行粗略评价、对短期投资项目进行评价，以及对逐年收益大致相等的项目进行评价时，静态评价方法还是可采用的。在方案初选阶段，也可采用静态评价方法。

动态评价方法强调利用复利法计算资金的时间价值，将不同时间内资金的流入和流出换算成同一时间点的价值，为比较不同方案的经济效果提供了可比基础，能反映方案在未来的发展变化情况。

（三）建设项目财务评价的指标体系

建设项目经济评价效果的好坏，一方面取决于基础数据的完整性和可靠性，另一方面则取决于选取的评价指标体系的合理性。只有选取合适的评价指标体系，财务评价的结果才能与实际情况吻合，才具有实际意义。一般来讲，建设项目的财务评价指标体系不是唯一的，根据不同的评价要求、可获得资料的多少及项目本身所处的不同条件，可选用不同的指标，这些指标有主次之分，可以从不同侧面反映建设项目的经济效果。根据不同的划分标准，建设项目财务评价指标分为以下三类。

1. 按是否考虑资金的时间价值分类

按是否考虑资金的时间价值，财务评价指标可分为静态评价指标和动态评价指标，如图 9-2 所示。

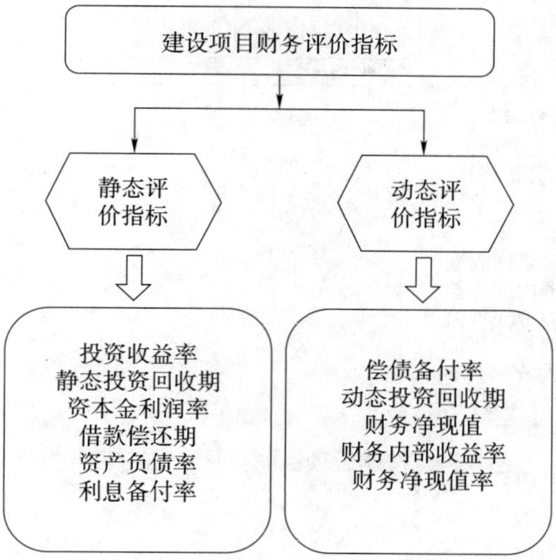

图 9-2　按是否考虑资金的时间价值分类

2. 按建设项目财务评价指标的性质分类

按建设项目财务评价指标的性质，可将其分为时间性指标、比率性指标、价值性指标，如图 9-3 所示。

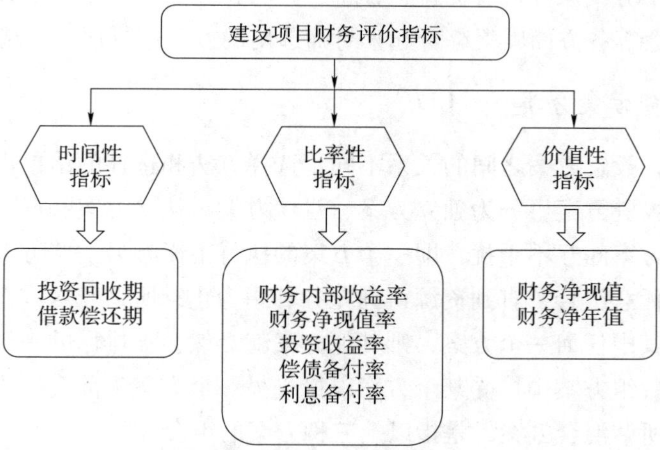

图 9-3　按建设项目财务评价指标的性质分类

3. 按建设项目财务评价的内容分类

按建设项目财务评价的内容，建设项目财务评价指标可分为盈利能力分析指标、外汇平衡能力分析指标和清偿能力分析指标，如图 9-4 所示。

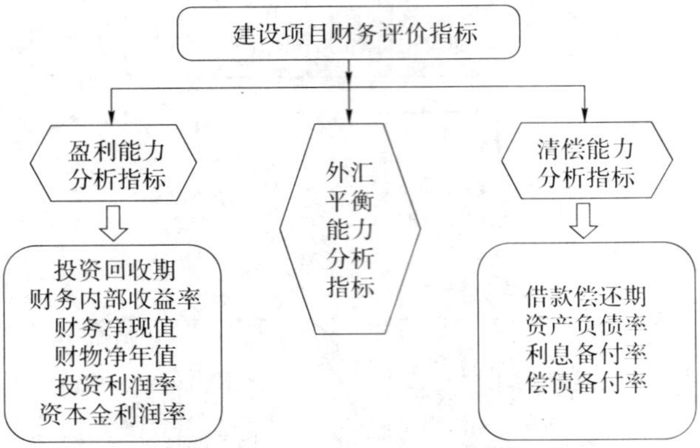

图 9-4 按建设项目财务评价的内容分类

三、投资方案

任何一个工程项目或任何一个工程技术方案都可看作一种投资方案。只有技术可行、经济合理的投资方案，才能得以实施。

投资方案的比较与选择在项目可行性研究中进行，由于技术的进步，在实现某种目标时往往会形成多个方案。因此，必须对提出的各种可能的方案进行筛选，并对筛选出的几个方案从经济方面进行评价，再将拟建项目的工程、技术、经济、环境、政治及社会等各方面因素综合起来对筛选出的方案进行评价，选择最佳方案。

（一）投资方案分类

众所周知，投资方案之间的关系不同，选择方法和选择的结果也不同。根据方案间的关系，投资方案可分为独立方案、互斥方案、从属方案和混合方案。所谓独立方案，是指方案间互不干扰，即一个方案的执行不影响另一些方案的执行，在选择方案时可以任意组合，直到资源得到充分利用为止；所谓互斥方案，就是在若干方案中，选择其中任何一个方案，则其他方案就必然会被排斥的一组方案；所谓从属方案，是指一组方案中接受某个方案以接受另一个方案为前提，这时前者为后者的从属方案；所谓混合方案，是指以上三种方案的组合方案。

（二）方案的评价原则

投资方案的评价一般应遵守以下原则：投资方案间必须具有可比性；动态分析与静态分析相结合，以动态分析为主；定量分析与定性分析相结合，以定量分析为主；宏观效益分析与微观效益分析相结合，以宏观效益分析为主。

（三）方案的评价方法

投资方案的评价方法有静态差额投资收益率法、静态差额投资回收期法、计算费用法，这些方法都属于静态分析法；动态分析法常用的有净现值法、年值比较法、差额投资内部收益率法、效益费用法、最低价格法等。

第二节 水工程项目投资管理概述

一、项目投资概述

（一）项目投资的定义及特点

（1）项目投资是指以特定项目为对象的长期投资行为，是投资后可以形成企业内部各项长期资产（如固定资产、无形资产等）的对内长期投资。

（2）项目投资的特点

投入的资金大、影响时间长、投资效应有供给时滞性、投资领域广阔且复杂、投资周期长、投资实施过程连续、投资过程具有波动性、投资收益具有不确定性、投资项目的变现能力差。

（二）投资成本及其效益

（1）投资成本包括投资的机会成本与投资的会计成本。

投资的机会成本即当资本投入某项目后，在一段长或短的时间里，资本被禁锢在这一项目中而失去了投资于其他项目的机会，由此丧失的投入其他项目所能得到的最大收益。

投资的会计成本即投资的资金成本，它是投资主体在筹集资金时所付出的代价，主要包括筹资费和资金的使用费。

（2）良好的投资效益是指在合理利用资源和保护生态环境的前提下，以尽量少的劳动消耗和物质消耗，生产出更多的符合社会需要的产品。

（三）项目投资的分类

按投资的经营方式，投资可分为直接投资与间接投资。

按投资的性质，投资可分为固定资产投资、流动资产投资和无形资产投资。

按投资与再生产类型的联系，投资可分为合理型投资和发展型投资。

按投资的主体，投资可分为政府投资、企业投资、间接投资和个人投资。

按投资的来源，投资可分为主要来源于中央和地方财政用于积累的资金、主要来源于企业自筹的资金、主要来源于外资的资金。

二、投资管理

（一）投资管理的含义及投资的各个阶段

投资的根本目的是获取收益，增加价值。因此，投资管理（investment management）就是为了获得投资的最大收益而对投资活动进行决策、计划、组织、实施、控制的过程。其中包含的投资决策（investment decision）是投资管理的核心工作，它包括投资策划、投资评价等内容。

投资过程包括以下阶段：投资决策阶段—投资评价阶段—筹措资金阶段—投资分配阶段—投资实施阶段—投资回收与评审阶段。

（二）投资管理体制

投资管理体制是指政府组织和管理投资活动的基本制度、主要形式和方法，是投资活动的运行机制和管理制度的总称。

投资管理体制主要包括投资主体行为、资金筹措途径、投资的使用方式、投资项目的决策过程，以及建设实施管理和宏观调控制度等方面内容。

（三）微观投资管理

微观投资管理是分权式投资管理体制的重要组成部分，它是对企业、事业单位、机关团体、个人投资的管理，目的是做好投资实施前的可行性研究，防止“一哄而上”和盲目重复建设。微观投资管理包括国家对投资项目的间接管理和投资者对自己投资的管理两个方面，国家对企业、事业单位、机关团体、个人投资的管理主要是通过正确的产业政策，通过各种经济杠杆，把分散的资金引导到符合社会需要的建设项目上来。投资者对自己投资的管理即项目管理，主要是做好项目的计划组织和监督工作。

按资金来源不同，微观投资管理可分为自筹资金管理、预算拨款管理、资本市场管理。

三、水工程投资管理

（一）水工程投资管理

工程是指按一定的计划，应用科学知识进行的，使各种资源更好地为人类服务的专门技术，也指具体的科研或建设项目。水工程技术是研究合理利用及保护水资源，设计及建造水处理工程及水输配、收集系统工程，研制水工业产品等的技术。常说的水工程一般指与利用、保护水资源，水处理，输配水等相关的建设项目。

水工程投资管理模式是决定工程项目建设中各参与单位地位和相互关系的经营活动方式，它使项目建设各参与单位形成与工程投资相关的自我约束和激励机制。在市场经济条件下，参与工程投资管理的投资方、贷款方、建设单位、设计单位、施工单位、监理单位、工程供货单位、工程咨询单位，以及其他有关单位都是产权明晰、责权明确的利益主体、法人主体和竞争主体，它们必然竭尽全力追求自身的经济利益，并有效控制各自的成本。

（二）水工程投融资模式

水工程作为公共基础设施的重要组成部分，始终被建设资金的短缺和投资渠道的单一困扰。国际上，水工程投融资并没有统一的模式，各个国家都形成了切合本国建设市场环境、资金需求等实际情况的各具特色的投资模式，例如，英国的完全私有模式、美国的市场融资模式、法国的特许经营模式等。我国水工程投融资模式主要为以政府投资模式和金融机构贷款模式为主的传统模式，除此之外还包括建设—经营—转让（build-operate-transfer，BOT）模式、移交—经营—移交（transfer-operate-transfer，TOT）模式、公私合营（public-private-partnership，PPP）模式、私人主动融资（private finance initiative，PFI）模式等项目投融资模式，见表 9-1。

表 9-1　水工程投融资模式的优缺点

投融资模式	优点	缺点
政府投资	融资速度快 操作简便	政府财政压力大 融资能力不足
金融机构贷款	资金来源稳定 可靠性强	操作程序复杂 期限短且有额度限制
BOT 模式	能扩大资金来源 提高了项目管理水平 引进了先进技术	融资成本高 投资额大、投资期长、收益不确定性大
TOT 模式	融资对象更加广泛 项目投资成功率增加 可操作性强	缺少法律环境 转让价格易存争议
PPP 模式	缓解了政府的财政压力 风险配置合理 社会效益最大化	参与方多、结构复杂 管理难度大
PFI 模式	适用范围广泛 项目管理方式开放 政府承担风险低	容易产生经济纠纷 项目的负债及回报透明度低

1. 政府投资模式

政府投资模式以政府为投资主体，由政府财政承担污水处理厂的建设运营成本。污水处理设施建设项目属于基础设施建设项目，具有很强的公益性，但盈利能力比较差，早期很难吸引社会资金，而政府投资能够在短期内借助国家强力手段为污水处理设施筹集资金，但同时也给政府带来了很大的财政压力。

2. 金融机构贷款模式

金融机构贷款模式是指由银行（包括国内银行贷款和国际贷款）或非银行金融机构为资金需求部门提供资金的方式。我国经济体制改革之后，银行贷款业务快速发展，成为污水处理融资的主要渠道之一。通常，银行贷款与政府投资相结合，一定程度上可以缓解政府的财政压力，但贷款的还本付息责任仍由政府承担，所以并没有从根本上解决政府资金压力大的问题，只是将短期的资金压力分散到了更长的时间内。

3. BOT 模式

BOT 模式以政府与社会企业达成协议为前提，社会企业从政府获取项目的特许经营权，负责项目的投资、建设和运营，在特许经营期内通过运营项目收回投资并取得利润，特许期结束时，再将项目及其经营权无偿移交给政府部门。BOT 模式是目前国内外基础设施投资建设最常用的融资模式之一。通过这种模式社会企业能与政府共同分担项目风险，帮助政府减轻财政压力，企业自身也能赚取一定的利润。

4. TOT 模式

TOT 模式指政府将已经建好的项目在一定期限内的经营权有偿转让给社会企业，由其进行运营管理，企业在此期限内通过经营获取收入，特许经营期满之后再将项目无偿移交给政府部门的融资模式。与 BOT 模式相比，TOT 模式对于投资企业来说，直接接手的是已经建设好的项目，减少了项目建设阶段的风险；而对于政府来说，可以从投资企业获得一笔资金，用于下一个项目的建设。

5. PPP 模式

PPP 模式指政府与社会资本达成协议，共同合作参与公共基础设施的投资建设，双方发挥各自优势，保持一种利益共享、风险共担的长期合作关系。社会企业提供资金和技术支持，减轻政府财政压力的同时，也大大提高公共产品的服务质量和服务效率，最终达到比任何一方单独行动更有利的效果。从广义上讲，BOT 模式、TOT 模式也是属于 PPP 模式的两种具体运行模式。

6. PFI 模式

PFI 模式指政府部门提出对基础设施的需求，投资方以招投标的方式取得特许权，负责对项目进行设计建设和融资运营，通过向政府部门收取费用回收成本，特许权到期后再将项目归还给政府的融资模式。PFI 模式是对 BOT 模式的一种优化，PFI 模式中政府只提出项目的功能需求，不参与项目实施过程，避免了政府承担设计风险。

随着我国水务行业规模不断扩大、发展速度不断加快，对资金的需求也越来越大，仅依靠政府投资和债务融资远不能满足其巨大资金的需求。水工程的投融资模式已从原来的以单一政府投资模式为主，转变为利用各种投融资模式获得资金支持，投融资主体不断向多元化发展。投融资模式的转变为水务行业拓宽了投融资渠道，使水务企业逐步实现了管理独立自主，自负盈亏。它还将运营管理与经济效益联系起来，提高了效率、降低了成本，从而促进了环境效益、社会效益和经济效益的统一，为保证水务行业的稳定运行打下坚实的基础。

参考文献

[1] 刘亚臣 . 工程经济学（第三版）[M]. 大连：大连理工大学出版社，2008.
[2] 顾圣平 . 工程经济学 [M]. 北京：水利水电出版社，2010.
[3] 黄渝祥 . 工程经济学 [M]. 上海：同济大学出版社，2005.
[4] 白金燕 . 国外水务产业投融资经验及对我国的启示 [J]. 经济师，2011(1): 99-100.
[5] 张轶 . 我国城市污水处理厂投融资模式分析 [J]. 经济视角：上旬刊，2014(5): 56-58.

拓展篇

第一章　水生态修复概述

第一节　生态修复概述

生态系统包括特定区域内的生物（植物、动物、微生物）、生物赖以生存的环境，以及生物和环境之间的相互作用。生物可按其在生态系统中的作用划分为不同的功能群，如初级生产者、食草动物、食肉动物、分解者、固氮生物、传粉生物等。与生物赖以生存的外界环境相关的因素包括土壤或基质、大气、水体、水分、天气、气候、地形地貌、土壤肥力状况、盐分状况等。生态系统可以是任何大小的空间单位。

人类活动能直接或间接导致生态系统退化、受损，甚至崩溃，由于人口激增和工业化脚步加快，大面积植被因不可再生资源的开发利用遭受到不同程度的破坏，许多不同类型的生态系统也出现严重退化，引发了一系列的生态环境问题，如水土流失、森林面积锐减、土地荒漠化、空气污染、生物多样性降低、可利用水资源短缺等。当然，自然火灾、洪涝、风暴和火山喷发等自然灾害同样能引起或加剧生态系统的破坏，使其无法恢复到原来的状态或偏离正常路线。这些日益加重的环境问题对人类的生存环境及经济社会的可持续发展构成了严重的威胁，因而要对被破坏的生态系统进行修复，设法使生态系统恢复到正常状态。

一、生态修复的定义

生态修复（ecological remediation）是在生态学原理指导下，以生物修复（包括植物修复、微生物修复、动物修复等）为基础，结合物理修复、化学修复及工程技术措施，通过优化组合，使受污染、受破坏或受胁迫环境下的生物（包括生物群体，下同）的生存和发展状态向良性方向发展甚至逐步恢复原始状态，追求最佳效果和最低成本的一种综合性的修复受污染环境的方法。其中包含对生物生存环境、物理环境、化学环境的改善，对生物生存“邻里”生物的保护和对食物链环境的改善等。生态修复需要生态学、物理学、化学、植物学、微生物学、分子生物学和环境工程等学科参与，受损生态系统的修复与维护涉及生态稳定性、生态可塑性及生态系统的稳态转化等多种生态理论。

生态修复是帮助退化、受损或毁坏的生态系统恢复的过程，是针对恢复生态系统健康性、完整性及可持续进行的主动行为。生态修复强调人类作为主体的能动性。因为在现代社会和当今生产力水平条件下，在有人类生产生活的生态系统中，只有以先进生产力为基础，充分运用人类的科学干预手段，才能尽快地实现被破坏生态系统的优化修复，并使之最大限度地服务于整个人类社会。

生态修复的出发点和立足点是整个生态系统，是对生态系统的结构与功能进行整体上的修复和改善，需要宏观理念的指导，要求人们的思想观念、生产生活方式进行全面变革，更好地遵循自然规律，调整产业结构，提高环境人口容量，实现人与自然的和谐发展。

二、生态修复的特点

生态修复的修复对象是生态系统，因此，需要了解生态系统的一些基本属性，如生态系统的结构与功能、物理化学环境、生态系统中动植物群落的演替规律，生态系统的优势物种和旗舰物种等，还需要认识解析系统的稳定性、生态可塑性及生态系统的稳态转化等。只有这样才能确定生态修复的目标，更好地选择生态修复技术，制定生态修复措施。

污染环境生态修复是以生态学原理为基础对多种修复方式进行优化组合，因此其具有以下特点：

（1）严格遵循和谐共存、循环再生、区域分异和整体优化等生态学原理。

（2）多学科交叉。生态修复的实施需要生态学、物理学、化学、植物学、微生物学、分子生物学和环境工程等学科的参与，因此，多学科交叉也是生态修复的特点。

（3）影响因素多而复杂。生态修复主要是通过植物和微生物等的生命活动来完成的，影响生物活动的各种因素多而复杂，这些因素也影响着生态修复，因此，生态修复也具有影响因素多而复杂的特点。

三、生态修复的原理

（一）物理化学修复

物理化学修复是生态修复的常用方法，是指充分利用光、温、水、气、热、土等环境要素，根据污染物的物理化学性质，通过机械分离、蒸发、电解、磁化、冰冻、加热、凝固、氧化—还原、吸附—解吸、沉淀—溶解等物理和化学反应，使环境中污染物被清除或转化为无害物质。通常，为了节省环境治理的成本，物理化学修复常常作为生物修复的前处理。

（二）植物修复

植物修复是生态修复的基本形式，在植物修复过程中，往往是植物、根系分泌物、根际圈微生物、根际圈土壤的物理和化学性质（部分可以人为调控）等在共同起作用。以此来看，植物修复几乎包括了生态修复的所有机制，是生态修复的基本形式。

（三）微生物修复

微生物修复即利用自然界存在的或人为培养的专性微生物对污染物进行吸收、代谢和降解等，将环境中有毒污染物转化为无毒物质甚至彻底从环境中去除的污染修复技术。

（四）自然修复

生态系统都具有自然修复的能力，包括污染物的自净化、植被的再生、群落结构的重构和生态系统功能的修复等。对于污染物，生态系统通过生物地球化学循环进行自我净化，如水资源中含砷、石油类污染物等，可以自然衰减，降低环境风险。土壤中的重金属可在物理、生物和化学作用下失活或转化，从而减轻重金属毒害。

四、生态修复方式

根据生态修复的作用原理，生态修复方法可分为微生物—物理修复、微生物—化学修复、微生物—物理—化学修复、植物—物理修复、植物—化学修复、植物—物理—化学修复、植物—微生物修复、植物—微生物—化学修复、植物—微生物—物理修复。

生物修复的成功与否主要取决于微生物活性、污染物特性和环境状况。生态恢复是一项具有不确定性的、长期的、需要土地和资源投入的工作，因此，在对某个生态系统进行恢复前必须深思熟虑、集思广益。不同恢复方案的生态恢复措施不尽相同，这取决于生态系统过去所受干扰的程度和持续时间、改变系统外貌的文化背景等。

第二节 水环境生态修复

在人类发展过程中，水是重要的战略性自然资源，具有基础性、公益性和不可替代性。如今，我国的水资源开发利用强度持续提升，污染物的排放量不断增加，生态用水被社会用水挤占的现象越来越严重，水生态系统面临着越来越严峻的挑战。与此同时，伴随着大众环保意识的提升，社会各界开始关注生态保护政策的推行及宜居环境的建设，这促进了生态修复工作的推进。生态文明建设是我国的一项伟大战略，水生态是生态系统的重要组成部分，我国的水生态文明正在初步形成，了解我国水生态系统的现状和正在面临的问题，实施水生态保护及修复是促进生态文明建设的重要内容。

一、水生态修复的定义

水生态修复是指利用各种生态系统原理，采取各类方法修复受损伤的水生态系统的生物群体及结构，重建健康的水生态系统，强化水生态系统的主要功能，并使水生态系统实现整体协调、自我维持、自我演替的良性循环。

水资源的类型不同，河道、湖泊、海洋等生态系统也有着各自不同的分类，生态修复在选择适宜的修复技术的同时，还应综合考量水资源、水安全、水环境、水生态、水文化等因素，达到人与自然的和谐统一。

二、水生态修复的总体方向

水生态文明是生态文明的基本内容和重要组成部分，应遵从人水和谐的理念，实现水资源的合理使用、保障生态的良性循环，将生态文明理论融于水资源的开发、治理、利用、保护、节约和配置等各个方面及水利建设、规划和管理的全过程。保护和修复水生态系统的总体方向如下。

（1）可持续发展，生态环境保护优先。提高水生态系统的自然修复能力，将人工修复策略和自然修复策略相互融合。建设生态友好的水工程。

（2）流域总体规划和全系统修复，转变治理模式，从流域的角度分析水生态保护及修复的总体布局。把流域水生态系统的结构及功能的层次性、尺度性和流域性作为研究重点，加强流域协调管理，实施山水林田湖草沙综合治理，让水生态与水量和水质规划统一，制定科学的水生态保护及修复方案，调节经济利益和生态环境保护之间的关系。实施水体治理，创新江河湖泊的管理模式。

（3）技术创新。研究提高水生态保护和修复水平的新方法、新技术，并将其转化为实践，重视主要区域的综合性治理。对生态用水的分配和调度，生态补偿、生态修复技术，以及水生态评估及监测、管理机制和保障措施等涉及的主要技术进行研究，建立和完善水生态保护标准及技术规范体系。增强对水生态的保护与修复，加强新技术、新材料的开发应用。

（4）完善水生态文明体系，实施水生态红线管理。建立完整的水生态文明体系，限制建设项目占领自然岸线，城市规划要保留一定面积的水域。结合我国的功能区划和生态区划，明确水生态的空间分区，划出湖泊、河流的保护管理范围及生态环境的脆弱区域；限制用水量，逐步恢复河流的生态用水及过度开发的地下水。在水生态文明城市建设的引导下，建设人与水和谐的水生态保护模式促进水生态文明城市建设，构建水清、河畅、景美的人水和谐共生关系，推进水生态文明建设。

（5）建设生态友好的水工程体制，发挥水工程的生态保护和修复作用，协调生态保护和水工程之间的关系，提倡影响小、模仿自然环境的水利工程建设，河流工程的布局应该保持天然性，保存浅滩、河湾、湿地等多种栖息地。闸坝和水库的生态运行应满足河流的生态用水量，建立生态水网的体系，实现河道、湖泊水系统的连通性。依托天然河湖水系统及大中型的蓄水工程，提高河流和湖泊水环境的容量，恢复其生态系统。

三、水生态修复的原则

目前，中国水资源现状并不乐观，大多数城市和地区都有水污染问题，水生态环境遭到不同程度的破坏，需要进行生态修复。

进行生态修复的第一步也是最重要的一步，便是制止破坏生态系统或阻碍其恢复的人类破坏行为。水生态系统的生态恢复正在面临的挑战，首先是改善水质和水文条件，其次是改善水文地形特征，最后是恢复物种。水生态系统修复的总体任务是修复生态系统，提高生物多样性。水环境的生态修复措施的制定应该遵循以下原则。

1. 自然原则

遵循自然原则是建设生态修复工程的关键，生态系统的恢复须符合实际情况、适应当地条件。生态修复应能够最大限度地利用河道生态系统自我调节能力。如将树木、灌木和草木三维保护用于河堤上河流的生态修复，还可通过创建生物栖息地来保护水生态环境。

2. 生态原则

生态原则也是生态恢复中要遵循的原则，生态系统恢复遵循生态学原理，应根据保护生物多样性的要求进行生态恢复。制定具体的生态系统恢复措施时，应根据当地实际情况，因地制宜选择处理技术。

3. 整体景观原则

在修复生态系统时还要遵守整体景观原则，从整体景观入手，了解水环境的整体状况，有针对性地进行生态修复。对水环境的整体生态状况进行分析，结合当地的社会经济发展模式及污染状况，选择合适的生态修复措施。将治理、清理、恢复和环境美化有机结合以实现最大化生态效益、社会效益和经济效益。

4. 水源保护原则

为使水源得到保护，需要对水生态系统进行修复，逐步实施生态水源保护和水资源调控，实现人与自然的和谐发展。

5. 防污控污及人文景观保护原则

水环境主要污染源有生产生活废弃物，生活污水，化肥、农药等。

以生态修复手段修复污染河道，需要做到以下几点：加强排污口监测和整治。清理工业污染源，建立稳定达标制度。加快污水处理设施及配套管网建设，推进城镇新建污水处理设施及配套管网项目建设，推进雨污分流管网建设，健全雨污分流体系，提高污水收集处理率。开展排污治理，生活污水进行集中处理。综合防治面源污染，推广高效、低毒、低残留农药，推进科学用药、绿色防控、统防统治和植物疫情监控。治理养殖污染，科学划定水产、畜禽养殖禁养区和限养区，大力发展生态养殖。

防污控污方案及人文景观保护方案应与地区环境综合整治相结合，建设污水收集与处理设施，严格控制工业污染源，加强入河排污口监测和整治，达到水系综合治理防污控污目标。

生态修复后的河道应加强管护，引导广大群众自觉保持河道清洁，维护生态平衡，避免河道再次受到污染。

四、水生态修复技术

水生态修复技术发展很快，大致可分为以下 9 类。

1. 人工增氧技术

通过增设增氧设备来增加水体溶解氧，加速水体和底泥中的微生物对污染物的分解，一般采用固定式充氧设备（如水车增氧机、提升增氧机）、微孔曝气设备和移动式充氧设备（如增氧曝气船，可以空气充氧，也可以进行纯氧曝气）等。

该技术为以好氧微生物及藻类为食的一些原生动物，提供了良好的生长条件，有助于好氧生物区系的出现，好氧生物区系不断发展，增加了河道生物多样性，但该技术需要动力支持，对相对封闭的水体难以充分发挥作用。

2. 复合生物滤床技术

复合生物滤床是一种特殊的人工湿地，是 20 世纪 70 年代兴起的污水生态治理技术。其中的负荷生物滤床，由集水管、布水管、动力设备、生物填料、水生植物及复合微生物等组成。

该技术建设和运行费用低，能耗少，维护方便，具有一定的景观价值，但容易堵塞，后期需要人力长期维护。

3. 生物膜净化技术

生物膜净化技术利用一种全新的织物型生物膜载体，使培养驯化后的高效微生物和微型生物附着其上繁殖。

该载体抗污水和化学物的腐蚀，保证了微生物的繁殖能力并提高了其代谢率，微生物吸附分解氧化有机物、藻类、氮磷等营养物，微型生物捕食藻类，细菌等微生物净化河道水体，但该技术投资较高，单位处理效率较低。

4. 水生植物修复技术

通过种植水生植物，利用其对污染物的吸收降解能力，净化水质，水生植物生长过程中需要大量的氮磷等营养元素及营养物质，因此可利用其富集作用去除水中的营养盐。

水生植物修复技术运行费用低，可结合景观设计，打造优美的植物景观，但周期较长，需要配合其他工程技术使用。

5. 底泥生物氧化技术

城市水环境是一个开放的系统，水体水质和水量受取水量、水文条件、排污状况和潮汐影响，而底泥是河道多年污染的积累，是河水黑臭和富营养化的重要原因之一。

底泥生物氧化是将含有氨基酸、微量元素和生长因子等的底泥生物氧化剂，利用靶向给药技术直接注射到河道底泥表面进行生物氧化，通过硝化和反硝化，除去底泥和水体中的氨氮和耗氧有机物。可以有效提高河道自净能力，节省费用，但无法保证药剂对水体绝对无害。

6. 生物多样性调控技术

通过人工调控受损水体中生物群落的结构和数量控制其摄取游离细菌、浮游藻类、有机碎屑等，防止藻类的过量生长，提高水体透明度，完善和恢复生态平衡。

该技术能提高河道自净能力，恢复河道生态多样性，但周期较长，常作为后期深度处理工艺。

7. 水系连通和河道清障疏浚技术

管理不善或其他原因导致的河道被占、堵塞，致使水系连通性较差，水体不流动，造成河道淤积、水体黑臭及垃圾成堆现象，形成了河道污染。水质差还会造成水生生物灭绝、水生态环境恶化。根据水系的支流走向，疏通各支流水系，清除河道内废弃拦河坝，清除倾倒在河道河岸的生活垃圾、建筑垃圾，拆除违规建在河道内的挡墙、码头，恢复河道连通性和行洪能力。

8. 岸坡整治技术

河道生态修复应与河段的岸坡整治相结合。尽量保持现有天然河道走向，未经充分论证，严禁“裁弯取直”。护岸形式的比选应以安全可靠、就地取材、经济合理、减少占地、符合现场实际情况及便于管护为原则，在条件允许的情况下尽可能美化、绿化环境，以修复保护为主，减少人为干涉，选择合理的护岸形式。一般护岸形式有固滨笼挡墙护岸、混凝土护岸、浆砌石挡墙护岸、干砌块石护岸、当地驳石护岸、仿木树桩护岸等。

9. 岸滩整治和水源涵养技术

水生态修复应注重周围的生态保护和修复。完善周边基础设施建设，恢复水、岸交互的自然形态，人水和谐共生。通过对岸滩进行整治和修复，保留长势良好的乔灌木，进行地被植物的绿化，设置休闲坐凳、铺装广场等，为周边居民提供休憩和放松的空间，构建生态田园休憩区域。在修复过程中将工程建设、植物种植和蓄水保土等措施有机结合，对山水林田湖草沙进行统一规划，实现防治并重、治管结合、综合防治。

在河流上游采用种植水源涵养林、保护原有植被、恢复受损植被、增加植被覆盖率等措施。河流沿岸针对受气候变化或人类活动影响，水土流失严重的区域，坚持因害设防，层层拦蓄，治沟与治坡紧密结合。沟道治理以淤地坝、拦沙坝、塘坝、谷坊等工程为主。坡面治理以坡改梯、林草工程建设为主，注重保护生物多样性，采用以乡土树草种为主的多林种、多草种配置。

最简单的生态恢复是去除明确的干扰，让生态系统进行自发的修复，例如，去掉一个水坝让该区域重新回到水浸状态。在比较复杂的情况下，生态恢复可能需要重新引入当地消失的乡土物种，同时尽可能消除有害的、入侵性的外来物种或控制其发展。一般来说，生态系统的退化由多种因素造成，由于影响有时滞性，退化后的生态系统中原有的组分大量丢失。有时，退化生态系统的演化过程一旦受阻，它的自然恢复就会无限期拖延。总的来说，生态恢复着眼于重启或加快这种自然恢复过程，从而使生态系统重回原来的固有轨迹。生态恢复工程建设规模不同，但实施过程中通常选择在有明确界线的景观中进行，这是为了保证邻近生态系统间相互作用的适宜性。生态恢复的真正目标是重塑破碎化的生态系统或景观，而不是仅仅着眼于单个生态系统。

第三节　河流生态修复

河流在人类生活和农业生产中发挥着重要的作用，但人类活动破坏了原有的生态平衡，影响了河流生态系统的结构和功能。要使受损的河流生态系统恢复健康，需要实施有效的生态修复措施。被破坏的河流面临的主要问题要么是水利设施建设造成的局部水文过程，要么是污染排放导致的水质恶化，或者两者兼而有之，河流生态修复的发展历程如图 1-1 所示，河流生态修复技术见表 1-1，河流生态修复主要有物理、化学和生物—生态三类方法。

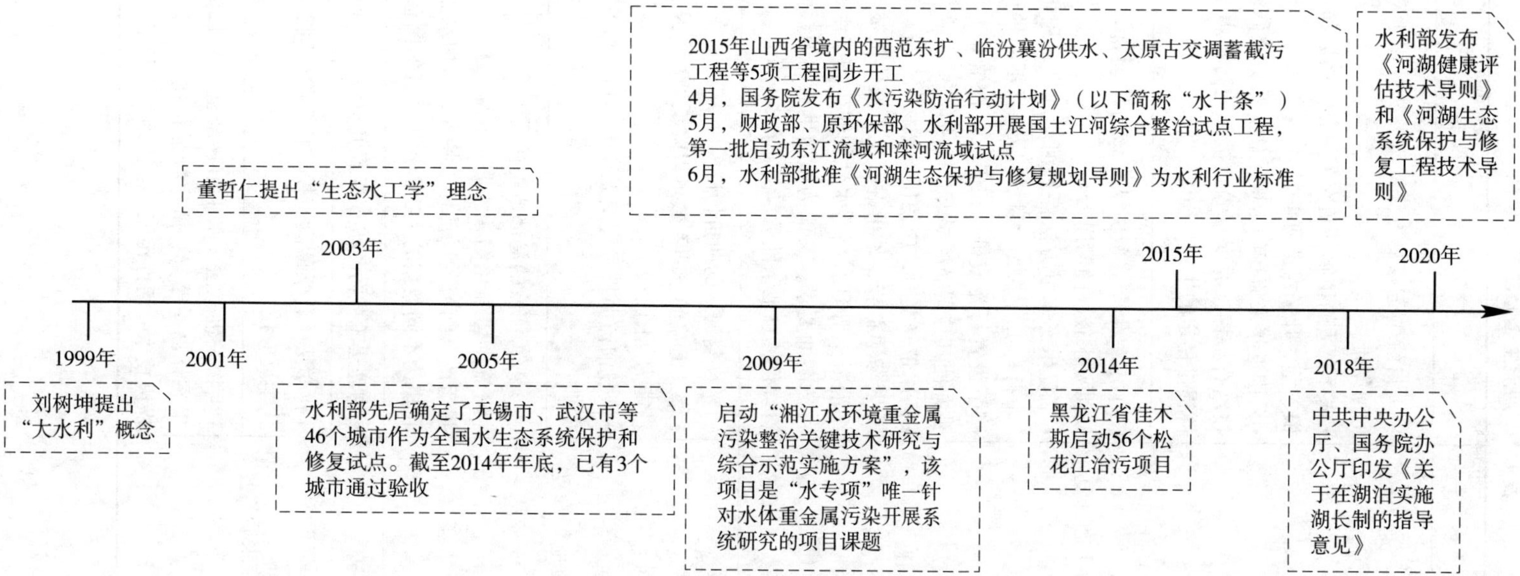

图 1-1　河流生态修复的发展历程

表 1-1　河流生态修复技术总结

分类		技术
工程治理影响下的河流生态修复	河道生态修复	（1）自然生态修复方法，该方法被用于对防洪要求较低的河岸带 • 选择合适的植物种植在河岸顶、岸坡和水边，用植物的根、茎、叶来保护河岸带。 • 采用近年来流行的土壤生物工程方法修复河道生态（树枝结合桩棒、乔灌草等植被都能防止水土流失，为生物群提供稳定的生存环境）
		（2）工程生态修复方法，该方法通常被用于侵蚀严重、防洪要求较高的河岸带 • 工程生态修复方法保护河岸地带采用植被和天然材料（如石材），例如，根据环境选择不同种植方案，在斜坡脚下设置石笼或桩，在斜坡上种植乔木、灌木、草等植被并使其与钢筋混凝土有机结合。 • 河岸带修复时，应使用天然材料（桩、竹笼、卵石）以及生态塑料袋、种植混凝土、立体植被网、石笼网、非细混凝土等具有高透水性的非生物亲水性材料（既满足过滤防冲要求，又能为植物生长和无脊椎动物、鱼类发育提供栖息地条件）
	河道地貌修复	（1）恢复河流的曲折特性 • 增加河流的弯曲系数可以降低坡度，从而降低流速和输沙能力（图 1-2）。 • 恢复河流曲折，大型无脊椎动物的总类群丰富度将有所增加
		（2）改善河流的局部地貌特征 • 河流生境强化结构（堰、导流结构、法兰板块）可以显著改善河流的局部地貌特征，增加水流流态的多样性，可以为不同类型的生物群提供适宜的栖息地
以污染为主要问题的受损河流生态修复	河流水质修复	• 物理法（截污疏浚、覆盖沉积物、机械除藻、引水）
		• 化学法（化学絮凝、投加化学除藻剂、投加石灰、原位化学反应技术）
		• 生物—生态法（水生植物修复、人工湿地、水培技术、生态浮岛、曝气、微生物强化技术、生物膜技术、生物操纵技术、活性污泥法、土地处理技术）

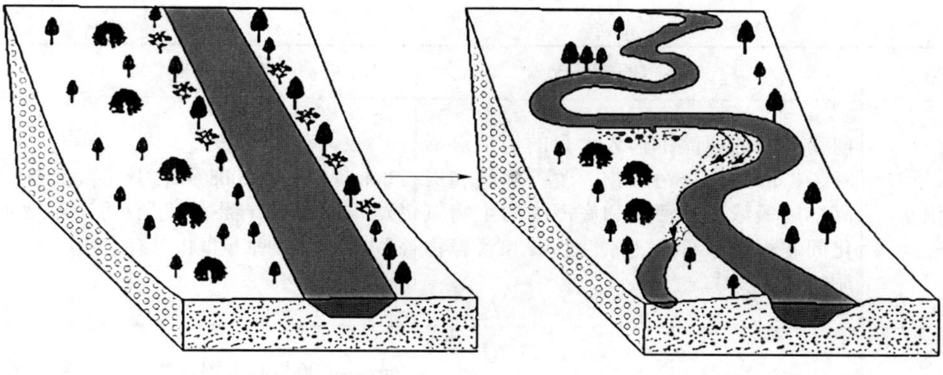
（a）人工直通道 （b）人工曲折通道

图 1-2 不同河流曲折特性比较

应用物理化学法治理受损河流的技术原理和实例如表 1-2 所示，应用生物—生态法治理受损河流的技术原理和实例如表 1-3 所示。

表 1-2 物理化学法治理受损河流的技术原理和实例

方法	基本原理	实例
截污疏浚	• 一般情况下，点源污染主要运用截流工程控制。随着污染的继续，污染物会沉积在河道底部。 • 疏浚河道，清除受污染的底泥可清除水体底部的污染物，减少底泥造成的污染，改善水质	Mackie 等（2007）在纽约州哈德逊河局部疏浚污染沉积物使金属含量下降的报告中指出，疏浚底泥可以有效降低河水中重金属浓度
覆盖沉积物	• 当泥沙表面覆盖有透气性较差的塑料薄膜或鹅卵石时，波浪扰动引起的泥沙翻滚减小，从而能有效抑制了底泥中养分的释放，提高水体透明度，促进沉水植物生长。 • 缺点是不能治本、成本高、不能大面积推广应用、影响水体固有的生态环境	Bona 等（2000）在意大利威尼斯潟湖的 Lagodei Teneri 地区进行了一项沉积物覆盖研究认为，该方法是提供清洁的底栖生物栖息地、隔离污染物和防止污染物释放的最具成本效益的方式
机械除藻	• 在蓝藻丰富的地区，可以使用机械技术［气浮法、普拉赫（Plocher）系统、超声波、机械设施或移动固定设施］有效地去除蓝藻。 • 机械方法可以直接清除大面积的藻类水华，对水生生态没有明显的负面影响，突发性污染事件中可采用机械法	电絮凝 - 气浮（ECF）除藻是一项有效的技术。高等（2010）进行了一项研究，得出 ECF 在酸性和中性条件下表现良好，对藻类的去除有效的结论

续表

方法	基本原理	实例
引水	向受污染的河流中输入大量的清洁水稀释、扩散和输送污染物，改善水质和提高溶解氧浓度。河水和底泥中的生物氧化问题得到改善，还原性物质和营养物质的释放被减弱	Zhou 等 2007—2008 年对引江入太湖对水质影响的研究结果表明，该方法对改善太湖水质、控制水量危机具有重要意义
化学絮凝	• 胶体污染物可以通过加入药剂（絮凝剂）脱稳絮凝后沉降去除。化学絮凝法可以有效去除 COD、BOD_5、TP、NH_3-N 等。 • 缺点是使用絮凝剂可能会导致二次污染	Pan 等（2007）应用化学氧化—絮凝技术（COF）强化处理东莞市受污染的河水。通过烧杯试验和中试试验证明，COF 工艺对 COD、BOD_5、TP 和 NH_3-N 的去除率分别为 71.2%、77.4%、91.1% 和 68.7%，处理后水质达到城市污水排放标准
化学除藻	• 添加化学除藻剂是一种简单、易操作、有效的方法。目前，常见的除藻剂有硫酸铜、高锰酸钾、液氯、二氧化氯、臭氧和过氧化氢等。 • 缺点是造成二次污染，对其他水生生物有毒害作用	Zhou 等（2013）研究了硫酸铜、过氧化氢、敌草隆和 2- 甲基乙酰乙酸乙酯（EMA）四种常见除藻剂，研究表明，四种除藻剂都具有不同程度地抑制光合作用中的能量捕获和初级反应中的电子传递，从而抑制光合作用的能力
化学中和	水的酸化主要是由化石燃料的燃烧造成的。在酸性水体中，投加石灰是恢复水质的一种快速、简便和有效的方法	Jelheimand Raddum（2001）通过研究维克达尔河下游底栖无脊椎动物种群（罗丹尼螺群和淡水蜗牛等）对酸化和石灰的响应证明，投加石灰是解决河流酸化问题的有效技术
原位化学反应技术	（1）重金属离子可以通过氧化、还原、吸附、沉淀等化学反应就地固定 • 常用药剂：石灰［$Ca(OH)_2$］、粉煤灰（CaO）、硫化钠（Na_2S）等。 （2）有毒有机化合物可通过化学氧化转化为无毒化合物 • 常见的氧化剂：二氧化氯、次氯酸钠、次氯酸钙、过氧化氢、高锰酸钾和臭氧	Oturan（2000）介绍了一种运用电化学方法产生羟基自由基，利用自由基修复含有有毒 - 持久性 - 生物累积性有机污染物的氧化水。 例如，2,4- 二氯苯氧乙酸（2,4-D）可被转化为可生物降解的化合物或矿化为 H_2O 和 CO_2。实验表明，95% 以上的 2,4-D 和中间体可以矿化成对水和环境无毒的物质

表 1-3 生物—生态法治理受损河流的技术原理和实例

方法	基本原理	实例
水生植被修复	• 水生植物可以通过吸收氮、磷和重金属离子来降低水体富营养化速率，而寄居在植物根部的异养微生物可以通过同化和分解代谢来去除有机污染物。 • 根据植物的生长特点，水生植被主要有浮生植物、浮叶植物和沉水植物三种类型	•Webb 和 Erskine（2003）介绍了澳大利亚河岸植被恢复的方法。该研究调查澳大利亚东南部猎人谷（Hunter Valley）一系列试验中本土河岸植被的存活、生长和再生率后发现，结合残存植被调查记录、历史记录、孢粉学和田间试验来选择合适的物种有更好的修复效果。
人工湿地	湿地具有独特的生态结构和功能，是净化功能最强的自然区域之一。人工湿地根据人们的需要，在选定的地点和地形上加强了自然湿地的结构和功能（图 1-3）	Brix（1997）的研究结果证实了植物在人工湿地污水处理过程中的 3 个积极作用： （1）稳定床面，为物理过滤提供良好的条件，防止垂直流系统堵塞。 （2）通过根际效应将氧气转移到根际，增加了有机物的好氧降解和硝化作用。 （3）因为野生动物提供栖息地，美化污水处理系统使之具有额外的观赏价值
水培技术	经济作物种植在无土槽的富营养化的水中，其发达的植物根系可以过滤悬浮固体、净化富营养化的水体	Lee 等（1981）进行了一项关于沼泽植物在水培溶液中吸收重金属的研究。结果表明，植物对重金属有吸收富集能力，不同植物对不同重金属的吸收富集能力不同。 水培技术可用于研究从淡水环境到盐渍环境中各种植物对重金属的吸收能力和耐受性
生态浮岛	生态浮岛是绿化和漂浮技术的结合（图 1-4）。用于植物生长的漂浮体通常由发泡聚苯乙烯制成，重量轻、经久耐用。 岛上的植物可供鸟类休息，植物根系不仅形成了鱼类和水生昆虫的栖息地，还能吸收水中的氮和磷	Zhao 等（2012）进行了一项研究，用综合浮岛系统净化富营养化河水。浙江省嘉兴市为净化富营养化河水，构建了由滨江水生植被和具有吸附生物膜的镶嵌浮岛组成的一体化浮岛系统。 研究结果表明，生态浮岛夏秋季节对总氮、总磷和叶绿素 a 的平均去除率均高于冬春季节。此外，生态浮岛还能有效降低水体中总悬浮物（TSS）、大肠埃希氏菌和重金属的浓度

续表

方法	基本原理	实例
曝气	受污染的河流缺乏溶解氧。人工曝气是应对这种情况的一种有效的方法。人工向水中充入空气或氧气，加速水的复氧，需氧微生物的活力得到恢复，河流中的水得到净化	Maltais-Landry 等（2007）研究了水平地下水流中人工曝气情况、负荷率和水生植物种类对污染物去除的影响。结果表明，人工曝气可以提高脱氮效率，种植水生植物也可以提高脱氮除磷的效率，但这种效果会受负荷和人工曝气方式影响。
微生物强化技术	水中污染物的降解主要依靠微生物的作用。当水体受到严重污染且缺少微生物时，向水中添加微生物可以促进污染物的降解	O'Loughlin 等（2000）研究了节杆菌（*Arthrobacter* sp.）对 2- 甲基吡啶（2-MP）的降解作用，取得了良好的效果
生物膜技术	附着在载体表面的微生物群形成生物膜。通过生物膜上的微生物吸收和同化有机物，从而净化污水	陈晓华等（2005）研究了附着生物膜的人工廊道系统对微污染河水的净化效率。证明人工廊道对微污染河流有较好的净化作用，COD、NH_3-N 和色度的去除率分别为 70%、90% 和 75%，且去除率稳定
生物操纵技术	直接去除摄食浮游动物的鱼类或添加肉食性鱼类来减少摄食浮游动物的鱼类，调节浮游动物群落结构，以培育出过滤效率高的大型草食性浮游动物（特别是枝角类）	Hart（2006）调查了通过食物网控制南非水库中富营养化的前景。微囊藻在当地富营养化水域具有的优势被认为是实施经典生物操纵技术的主要限制因素。研究评估了浮游动物、食草动物控制蓝藻的能力，随后该能力在当地水库中被广泛应用
活性污泥法	活性污泥法可分为好氧活性污泥法和厌氧活性污泥法。活性污泥由多种微生物、有机和无机胶体以及悬浮固体组成具有很强的吸附和降解能力，可用于水处理和净化	Fall 等（2014）对在已知有利于生物储存的条件下培养的污泥进行了长期的好氧消化批量测试，对 COD 和摄氧率数据进行的比较表明，存在两组不同的储存细菌，一组随着氧气的消耗而腐烂，另一组在没有氧气的情况下腐烂
土地处理技术	土地处理技术通过土壤和植物、微生物的联合作用（吸附、过滤、降解、氧化还原沉淀）净化水质。通过吸附、过滤和净化土壤和植物系统来净化水	杨翠芬等（1999）为了科学、定量地评价污水土地处理生态工程的综合效益，对霍林河森林慢滤土地处理系统进行水平剖面分析和实例研究。评价结果表明，该系统的综合效益值为 0.64，在经济上属于中等生态系统，具有良好的环境效益和社会效益

图 1-3 苏州河人工湿地

图 1-4 浙江枝江生态浮岛技术

上述这些方法中，化学方法被认为是治标不治本的方法。可能造成二次污染，只能作为应对突发水污染的紧急措施。物理方法费用相对较高。相比之下，生物—生态学方法将环境恢复与景观改善结合在一起，能创造人与自然的美丽环境，是目前治理污染河流最常用的修复方法。

近年来，水利工程的长期生态环境效应越来越受到研究人员和河流管理者的关注。工程的多目标规划、设计、调度、运营和管理已成为一种明确的趋势。因此，生态修复工程也需要达到多重目标。实施河流生态修复工程的目的是改善整个生态系统，而不能仅仅着眼于改善水质。

第四节　海洋生态修复

1980—2004 年，海洋生态修复的研究主要聚焦于对盐沼、红树林等湿地植被和生物多样性的修复；2005—2012 年，海洋生态修复的研究逐渐关注生境（如水环境、底质）、气候变化、生态系统管理（如生态系统、干扰、保护等）等；2013—2019 年，海洋生态修复的研究主要聚焦于海岸侵蚀、红树林修复、气候变化和生态系统服务功能提升（图 1-5）。海洋生态修复技术见表 1-4。

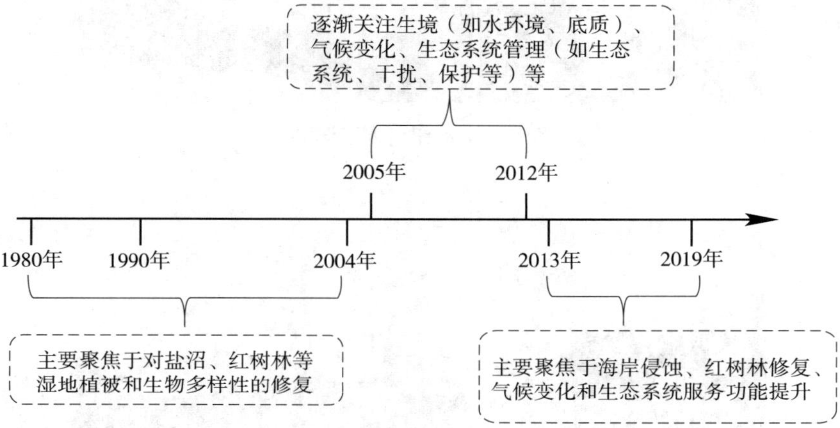

图 1-5　海洋生态修复发展历程

表 1-4　海洋生态修复技术

生态系统	国外修复技术	国内修复技术
红树林	人工种植红树林，主要涉及对红树林湿地水动力和沉积环境的修复、宜林地选择、树种选择和搭配、红树林育苗、红树林栽培等关键技术的研究	
珊瑚礁	（1）生境修复 （2）生物修复 • 珊瑚移植 • 珊瑚园艺养殖	移植、珊瑚幼虫补充和人工礁建造
海草床	（1）改造受损的海草床生态系统，使其恢复原有的结构和功能状态 • 海草床修复区的选择 • 生境修复 • 移植修复 （2）建造新的海草床	移植大叶藻到养殖塘净化水质
盐沼	植被恢复、动物资源养护、入侵生物防治、土壤修复和水文调控	

随着《中华人民共和国国民经济和社会发展第十四个五年规划和2035年远景目标纲要》逐步实现和海洋生态文明建设不断深化，我国海洋态修复研究将驶入快车道，在应对气候变化的海洋生态修复、区域性海洋生态系统修复、海洋生态退化机制与修复关键技术、适应性管理等方面研究和探索将会不断深入加强。

参考文献

[1] 刘冬梅. 生态修复理论与技术：第2版 [M]. 哈尔滨：哈尔滨工业大学出版社，2020.

[2] 俞炜炜，马志远，张爱梅，等. 海洋生态修复研究进展与热点分析 [J]. 应用海洋学学报，2021，40(1): 100-110.

[3] 胡亮，贺治国. 矿山生态修复技术研究进展 [J]. 矿产保护与利用，2020(4): 40-45.

[4] Pan Baozhu, Yuan Jianping, Zhang Xinhua, et al. A review of ecological restoration techniques in fluvial rivers [J]. International Journal of Sediment Research，2016，31(2): 110-119.

[5] 曹永强，郭明，刘思然，等. 基于文献计量分析的生态修复现状研究 [J]. 生态学报，2016，36(8): 2442-2450.

[6] 中国给水排水. 生态修复十大案例 [J]. 区域治理，2019(20): 74-75.

[7] Guan Y J, Kang R P, Liu J G. Evolution of the field of ecological restoration over the last three decades: a bibliometric analysis [J]. Restoration Ecology，2019，27(3): 647.

[8] 陈瑶. 我国生态修复的现状及国外生态修复的启示 [J]. 生态经济，2016，32(10): 183-188，192.

[9] 张进德，郗富瑞. 我国废弃矿山生态修复研究 [J]. 生态学报，2020，40(21): 7921-7930.

[10] Chen F, Yao Q, Tian J. Review of ecological restoration technology for mine tailings in China [J]. Engineering Review，2016，36: 115-121.

[11] 胡雪红，张立，周炎武，等. 我国滨海湿地生态修复领域规范的现状与分析 [J]. 热带海洋学报，2020，39(6): 131-139.

[12] 柴召阳，何培民. 我国海洋富营养化趋势与生态修复策略 [J]. 国情研究，2013，65(4): 48-52, 63, 4.

[13] 张毅敏，陈晶，陈阳，等. 我国海洋污染现状、生态修复技术及展望 [J]. 科学，2014，66(3): 48-51，4.

[14] 赵进勇，于子钺，张晶，等. 国内外河湖生态保护与修复技术标准进展综述 [J]. 中国水利，2022(6): 32-37.

[15] 李培中. 污染场地修复技术及过程监管要点分析 [EB/OL]. (2020-12-07) [2021-06-

15]. https: //www.sohu.com/a/436690455_657688.
[16] 柯友青．湖泊河道生态修复技术及实施要点研究 [J]. 环境与发展，2017，29(5): 113-114.
[17] 吴次芳．国土空间生态修复 [M]. 北京：地质出版社，2019.
[18] 张涛，丁贞玉．土壤及地下水污染修复技术、专利与行业发展分析 [J]. 环境污染与防治，2016，38(7): 93-98.
[19] 王丽荣，于红兵，李翠田．海洋生态系统修复研究进展 [J]. 应用海洋学学报，2018，37(3): 435-446.
[20] 周启星，魏树和，刁春燕．污染土壤生态修复基本原理及研究进展 [J]. 农业环境科学学报，2007(2): 419-424.
[21] Jukka Horppila. Sediment nutrients，ecological status and restoration of lakes[J]. Water Research，2019，160：206-208.
[22] 杨俊鹏，王铁良，范昊明，等．河流生态修复研究进展 [J]. 水土保持研究，2012，19(6): 299-304.
[23] 董哲仁．生态水利工程学 [M]. 北京：中国水利水电出版社，2019.
[24] 胡振琪．我国土地复垦与生态修复 30 年：回顾、反思与展望 [J]. 煤炭科学技术，2019，47(1): 25-35.
[25] 崔爽，周启星．生态修复研究评述 [J]. 草业科学，2008(1):87-91.
[26] 代宏文．矿区生态修复技术 [J]. 中国矿业，2010，19(8): 58-61.
[27] 孙乾照，林海英，张美琦，等．滨海盐沼湿地生态修复研究进展 [J]. 北京师范大学学报（自然科学版），2021，57(1): 151-158.
[28] 杨翠芬，孙铁珩，李培军．污水土地处理生态工程综合效益评价——以霍林河森林型慢速渗滤土地处理工程为例 [J]. 应用生态学报，1999(4): 481-484.

第二章　地下综合管廊概述

第一节　地下综合管廊背景

一、地下综合管廊的建设意义

随着城市市政管网体系的快速发展，因管线扩容、更新、维修等导致道路被反复开挖，给居民的正常生活带来诸多不便，同时也导致环境污染、噪声污染、管线交叉损害、城市交通拥堵、商业利益损失等，社会成本显著增加，成为制约城市基础设施发展和环境改善的瓶颈。在这种背景下，城市地下管道综合走廊作为有效解决城市基础设施建设矛盾的新模式，逐步得到认可和推广。

城市地下管道综合走廊，简称地下综合管廊，是在城市地下建造的用于集中敷设电力、通信、广播电视、给水、排水、热力、燃气等市政管线的公共隧道，也称“共同沟”或“共同管道”，如图 2-1 所示。地下综合管廊对满足民生基本需求和提高城市综合承载力发挥着重要作用，可避免由于敷设和维修地下管线频繁挖掘道路而对交通和居民出行造成影响和干扰，保持路容路貌整洁、美观；可降低路面多次翻修的费用和工程管线的维修费用；保持路面的完整性和各类管线的耐久性；便于各种管线的敷设、增减、维修和日常管理；管廊内管线布置紧凑合理，充分利用道路地下空间，大大节约了城市用地；可减少道路杆柱、各种检查井等，有利于美化城市景观；架空管线一起埋入地下，避免了架空线与绿化的矛盾等。

图 2-1　综合管廊建设效果

地下综合管廊设有专门的检修口、吊装口和监测系统，有利于实施统一规划、设计、施工和维护，具有综合性、长效性、可维护性、高科技性、抗震防灾性、环保性、低成本性、投资多元性和营运可靠性等特点。因此，推进城市地下综合管廊建设，是创新城市基础设施建设的重要举措，不仅可以逐步消除“马路拉链”“空中蜘蛛网”等问题，充分利用好地下空间资源，提高城市综合承载能力，满足民生所需，还可以带动有效投资，增加公共产品供给，提升新型城镇化发展质量，打造经济发展新动力。

此外，除解决城市交通拥堵问题，极大地方便电力、通信、燃气、给排水等市政设施的维护和检修外，地下综合管廊还具有一定的防震减灾作用。如 1995 年日本阪神大地震期间，神户市内大量房屋倒塌、道路被毁，但当地的地下综合管廊大多完好无损，大大降低了震后救灾和重建工作的难度。

二、地下综合管廊的发展

（一）国外的地下综合管廊发展

在发达国家，地下综合管廊已经存在了一个多世纪，在系统日趋完善的同时其规模也越来越大。

早在 1833 年，法国巴黎就为了解决地下管线的敷设问题和提高环境质量，开始兴建地下管廊。如今，巴黎已经建成总长度约 100 km，系统较为完善的地下综合管廊。

1893 年，原西德汉堡市在恺撒·威廉（Kaiser-Wilhelm）街道两侧人行道下兴建了 450 m 的综合管廊，用于收容除下水管道外的暖气管、自来水管、电力和电信缆线及煤气管，该综合管廊为德国的第一条综合管廊。这条综合管廊兴建完成后，在使用时发现存在一系列问题：自来水管破裂，使综合管廊内积水；设计不当导致热水管的绝缘材料使用后无法全面更换；连接沿街道建筑物的管道仍可能需要横向穿越道路，常发生需要挖开路面的情况；同时因沿街用户的增加，规划断面未预估日后的需求容量，导致原来兴建的综合管廊断面空间不足，为了新增用户，不得不在原管廊外的道路地面下增设直埋管线等。尽管有这些不足，但在当时，对该管廊的评价仍很高，故在 1959 年，德国在布白鲁他市又兴建了一条长约 300 m 的综合管廊，用于敷设瓦斯管和自来水管。

1964 年，原东德的苏尔市（Suhl）及哈利市（Halle）开始了兴建综合管廊的实验计划，至 1970 年共完成约 15 km 以上的综合管廊，并开始营运，同时也拟订在全国推广建设综合管廊网络系统的计划。这些综合管廊收容的管线包括雨水管、污水管、饮用水管、热水管、工业用水干管、电力电缆、通信电缆、路灯用电缆及瓦斯管等。

英国于1861年在伦敦市区兴建综合管廊，采用12 m×7.6 m的半圆形断面，收容自来水管、污水管、瓦斯管及电力和通信电缆等管线，还敷设了连接用户的供水管线。迄今为止，伦敦市区建设综合管廊已超过22条。在管理上，由于综合管廊建设经费完全由政府筹措，属伦敦市政府所有，完成后再由市政府出租给管线敷设单位使用。

日本于1926年开始建设地下综合管廊，至1992年，日本已经拥有综合管廊长度约310 km，而且其长度仍在不断增长。给排水、热力、燃气、电力、通信、广电等市政管线集中铺设的地下综合管廊系统（日本称“共同沟”），已成为日本城市发展现代化、科学化的标志之一。早在20世纪20年代，日本首都东京的市政机构就在市中心九段地区的干线道路下，将电力、通信、供水和煤气等管线集中铺设，形成了东京第一条地下综合管廊。此后，1963年制定的《关于建设共同沟的特别措施法》，从法律层面规定了日本相关部门需在交通量大，以及未来可能拥堵的主干线地下建设共同沟。国土交通省下属的东京国道事务所负责东京地区主干线地下综合管廊的建设和管理，次干线的地下综合管廊则由东京都建设局负责。如今已投入使用的日比谷、麻布和青山地下综合管廊是东京最重要的地下管廊系统。采用盾构法施工的日比谷地下管廊建于地表以下30余m处，全长约1 550 m，直径约7.5 m，如同一条没有双向车道的地下高速公路。由于日本许多政府部门集中于日比谷地区，须时刻确保电力、通信、给排水等公共服务的安全性，因此日比谷地下综合管廊的现代化程度非常高，它承担了该地区几乎所有的市政公共服务功能。日本于20世纪80年代开始修建的麻布和青山地下综合管廊系统同样修建在东京核心区域地下30余m处，其直径约为5 m。这两条地下管廊系统内电力电缆、通信电缆、天然气管道和给排水管道排列有序，并且每月进行检修。其中的通信电缆全部用防火帆布包裹，以防出现火灾造成通信中断。天然气管道旁的照明用灯则由玻璃罩保护，防止出现电火花导致天然气爆炸等意外事故。这两条地下综合管廊已相互连接，形成了一条长度超过4 km的地下综合管廊网络系统。在东京主城区还有日本桥、银座、上北泽、三田等地下综合管廊，经过了多年的开发建设，很多地下综合管廊已经连成网络。

此外，苏联在莫斯科、彼得格勒、基辅等地修建了地下综合管廊；西班牙于1953年在马德里修建地下综合管廊，其他还有如斯德哥尔摩、巴塞罗那、纽约、多伦多、蒙特利尔、里昂、奥斯陆等城市，都建有较完备的地下综合管廊系统。

（二）国内地下综合管廊发展

《城市综合管廊工程技术规范》（GB 50838—2015）自2015年6月1日起实施。但实际上，北京早在1958年就在天安门广场下铺设了一条长1 000余m的综合管廊。1994年，上海市政府规划建设了第一条大规模、长距离的综合管廊——浦东新区张杨路综合管廊。该综合管廊全长11.125 km，收容了给水、电力、信息与煤气四种城市管线。此后上海还建成了松江新城示范性地下综合管廊工程（一期）和“一环加一线”总长约 6 km 的嘉定区安亭新镇综合管廊系统。2006 年在北京中关村西区建成了中国（除港、澳、台外）第二条现代化的综合管廊。该综合管廊主线长 2 km，支线长 1 km，包括给水、电力、排水、燃气、通信等市政管线。随后，中国与新加坡联合开展的苏州工业园基础设施建设，经过 10 年的开发，地下管线走廊也已粗具规模。

国务院高度重视推进城市地下综合管廊建设，2013 年和 2014 年先后印发了《国务院关于加强城市基础设施建设的意见》《国务院办公厅关于加强城市地下管线建设管理的指导意见》，部署开展城市地下综合管廊建设试点工作。除了住房和城乡建设部，国家发展改革委、财政部等相关部门都已经下发有关文件，支持地下综合管廊建设。2015 年 1 月，住房和城乡建设部等五部门开展工作，并联合对试点城市发出通知，要求在全国范围内开展地下管线普查，此后中央财政决定给予地下综合管廊试点城市专项资金补助。

试点的 10 个城市总投资 351 亿元，其中中央财政投入 102 亿元，地方政府投入 56 亿元，拉动社会投资约 193 亿元。主体思路是以试点示范带动全国建设地下综合管廊的积极性。截至 2015 年年中，全国共有 69 个城市在建地下综合管廊约 1 000 km，总投资约 880 亿元。

2018 年 5 月，荆州市出台了《荆州市中心城区地下综合管廊专项规划》（2017—2030 年）（草案）和《荆州市海绵城市建设专项规划》（2016—2030 年）（草案），并向社会广泛征求意见和建议。根据规划草案，荆州市中心城区地下综合管廊专项规划范围东至东方大道、南滨荆江大堤、西至引江济汉渠、北邻沪渝高速公路；近期（2017—2020 年）发展目标是，进行地下综合管廊分区建设，形成地下综合管廊干线系统阶段。结合荆州城区内的近期重点建设项目，基本建设完成荆州市规划大部分地下综合管廊主要干线系统，并兼顾各个组团，形成环状布局。总计完成 40.92 km 管廊规划；远期（2021—2030 年）发展目标是，完善荆州市地下综合管廊主干支网络系统，形成网状系统。地下综合管廊系统形成规模化、智慧化、市场化运作。地下综合管廊总计完成 76.97 km 管廊规划。市中心城区地下综合管廊规划合计约 117.89 km。选择建设条件好、综合管廊优先选线区域作为重点建设区域，包括新风片区、御河片区、四机片区；城区地下综合管廊规划考虑市政设施供应一体化、安全性、均等性等，根据给水、污水、再生水、电力、电信、燃气等不同系统之间的差异，采样干线综合管廊、支线综合管廊及缆线综合管廊，将城市各片区主要干管系统进行串联，形成以输送为主，兼有配给功能的干线、支线系统，支线综合管廊以分区供应为主，最终综合管廊形成“三横六纵，分片区供应”的系统格局。

2019 年 1 月 7 日，经过中铁十四局、中铁十八局等单位 15 个月的艰苦奋战，北京冬奥会延庆赛区“生命线”——国内首例山岭综合管廊隧道工程全线贯通。这也是冬奥会唯一的管廊工程。北京冬奥会延庆赛区核心区位于小海坨山南麓，建设了国家高山滑雪中心、国家雪车雪橇中心两个竞赛场馆和延庆冬奥村、山地新闻中心两个非竞赛场馆。综合管廊作为延庆赛区基础性保障工程，为延庆赛区造雪用水、生活用水、再生水、电力、电信及有线电视等管线接入提供通道。综合管廊南起佛峪口水库，北至延庆赛区核心区，全长 7.9 km，将为延庆赛区冬奥赛事和冬奥会后开展大众冰雪运动，实现冬奥场馆的可持续利用提供市政保障。该综合管廊进口段海拔为 550 m，出口段海拔为 1 100 m，垂直提升达 550 m，除传统的钻爆法外，施工中还创新应用了全断面硬岩隧道掘进机，开创了山岭隧道大坡度施工的先河。综合管廊为上、下两舱结构，其中上舱为电力舱和电信舱，下舱为水舱，包括造雪用水、生活用水、再生水等管道，此外还有安装检修特种车辆通道。该综合管廊项目于 2019 年 9 月 20 日正式投入使用。

此外，沈阳、南京、兰州、成都、临沂、白银、石家庄、唐山、郑州、长沙、连云港、合肥、黄冈、宁波、杭州、晋城、太原、东莞等地都开始规划或建设城市地下综合管廊。

我国与城市地下综合管廊建设相关的现行主要文件有《城市工程管线综合规划规范》（GB 50289—2016）、《城市综合管廊工程技术规范》（GB 50838—2015）、《城市地下综合管廊工程规划编制指引》、《城市地下综合管廊工程投资估算指标》［ZYA1-12（11）-2018］、《国务院办公厅关于推进城市地下综合管廊建设的指导意见》（国办发〔2015〕61 号）。

第二节 地下综合管廊技术概述

一、地下综合管廊的类型

地下综合管廊的类型有多种不同的划分方法。

根据所收容的管线性质，地下综合管廊可分为干线综合管廊、支线综合管廊、缆线综合管廊、干支线混合综合管廊四种。

1. 干线综合管廊

设置于机动车道或道路中央路面下方，是采用独立分舱方式敷设主干管线的综合管廊，负责向支线综合管廊提供配送服务。其特点为结构断面尺寸大、覆土深、系统稳定且输送量大，具有高安全性，维修及检测要求高。

2. 支线综合管廊

支线综合管廊为干线综合管廊和终端用户之间相互联系的通道，设置在道路两侧或单侧，采用单舱或双舱敷设配给管线。其特点为有效断面较小，施工费用较少，系统稳定性和安全性较高。管廊断面尺寸一般与干线综合管廊一样，有的比干线综合管廊还大。

3. 缆线综合管廊

电缆沟一般埋设在人行道下，采用浅埋沟道方式建设，设有可开启盖板但其内部空间不能满足人员正常通行要求。其特点为空间断面较小，埋深浅，建设施工费用较少，不设有通风、监控等设备，在维护及管理上较为简单。

4. 干支线混合综合管廊

该管廊对干线综合管廊和支线综合管廊的优缺点各有取舍，一般适用于较宽的城市道路。

地下综合管廊的内部结构示意如图 2-2 所示。

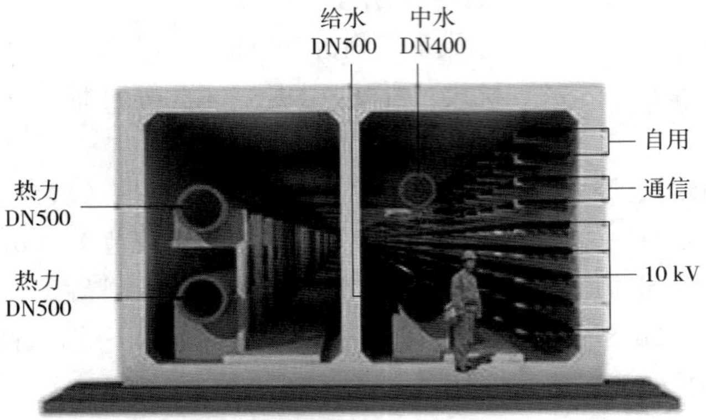

图 2-2　地下综合管廊的内部结构示意

按照断面形式，地下综合管廊可分为矩形综合管廊、圆形综合管廊、特殊形状横断面综合管廊。

1. 矩形综合管廊

建设成本低、利用率高、保养维修操作和空间结构分割容易、管线敷设方便，一般适用于新开发区、新建道路等空旷的区域。

2. 圆形综合管廊

一般用于支线型市政综合管廊和缆线型市政综合管廊。可以在繁华城区的主干道和穿过地铁、河流等障碍时采用盾构掘进的施工方法进行施工，这样可以减少对人们日常生活和交通的影响，保护了市容市貌。但是圆形综合管廊比矩形综合管廊的利用率低，建设成本较高，而且容易产生不同市政管线之间的空间干扰，增加了工程造价和各管线部门之间的协调难度。

3. 特殊形状横断面综合管廊

除常用的矩形综合管廊和圆形综合管廊外，在管廊设计时，可结合地形、地貌、施工条件等因素，因地制宜地设置综合管廊断面，如拱形断面、半圆形断面等。

根据舱位数量，地下综合管廊可分为单舱综合管廊、双舱综合管廊及多舱综合管廊，图 2-3 所示为多舱地下综合管廊结构示意图。

图 2-3　多舱地下综合管廊结构示意图

管廊埋于地下，相较于地面施工具有较大困难，目前城市地下综合管廊常见的施工方法有明挖现浇法、顶管法、明挖预制拼装法、盾构法和浅埋暗挖法等。

1. 明挖现浇法

利用支护结构的支挡作用，在地表进行地下基坑开挖，在基坑内进行内部结构施工的方法。该方法工艺简单、施工方便，但工程造价相对较高、工期长。适用于城市新建区的管网建设。

2. 顶管法

当管廊穿越铁路、道路、河流或建筑物等障碍物时，会采用这种暗挖式施工方法。在施工时，用支撑于基坑后座上的液压千斤顶将管线沿导向轨道压入土层中，同时挖除并运走管道正面的泥土。此施工方法无须明挖土方，对地面影响小，且设备少、工序简单、工期短、造价低、速度快，适用于软土层或富水软土层，也适用于中型管道施工，但管线变向能力差，纠偏困难。

3. 明挖预制拼装法

该方法是一种较为先进的施工方法，要求有较大规模的预制厂和大吨位的运输及起吊设备。特点是施工速度快，施工质量易于控制，模具重复利用率高，管廊施工量大的情况下工程总造价相对比较低。

4. 盾构法

盾构法是使用盾构机在地中推进，通过盾构机外壳和管片支撑四周围岩、防止发生隧道内的坍塌，同时在开挖面前方用刀盘进行土体开挖，土方通过出土机械运至洞外，靠推进油缸在后部加压顶进，并拼装预制混凝土管片，形成隧道结构的一种机械化施工方法。

5. 浅埋暗挖法

在明挖法和盾构法均不适合的条件下，浅埋暗挖法显示了巨大的优越性。它具有灵活多变，对道路、地下管线和路面环境影响性小，拆迁占地少，不扰民的特点，适用于已建区的改造。

二、地下综合管廊规划的原则与内容

（一）地下综合管廊规划的主要原则

1. 系统化

地下综合管廊规划将构建一个适应城市发展的点、线、面相结合的由干线管廊、支线管廊和缆线管廊组成的管廊体系，在系统规划后逐步建设，保证综合管廊建设的科学性和可持续性。

2. 高标化

作为基础设施，长期规划是地下综合管廊规划的主要形式，是地下综合管廊建设的关键。应坚持高起点规划，高标准建设，所有适宜的管线全部纳入管廊之中并做好空间预留，避免重复投资建设。

3. 协调化

在规划和设计时，要注意复杂多变的地下设施资料，掌握其标高、断面和走向，结合低洼点位置、地势和地质土壤性质，研究载体条件，制定满足工艺要求的、合理的地下空间开发方案。

4. 高效化

地下综合管廊建设投资大，只要有条件就应该考虑与其他项目同步建设。考虑同步建设的项目主要包括道路、地下商业设施或人防设施等。

（二）综合管廊规划的主要内容

1. 明确地下综合管廊的规划目标

结合相关规划要求，对规划背景、建设必要性、城市发展条件进行分析，借鉴国内外案例，明确地下综合管廊建设的目标。

2. 确定地下综合管廊的系统布局

通过对社会经济、土地功能、道路条件、管线条件等的分析，明确管廊的适建区域及道路，并根据道路的管线条件，构建完善的地下综合管廊系统。

3. 地下综合管廊的建设方案

根据市政公用管线的布局，统筹规划入廊管线，并合理安排各类管线在地下综合管廊内部的空间位置，协调地下综合管廊与其他沿线地面、地上、地下工程的关系。

4. 提出对地下综合管廊的建设，管理建议

开展地下综合管廊投融资、规划建设、监督管理、维护运营等方面的保障措施

研究。

三、地下综合管廊断面选型

（一）地下综合管廊断面的特征要素

地下综合管廊断面大小主要取决于管廊的类型、道路地下空间的大小、收容管线的种类与数量；断面大小应该保证管线的合理间距，能满足工作空间、设备的布置等相关的要求，并考虑管线扩容需求等。

地下综合管廊断面形状可结合施工方法选择，以方便、合理、经济为宜，采取明挖现浇法的多为矩形结构，采取顶管法或盾构法的一般为圆形结构。

地下综合管廊分舱主要考虑管线之间的相互影响，接出、引入、分支等的便利性和管线安全。

（二）综合管廊标准断面确定原则

（1）地下综合管廊断面尺寸等应满足《城市综合管廊工程技术规范》（GB 50838—2015）的要求；

（2）最大限度地将道路下所有市政管线纳入地下综合管廊，以保证地下综合管廊的使用效率；

（3）各类管线设置合理，不相互干扰，保证地下综合管廊安全运行；

（4）各管线归属部门认可管线布置方案，并承诺进入地下综合管廊，保证日后地下综合管廊的运行维护；

（5）管廊横断面大小与施工方案和项目建设环境相适应；

（6）在地下综合管廊使用效率、工程造价、建设周期和管道收益之间取得平衡。

（三）地下综合管廊的断面选型

地下综合管廊的断面形式多样，本章列举以下几种作为参考。

1. Ⅰ型地下综合管廊

此类型管廊断面为三舱断面，分别为燃气管线舱室、给水管线舱室和综合管线舱室，管廊覆土厚度为 3.0 m。管线管廊内部净高为 2.9 m，主要敷设于有 DN900 以上大管径给水主干管、低压电力电缆、通信电缆、多条燃气管线存在的道路下方。综合管线舱室供低压电力电缆、通信电缆、小管径给水管线、小管径污水压力管线使用，检修通道宽为 1.0 m。燃气管线舱室只允许燃气管线使用，检修通道宽为 1.0 m。给水管线舱室供大管径给水主干管使用，检修通道宽为 1.0 m，如图 2-4 所示。

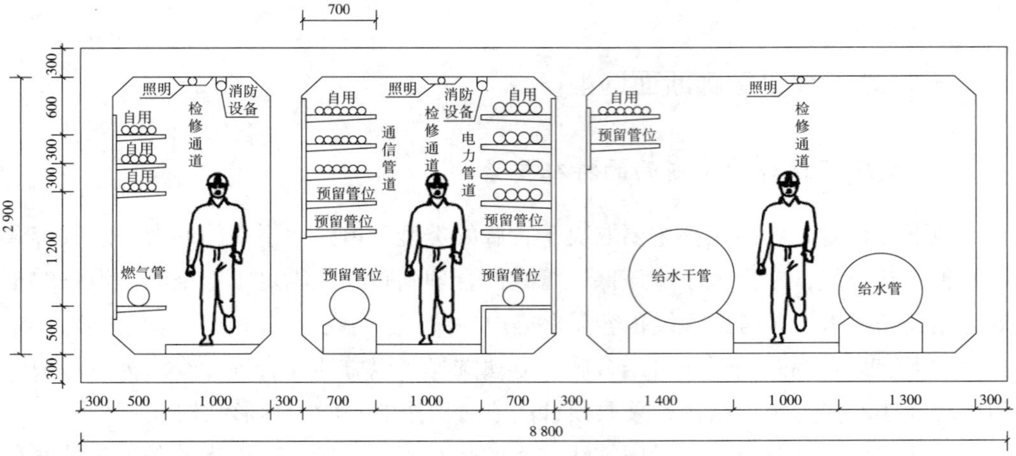

单位：mm

图 2-4　Ⅰ型地下综合管廊示例图

2. Ⅱ型地下综合管廊

此类型管廊断面为双舱断面，分别为燃气管线舱室或高压电力舱室和综合管线舱室，管廊覆土厚度为 3.0 m。管廊内部净高为 2.9 m，主要敷设于有给水管、高低压电力电缆、通信电缆、小管径污水压力管、燃气管线存在的道路下方。综合管线舱室供低压电力电缆、通信电缆、给水管线使用，检修通道宽为 1.0 m。燃气管线舱室只允许燃气管线使用，检修通道宽为 1.0 m。高压电力舱室可供高压电力电缆使用，检修通道宽为 0.9 m，如图 2-5 所示。

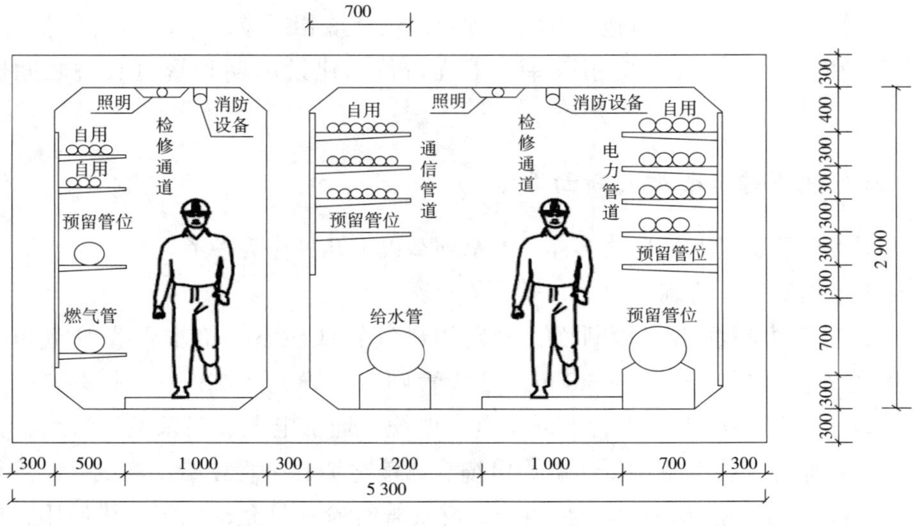

单位：mm

图 2-5　Ⅱ型地下综合管廊示例图

3. Ⅲ型地下综合管廊

此类管廊断面为三舱断面，分别为燃气管线舱室、综合管线舱室和污水压力管舱室，管廊覆土厚度为 3.0 m。管线管廊内部净高为 2.9 m，主要敷设于有多条给水管、DN1000 以上污水压力管、低压电力电缆、通信电缆、燃气管线存在的道路下方。综合管线舱室供低压电力电缆、通信电缆、给水管线使用，检修通道宽为 1.0 m。燃气管线舱室只允许燃气管线使用，检修通道宽为 1.0 m。污水压力管舱室可作为 DN1000 以上管径污水压力管使用，检修通道宽为 1.0 m。

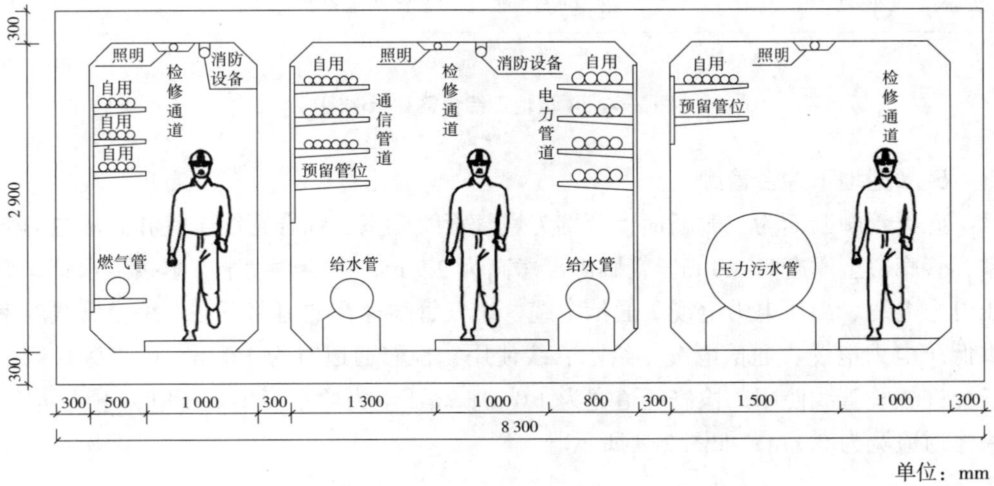

图 2-6　Ⅲ型地下综合管廊示例图

4. Ⅳ型地下综合管廊

此类管廊断面为四舱断面，分别为燃气管线舱室、综合管线舱室、高压电力舱室和给水干管舱室，管廊覆土厚度为 3.0 m。管廊内部净高为 2.9 m，主要敷设于有多条 DN1000 以上给水干管、低压电力电缆、高压电力电缆、通信电缆、燃气管线存在的道路下方。综合管线舱室供低压电力电缆、通信电缆使用，检修通道宽为 1.0 m。燃气管线舱室只允许燃气管线使用，检修通道宽为 1.0 m。高压电力舱室可供高压电力电缆使用，检修通道宽为 0.9 m。给水干管舱室可供 DN1000 以上给水干管使用，检修通道宽为 1.0 m，如图 2-7 所示。

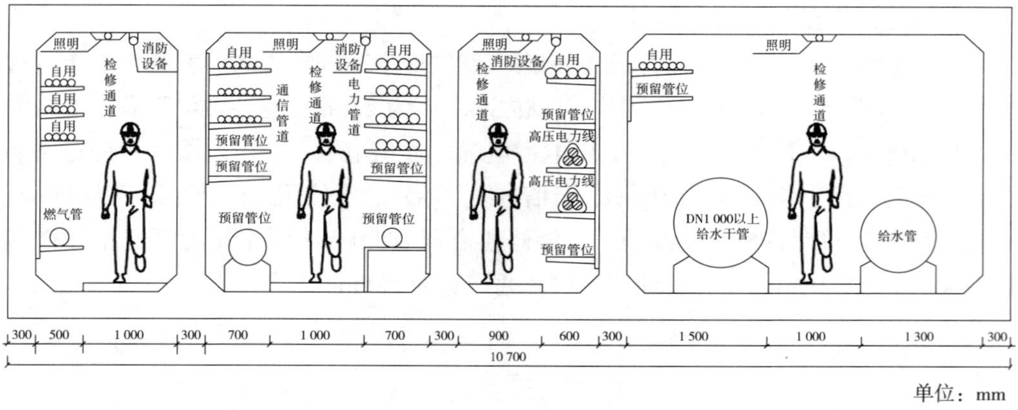

图 2-7　Ⅳ型地下综合管廊示例图

5. Ⅴ型地下综合管廊

此类管廊断面为三舱断面，分别为燃气管线舱室、综合管线舱室和高压电力舱室，管廊覆土厚度为 3.0 m。管廊内部净高为 2.9 m，主要敷设于有多条给水管、低压电力电缆、高压电力电缆、通信电缆、燃气管线存在的道路下方。综合管线舱室供低压电力电缆、通信电缆、给水管线使用，检修通道宽为 1.0 m。燃气管线舱室只允许燃气管线使用，检修通道宽为 1.0 m。高压电力舱室可供高压电力电缆使用，检修通道宽为 0.9 m，如图 2-8 所示。

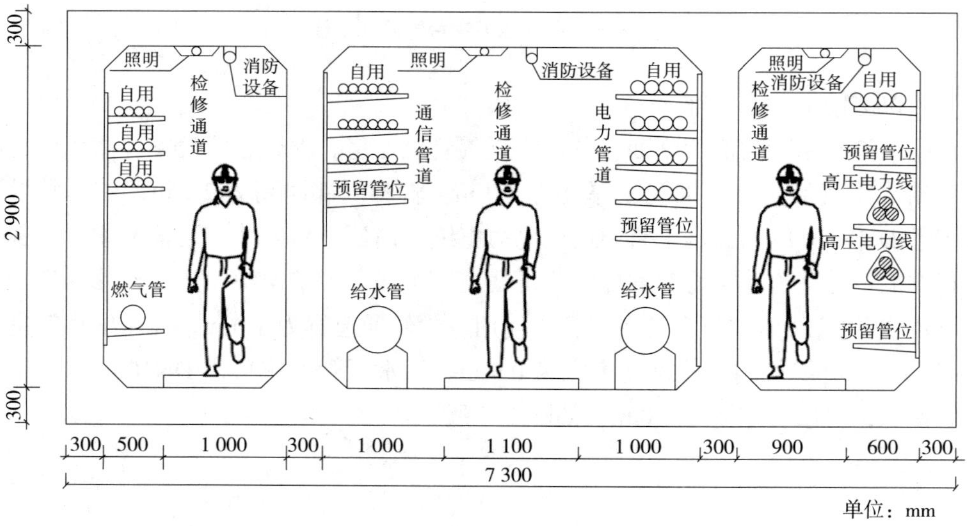

图 2-8　Ⅴ型地下综合管廊示例图

6. Ⅵ型地下综合管廊

此类廊道断面为缆线断面，缆线管廊舱室内主要敷设电力和通信管线，管廊内部净高为 0.9 m，无预留检修通道，覆土厚度为 1.2 m，如图 2-9 所示。

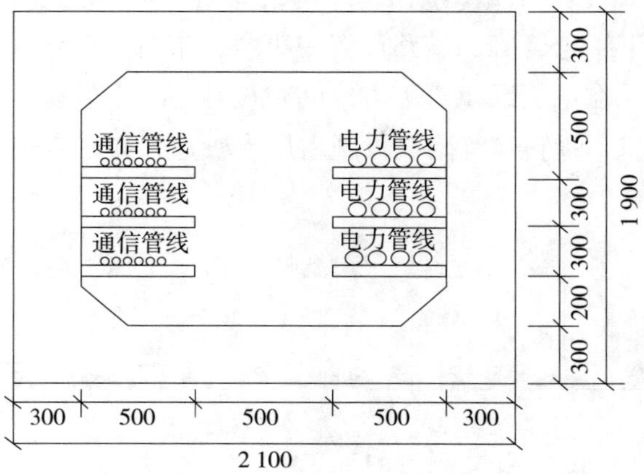

图 2-9　Ⅵ型地下综合管廊示例图

四、地下综合管廊三维控制

（一）地下综合管廊平面、竖向布置的基本原则

地下综合管廊平面布局应满足《城市综合管廊工程技术规范》（GB 50838—2015）要求。

地下综合管廊原则上设置在道路下，平面中心线宜与道路中心线平行，不宜从道路一侧转到另一侧。圆曲线半径应满足收纳管线的最小转弯半径要求，并尽量与道路圆曲线半径一致。

地下综合管廊在满足该类管廊敷设要求的条件下，应尽量敷设在道路中央绿化带下或道路一侧的绿化带、人行道下，以便综合管廊投料口、通风口等附属设施的设置。

若受现状建筑或地下空间的限制，地下综合管廊也可设置在机动车道下，综合管廊设置在机动车道下时，投料口和通风口要引至车行道外的绿化带内。

为减少与排水管的交叉，地下综合管廊应尽可能地远离居住区用地。

（二）地下综合管廊平面布置

影响地下综合管廊平面布置的主要因素包括道路断面布置、规划管位、管网附属设施布置、综合费用分析等。

地下综合管廊与地下构筑物的水平净距要求：当采用明挖施工工艺时，水平净距最小为 1.0 m；采用顶管盾构施工工艺时，最小水平净距不得小于管廊外径。

地下综合管廊与地下管线的水平净距要求：当采用明挖施工工艺时，水平净距不得小于 1.0 m；采用顶管或盾构施工时，水平净距不得小于管廊外径。

当规划建设地下综合管廊的道路设置中央绿化带时，应结合管廊断面宽度及绿化带宽度，优先考虑在中央绿化带下方空间建设地下综合管廊，避免因修建在人行道下方而导致通风口、投料口等附属设施占用人行道，如图 2-10 所示。

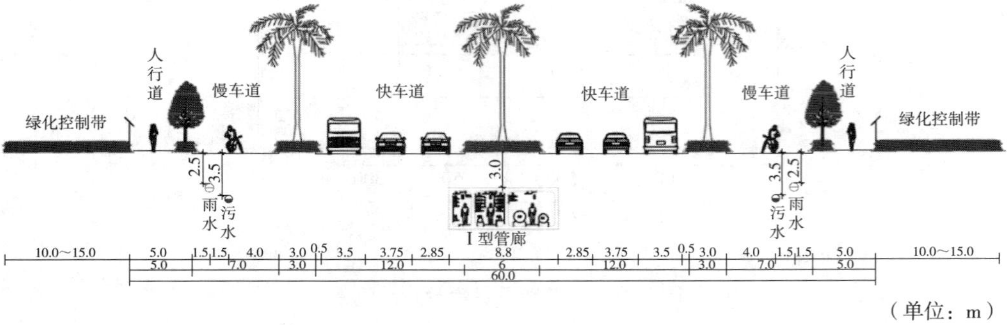

图 2-10　地下综合管廊在道路下的设置示例图

（规划建设综合管廊道路包含中央绿化带）

当规划建设地下综合管廊的道路不包含中央绿化带、中央绿化带宽度较小或绿化带已修建导致拆迁成本较高时，可将地下综合管廊布置在侧方绿化带或人行道下方，根据管线综合布置情况，燃气、污水管道纳入管廊路段较少，考虑避让原则，建议将综合管廊布置在无上述管道一侧，如图 2-11 所示。

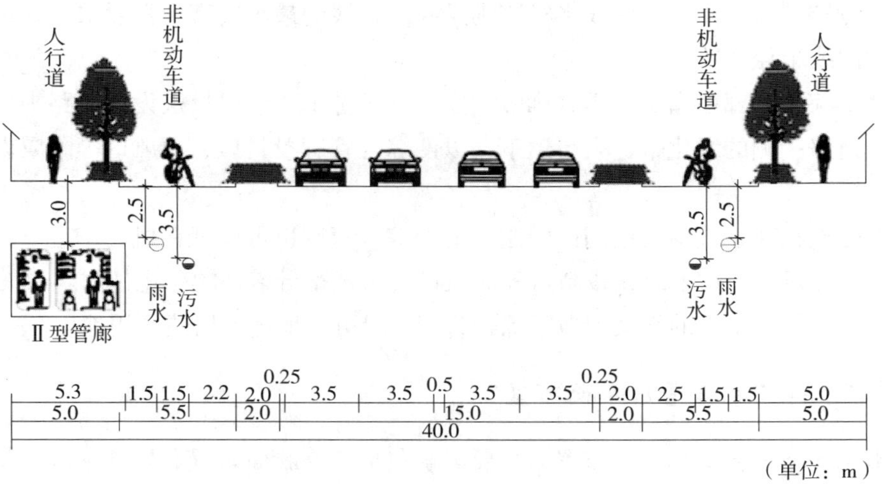

图 2-11　地下综合管廊在道路下的设置示例图

（规划建设综合管廊道路不包含中央绿化带）

（三）地下综合管廊竖向布置

（1）地下综合管廊与地下管线交叉时的垂直净距：当采用明挖施工工艺时，垂直净距不得小于 0.5 m；当采用顶管盾构施工工艺时，垂直净距不得小于 1.0 m。地下综合管廊与非重力流管道交叉时，非重力流管道避让综合管廊；综合管廊与重力流管道交叉时，应根据实际情况，从经济、技术等方面比较后确定解决方案。

（2）当两条地下综合管廊相交叉时采用双层交叉方式布置，断面面积较大的管廊位于下层；若管廊断面面积相同，内含压力流管线的管廊位于下层，重力流管线管廊位于上层；若同含压力管线，内含较大管径管道的管廊位于下层。

（3）应综合考虑绿化种植的覆土厚度要求、管廊与其他市政管线的交叉关系，以及管廊附属设施的空间需求。

五、重要节点控制

（一）与已建道路的关系

地下综合管廊沿铁路、公路敷设时应与铁路、公路线路平行。地下综合管廊与铁路、公路交叉时宜采用垂直交叉方式布置；受条件限制时，可采用倾斜交叉布置，其最小交叉角不宜小于 60° 且应采用预留管线引出口。

（二）与雨、污水管线的关系

雨污水管一般埋深较深，支线管道接入主干管时与管廊易发生交叉，当地下综合管廊与雨污水管交叉时，可综合考虑经济因素及施工条件进行选择，在满足雨、污水管使用要求前提下，可对雨污水管进行迁改，也可使地下综合管廊以倒虹方式下穿或上跨管线避让。

（三）与人行过街地道和天桥的关系

地下综合管廊根据人行过街地道和天桥的不同，采用不同的穿越方式。对于设有人行过街地道的地段，地下综合管廊从人行过街地道下部穿越。采用这种穿越方式的主要目的是降低人行过街地道的埋深，便于行人过街，体现以人为本的宗旨。对于设有人行天桥的部位，地下综合管廊的结构本体宜尽量避开人行天桥的基础，从而降低整体造价，缩短施工工期。

（四）管廊与管廊的关系

当两条综合管廊相交叉时可以考虑采用双层交叉方式布置，断面面积较大的管廊位于下层；若断面面积相同的管廊，内含压力流管线管廊位于下层，重力流管线管廊位于上层；若同含压力管线，内含较大管径管廊位于下层。

六、配套设施

地下综合管廊系统的配套设施包括控制中心、投料口、通风口、管线引出口、端部井、人员出入口、防火分区等。布置应满足《城市综合管廊工程技术规范》（GB 50838—2015）中的相应要求。

（一）控制中心

控制中心布置的规模应满足远期应用要求，原则上宜结合用地性质布置在道路旁的绿地中。地下综合管廊的控制中心如图 2-12 所示。

图 2-12　地下综合管廊的控制中心

（二）投料口、通风口

投料口设计需考虑到地下综合管廊所需的管材类型、管材尺寸、人员紧急出入口布置，以及综合管廊内部通风换气需求等因素，每个防火分区不少于 1 个，一般地下综合管廊沿线不超过 400 m 设置 1 个投料口，兼作进风口。投料口位置靠近设备及大管径管道安放处，尺寸以满足设备最大件或最长管道的进出要求为准。

地下综合管廊的通风口净尺寸应满足通风设备进出的最小尺寸要求，采取自然通风方式的通风口最大间距不宜超过 200 m，地下综合管廊的通风宜采用自然通风与机械通风相结合的方式，以自然通风为主、机械通风为辅。通风口的平面布置与地下综合管廊防火分区布置有直接关系。每个防火分区设置一进一出 2 个风口。

（三）管线引出口

地下综合管廊除在路口节点处设置管线引出口外，还应根据地块要求，每隔一定距离（常见为 150 m）设置管线引出口，管廊内部的管线通过管线引出口引向道路两侧，地块所需管线由道路边的管线井引出。管线引出口设计应满足相关行业规范要求。

（四）端部井

在地下综合管廊起止点设置端部井，管线自端部井进入和引出管廊。考虑到廊内管线的安全运行，各管线还需在进出口设置截断装置。端部井主要设置在市政管线进入管廊的开端来源和尾端。

（五）人员出入口

日常维护人员出入口设置在干线及支线综合管廊，主要供维修、检修作业人员日常使用及抢险时进出。综合管廊中日常维护人员出入口按 1 500～2 000 m 的间距设置。

事故紧急人员出入口，结合投料口设置，在投料口内设置爬梯，紧急情况下，人员可以由此进出。

人员逃生孔不应少于 2 个，间距不宜大于 200 m。逃生孔盖板应设置内部易于开启，外部非专业人员难以开启的安全装置，逃生孔内径直径不应小于 800 mm。逃生孔应设置爬梯。

（六）防火分区

地下综合管廊按防火分区设置间距不超过 200 m，每个防火分区两边设置防火门。利用通风口、投料口设置人员逃生口，逃生口间距不大于 100 m。

七、附属设施

地下综合管廊附属设施包括消防设施、供电设施、照明设施、监控系统与报警系统、通风系统、排水系统、标识设施等。

（一）消防设施

地下综合管廊内应设置温度探测装置、喷雾冷却装置、异常浸水报警系统、侵入监视装置。应在地下综合管廊沿线、人员出口、逃生口等处配备灭火器材，灭火器材的设置间距不应大于 50 m，灭火器的配置应符合《建筑灭火器配置设计规范》（GB 50140—2005）的有关规定。

管廊内每隔 200 m 以防火墙、甲级防火门、阻火包等进行防火分隔。交叉口部位设置防火墙、甲级防火门进行防火分隔。每个防火区间设置的机械通风系统兼作排烟系统。地下综合管廊内设置火灾报警系统，其消防设施设置实景如图 2-13 所示。

图 2-13　地下综合管廊消防设施设置

（二）供电设施

地下综合管廊附属设备中消防设备、监控设备、应急照明设备宜按二级负荷供电，其余用电设备可按三级负荷供电。供配电设备防护等级应满足在地下环境的使用要求；供配电设备安装在便于维护和操作的地方，不应安装在低洼、可能被积水浸入的地方；电源总配电箱宜安装在管廊进出口处。

地下综合管廊内应有交流（220/380V）的带剩余电流动作保护装置的检修插座，插座沿线间距不宜大于 60 m。

地下综合管廊每个分区的人员进出口处宜设置本分区通风、照明系统的控制开关。

（三）照明设施

在管廊内人行道上一般照明的平均照度不应小于 10 lx，最小照度不应小于 2 lx，在出入口和设备操作处的局部照度可提高到 100 lx，监控室一般照明照度不宜小于 300 lx。

地下综合管廊出入口和各防火分区防火门上方应设置安全出口标志灯，灯光疏散指示标志应设置在距地坪高度 1.0 m 以下处，间距不应大于 20 m。光源应能快速点亮，宜采用节能型荧光灯，照明实例见图 2-14。

图 2-14 地下综合管廊的照明设施设置

（四）监控系统与报警系统

地下综合管廊的监控系统宜对沟内的机械风机、排水泵、供电设备、消防设施进行监测和控制，可采用就地联动控制、远程控制等控制方式。

地下综合管廊应设置固定式通信系统，电话应与控制中心联通，信号应与通信网络联通，在地下综合管廊人员出入口或每个防火分区内设置一个通信点。监控、报警和联动反馈信号应送至监控中心。

（五）通风系统

地下综合管廊宜采用自然进风和机械排风相结合的通风方式。天然气管线舱和含有污水管道的舱室应采用机械进、机械排风的通风方式。地下综合管廊通风口的通风面积应根据管廊的断面尺寸、通风区间计算确定。换气频率应在 2 次 /h 以上，换气所需时间不宜超过 30 min。地下综合管廊的通风口应加设能防止小动物进入管廊的金属网格，网孔净尺寸不应大于 10 mm × 10 mm。地下综合管廊的机械风机应符合节能环保要求。当廊内空气温度高于 40℃或需进行线路检修时，应开启机械排风机。地下综合管廊内发生火灾时，排烟防火阀应能够自动关闭，通风系统设置实景见图 2-15。

（六）排水系统

地下综合管廊的排水区间应根据道路的纵坡确定，排水区间不宜大于 200 m，应在排水区间的最低点设置集水坑，并设置水位自动排水泵。集水坑的容量应根据渗入综合管廊内的水量和排水扬程确定。综合管廊的底板宜设置排水明沟，并通过排水沟将地面积水汇入集水坑内，排水明沟的坡度不应小于 0.005。

图 2-15　地下综合管廊的通风设施设置

（七）标识设施

综合管廊的主出入口间应设置地下综合管廊介绍牌，介绍牌应标明地下综合管廊建设时间、规模、容纳管线等信息。

纳入地下综合管廊的管线，应采用符合管线管理单位要求的标识进行区分，并应标明管线属性、规格、产权单位名称、紧急联系电话。

标识应设置在醒目位置，间隔不应大于 100 m。

人员出入口、逃生口、管线分支口、灭火器材设置处等部位，应设置带编号的标识。

参考文献

[1] 张智 . 排水工程：第五版 [M]. 北京：中国建筑工业出版社，2015.

[2] 中华人民共和国住房和城乡建设部官网 . http：//www.mohurd.gov.cn/ztbd/zhgl/index.html（城市地下综合管廊建设）.

第三章　海绵城市概述

第一节　海绵城市概念

城镇化是保持经济持续健康发展的强大引擎，是推动区域协调发展的有力支撑，也是促进社会全面进步的必然要求。然而，快速城镇化的同时，城市发展也面临巨大的环境与资源压力，外延增长式的城市发展模式已难以为继，《国家新型城镇化规划（2014—2020 年）》明确提出，我国的城镇化必须进入以提升质量为主的转型发展新阶段。为此，必须坚持新型城镇化的发展道路，协调城镇化与环境资源保护之间的矛盾，才能实现可持续发展。党的十八大报告明确提出“面对资源约束趋紧、环境污染严重、生态系统退化的严峻形势，必须树立尊重自然、顺应自然、保护自然的生态文明理念，把生态文明建设放在突出地位”。建设具有自然积存、自然渗透、自然净化功能的海绵城市是生态文明建设的重要内容，是实现城镇化和环境资源协调发展的重要体现，也是今后我国城市建设的重大任务。

顾名思义，海绵城市是指城市能够像海绵一样，在适应环境变化和应对自然灾害等方面具有良好的“弹性”，下雨时吸水、蓄水、渗水、净水，需要时将蓄存的水“释放”并加以利用。海绵城市建设应遵循生态优先等原则，将自然途径与人工措施相结合，在确保城市排水防涝安全的前提下，最大限度地实现雨水在城市区域的积存、渗透和净化，促进雨水资源的利用和生态环境保护。在海绵城市建设过程中，应统筹自然降水、地表水和地下水的系统性，协调给水、排水等水循环利用各环节，并考虑其复杂性和长期性。

海绵城市的建设途径主要有以下几方面。

一是对城市原有生态系统的保护。最大限度地保护原有的河流、湖泊、湿地、坑塘、沟渠等水生态敏感区，留有足够涵养水源、应对较大强度降雨的林地、草地、湖泊、湿地，维持城市开发前的自然水文特征，这是海绵城市建设的基本要求。

二是生态恢复和修复。对传统粗放式城市建设模式下已经受到破坏的水体和其他自然环境，运用生态的手段进行恢复和修复，并维持一定比例的生态空间。

三是低影响开发。按照对城市生态环境影响最低的开发建设理念，合理控制开发强度，在城市中保留足够的生态用地，控制城市不透水面积比例，最大限度地减少对城市原有水生态环境的破坏。同时，根据需求适当开挖河湖沟渠、增加水域面积，促进雨水的积存、渗透和净化。

海绵城市的建设，应统筹低影响开发雨水系统、城市雨水管渠系统及超标雨水径流排放系统。低影响开发雨水系统可以通过对雨水的渗透、储存、调节、转输与截污净化等功能，有效控制径流总量、径流峰值和径流污染；城市雨水管渠系统即传统排水系统，应与低影响开发雨水系统共同组织径流雨水的收集、转输与排放。超标雨水径流排放系统，用于应对超过雨水管渠系统设计标准的雨水径流，一般通过综合选择自然水体、多功能调蓄水体、行泄通道、调蓄池、深层隧道等自然途径或人工设施构建。以上三个系统并不是孤立的，也没有严格的界限，三者相互补充、相互依存，是海绵城市建设的重要基础元素。

其中，低影响开发（Low Impact Development，LID）指在场地开发过程中采用源头、分散式措施维持场地开发前的水文特征，也称低影响设计（Low Impact Design，LID）或低影响城市设计和开发（Low Impact Urban Design and Development，LIUDD）。其核心是维持场地开发前后水文特征不变，包括径流总量、峰值流量、峰现时间等（图 3-1）。从水文循环角度，要维持径流总量不变，就要采取渗透、储存等方式，实现开发后一定量的径流量不外排；要维持峰值流量不变，就要采取渗透、储存、调节等措施削减峰值、延缓峰值时间。发达国家人口少，一般土地开发强度较低，绿化率较高，在场地源头有充足空间来消纳场地开发后径流的增量（总量和峰值）。我国大多数城市土地开发强度普遍较大，仅在场地采用分散式源头削减措施，难以实现开发前后径流总量和峰值流量等维持基本不变，所以还必须借助中途、末端等综合措施，来实现开发后水文特征接近于开发前的目标。

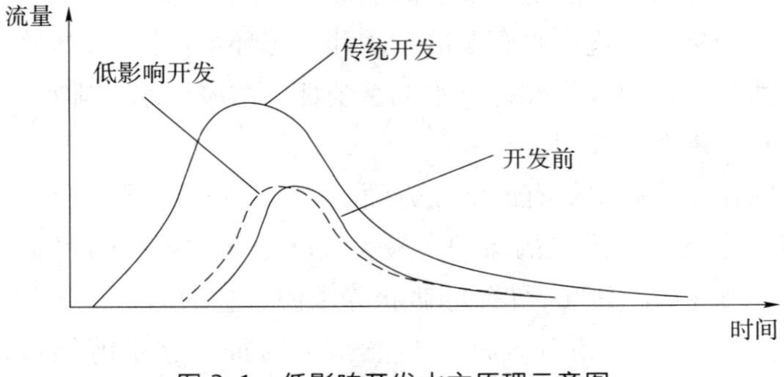

图 3-1　低影响开发水文原理示意图

低影响开发理念的提出，最初是强调从源头控制径流，但随着低影响开发理念及其技术的不断发展，加之我国城市发展和基础设施建设过程中面临的城市内涝、径流污染、水资源短缺、用地紧张等突出问题的复杂性，近年来在我国，低影响开发的含义已延伸至包含源头、中途和末端等不同尺度的控制措施。城市建设过程应在城市规划、设计、实施等各环节纳入低影响开发内容，并统筹协调城市规划、排水、园林、道路交通、建筑、水文等专业，共同落实低影响开发控制目标。因此，广义来讲，低影响开发指在城市开发建设过程中采用源头削减、中途转输、末端调蓄等多种手段，通过渗、滞、蓄、净、用、排等多种技术，实现城市良性水文循环，提高对径流雨水的渗透、调蓄、净化、利用和排放能力，维持或恢复城市的“海绵”功能。

第二节 海绵城市建设的构建途径

海绵城市——低影响开发雨水系统的构建须统筹协调城市开发建设各个环节。

在城市各层级、各相关规划中均应遵循低影响开发理念，明确低影响开发控制目标，结合城市开发区域或项目特点确定相应的规划控制指标，落实低影响开发设施建设的主要内容。设计阶段应对不同低影响开发设施及其组合进行科学合理的平面与竖向设计，在建筑与小区、城市道路、绿地与广场、水系等规划建设中，应统筹考虑景观水体、滨水带等开放空间，建设低影响开发设施，构建低影响开发雨水系统。

低影响开发雨水系统的构建与所在区域的规划控制目标、水文、气象、土地利用条件等关系密切，因此，选择低影响开发雨水系统的流程、单项设施或其组合系统时，需要进行技术经济分析和比较，优化设计方案。

低影响开发设施建成后应明确维护管理责任单位，落实设施管理人员，细化日常维护管理内容，确保低影响开发设施运行正常。低影响开发雨水系统的构建途径如图 3-2 所示。

城市总体规划（含分区规划）应结合所在地区的实际情况，开展低影响开发的相关专题研究，在绿地率、水域面积率等相关指标基础上，增加年径流总量控制率等指标，纳入城市总体规划。具体要点如下。

（1）保护水生态敏感区。应将河流、湖泊、湿地、坑塘、沟渠等水生态敏感区纳入城市规划区中的非建设用地（禁建区、限建区）范围，划定城市蓝线，并与低影响开发雨水系统、城市雨水管渠系统及超标雨水径流排放系统相衔接。

（2）集约开发利用土地。合理确定城市空间增长边界和城市规模，防止城市无序化蔓延，提倡集约型开发模式，保障城市生态空间。

（3）合理控制不透水面积。合理设定不同性质用地的绿地率、透水铺装率等指标，防止土地大面积硬化。

（4）合理控制地表径流。根据地形和汇水分区特点，合理确定雨水排水分区和排水出路，保护和修复自然径流通道，延长汇流路径，优先采用雨水花园、湿

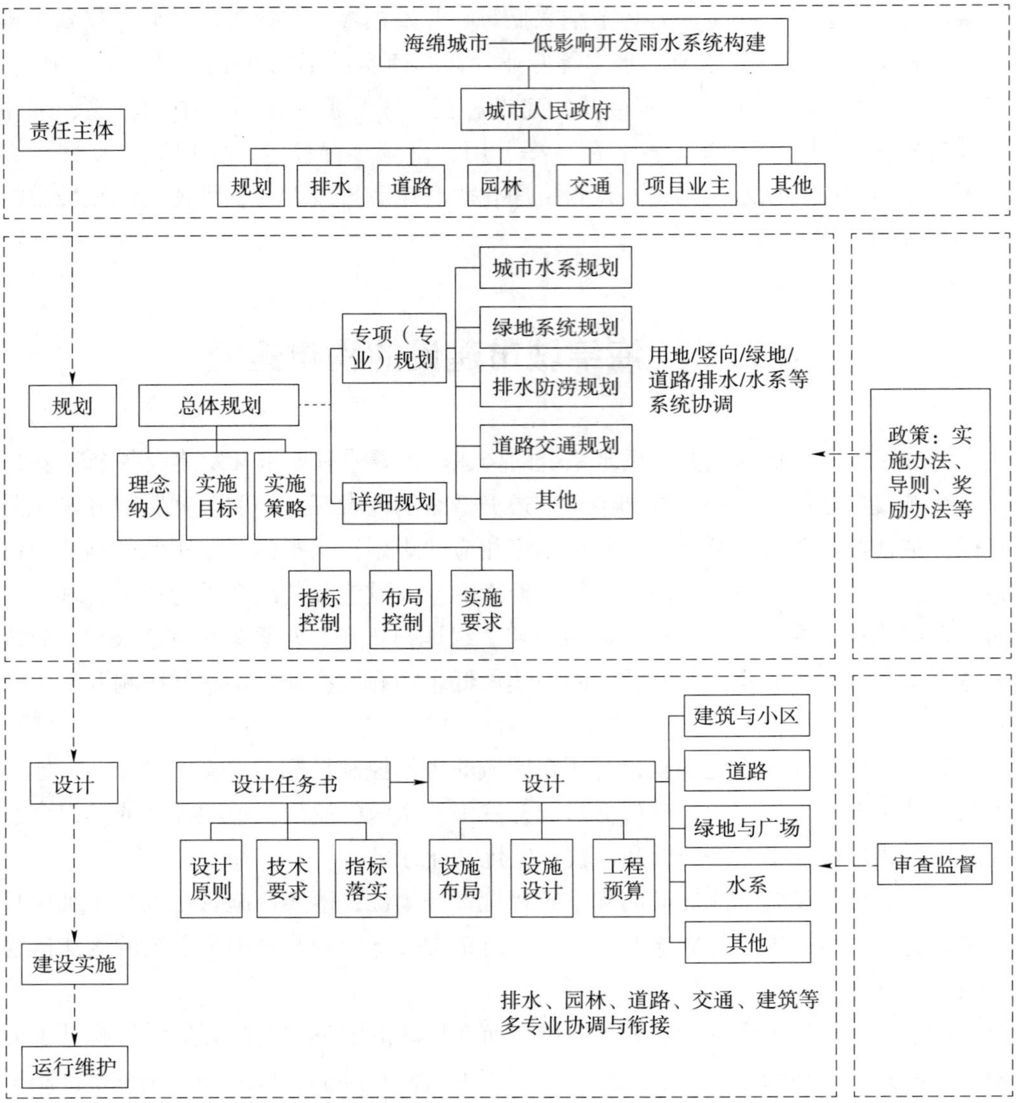

图 3-2　海绵城市——低影响开发雨水系统的构建途径示意图

塘、雨水湿地等低影响开发设施控制径流雨水。

（5）明确低影响开发策略和重点建设区域。应根据城市的水文地质条件、用地性质、功能布局及近远期发展目标，综合经济发展水平等其他因素提出城市低影响开发策略及重点建设区域，并明确重点建设区域的年径流总量控制率目标。

一、城市水系规划

城市水系是城市生态环境的重要组成部分，也是城市径流雨水自然排放的重要通道、受纳体及调蓄空间，与低影响开发雨水系统联系紧密。

（1）依据城市总体规划划定城市水域、岸线、滨水区，明确水系保护范围。

（2）城市开发建设过程中应落实城市总体规划明确的水生态敏感区保护要求，划定水生态敏感区范围并加强保护，确保开发建设后的水域面积应不小于开发前，已破坏的水系应逐步恢复。

（3）保持城市水系结构的完整性，优化城市河湖水系布局，实现自然、有序排放与调蓄。城市水系规划应尽量保护与强化其对径流雨水的自然渗透、净化与调蓄功能，优化城市河道（自然排放通道）、湿地（自然净化区域）、湖泊（调蓄空间）布局与衔接，并与城市总体规划、排水防涝规划同步协调。优化水域、岸线、滨水区及周边绿地布局，明确低影响开发控制指标。城市水系规划应根据河湖水系汇水范围，同步优化、调整蓝线周边绿地系统布局及空间规模，并衔接控制性详细规划，明确水系及周边地块低影响开发控制指标。

二、城市绿地系统专项规划

城市绿地是建设海绵城市、构建低影响开发雨水系统的重要场地。城市绿地系统规划应明确低影响开发控制目标，在满足绿地生态、景观、游憩和其他基本功能的前提下，合理地预留或创造空间条件，对绿地自身及周边硬化区域的径流进行渗透、调蓄、净化，并与城市雨水管渠系统、超标雨水径流排放系统相衔接，要点如下。

提出不同类型绿地的低影响开发控制目标和指标。根据绿地的类型和特点，明确公园绿地、附属绿地、生产绿地、防护绿地等各类绿地低影响开发规划建设目标、控制指标（如下沉式绿地率及其下沉深度等）和适用的低影响开发设施类型。合理确定城市绿地系统低影响开发设施的规模和布局。应统筹水生态敏感区、生态空间和绿地空间布局，落实低影响开发设施的规模和布局，充分发挥绿地的渗透、调蓄和净化功能。城市绿地应与周边汇水区域有效衔接。在明确周边汇水区域汇入水量，提出预处理、溢流衔接等保障措施的基础上，通过平面布局、地形控制、土壤改良等多种方式将低影响开发设施融入绿地规划设计中，尽量满足周边雨水汇入绿地进行调蓄的要求。应符合园林植物种植及园林绿化养护管理技术要求。可通过合理设置绿地下沉深度和溢流口、局部换土或改良增强土壤渗透性能、选择适宜乡土植物和耐淹植物等方法，避免植物受到长时间浸泡而影响正常生长，影响景观效果。合理设置预处理设施。径流污染较为严重的地区，可采用初期雨水弃流、沉淀、截污等预处理措施，在径流雨水进入绿地前将部分污染物进行截流净化。充分利用多功能调蓄设施调控排放径流雨水。有条件地区可因地制宜规划布局占地面积较大的低影响开发设施，如湿塘、雨水湿地等，通过多功能调蓄的方式，对较大重现期的降雨进行调蓄排放。城市排水防涝综合规划低影响开发雨水系统是城市内涝防治综合体系的重要组成，应与城市雨水管渠系统、超标雨水径流排放系统同步规划设计。城市排水系统规划、排水防涝综合规划等相关排水规划中，应结合当地条件确定低影响开发控制目标与建设内容，并满足《城市排水工程规划规范》（GB 50318）、《室外排水设计标准》（GB 50014）等相关要求，要点如下：明确低影响开发径流总量控制目标与指标。通过对排水系统总体评估、内涝风险评估等，明确低影响开发雨水系统径流总量控制目标，并与城市总体规划、详细规划中低影响开发雨水系统的控制目标相衔接，将控制目标分解为单位面积控制容积等控制指标，通过建设项目的管控制度进行落实。确定径流污染控制目标及防治方式。通过评估、分析径流污染对城市水环境污染的贡献率，根据城市水环境的要求，结合悬浮物（SS）等径流污染物控制要求确定年径流总量控制率，同时明确径流污染控制方式并合理选择低影响开发设施。明确雨水资源化利用目标及方式。根据当地水资源条件及雨水回用需求，确定雨水资源化利用的总量、用途、方式和设施。与城市雨水管渠系统及超标雨水径流排放系统有效衔接。应最大限度地发挥低影响开发雨水系统对径流雨水的渗透、调蓄、净化等作用，低影响开发设施的溢流应与城市雨水管渠系统或超标雨水径流排放系统衔接。城市雨水管渠系统、超标雨水径流排放系统应与低影响开发系统同步规划设计，应按照《城市排水工程规划规范》（GB 50318）、《室外排水设计标准》（GB 50014）等规范相应重现期设计标准进行规划设计。优化低影响开发设施的竖向与平面布局。应利用城市绿地、广场、道路等公共开放空间，在满足各类用地主导功能的基础上合理布局低影响开发设施；其他建设用地应明确低影响开发控制目标与指标，并衔接其他内涝防治设施的平面布局与竖向，共同组成内涝防治系统。

三、城市道路交通专项规划

城市道路是径流及其污染物产生的主要场所之一，城市道路交通专项规划应落实低影响开发理念及控制目标，减少道路径流及污染物外排量，要点如下。

1. 提出各等级道路低影响开发控制目标

应在满足道路交通安全等基本功能的基础上，充分利用城市道路自身及周边绿地空间落实低影响开发设施，结合道路横断面和排水方向，利用不同等级道路的绿化带、车行道、人行道和停车场建设下沉式绿地、植草沟、雨水湿地、透水铺装、渗管 / 渠等低影响开发设施，通过渗透、调蓄、净化方式，实现道路低影响开发控制目标。

2. 协调道路红线内外用地空间布局与竖向

道路红线内绿化带不足，不能实现低影响开发控制目标要求时，可由政府主管部门协调道路红线内外用地布局与竖向，综合达到道路及周边地块的低影响开发控制目标。道路红线内绿地及开放空间在满足景观效果和交通安全要求的基础上，应充分考虑承接道路雨水汇入的功能，通过建设下沉式绿地、透水铺装等低影响开发设施，提高道路径流污染及总量等控制能力。

3. 道路交通规划应体现低影响开发设施

涵盖城市道路横断面、纵断面设计的专项规划，应在相应图纸中表达低影响开发设施的基本选型及布局等内容，并合理确定低影响开发雨水系统与城市道路设施的空间衔接关系。

此外，有条件的地区应编制专门的道路低影响开发设施规划设计指引，明确各层级城市道路（快速路、主干路、次干路、支路）的低影响开发控制指标和控制要点，以指导道路低影响开发相关规划和设计。

四、建筑与小区

建筑屋面和小区路面径流雨水应通过有组织的汇流与转输，经截污等预处理后引入绿地内的以雨水渗透、储存、调节等为主要功能的低影响开发设施。由于空间限制等原因不能满足控制目标的建筑与小区，径流雨水还可通过城市雨水管渠系统引入城市绿地与广场内的低影响开发设施。低影响开发设施的选择应因地制宜、经济有效、方便易行，如结合小区绿地和景观水体优先设计生物滞留设施、渗井、湿塘和雨水湿地等。建筑与小区低影响开发雨水系统典型流程如图 3-3 所示。

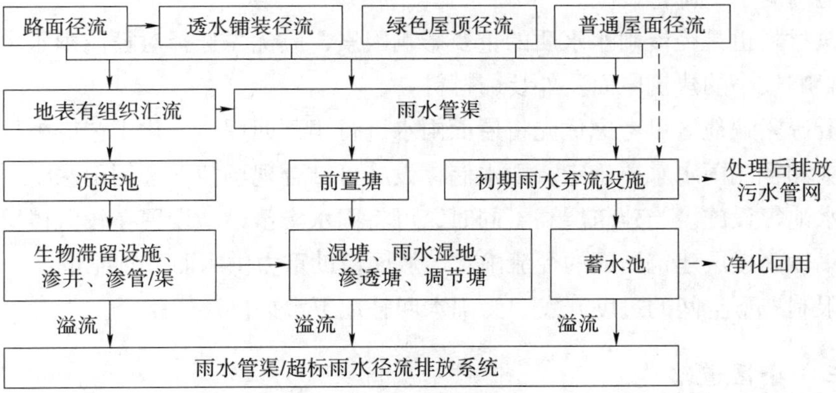

图 3-3　建筑与小区低影响开发雨水系统典型流程

（一）场地设计

充分结合现状地形地貌进行场地设计与建筑布局，保护并合理利用场地原有的湿地、坑塘、沟渠等。

优化不透水硬化面与绿地空间布局，建筑、广场、道路周边宜布置可消纳径流水的绿地。建筑、道路、绿地等竖向设计应有利于径流汇入低影响开发设施。

低影响开发设施的选择除生物滞留设施、雨水罐、渗井等小型、分散的低影响开发设施外，还可结合集中绿地设计渗透塘、湿塘、雨水湿地等相对集中的低影响开发设施，并衔接整体场地竖向与排水设计。

景观水体补水、循环冷却水补水及绿化灌溉、道路浇洒用水的非传统水源宜优先选择雨水。按绿色建筑标准设计的建筑与小区，其非传统水源利用率应满足《绿色建筑评价标准》（GB/T 50378）的要求，且其他建筑与小区也宜参照该标准执行。

有景观水体的小区，景观水体宜具备雨水调蓄功能，景观水体的规模应根据降雨规律、水面蒸发量、雨水回用量等，通过全年水量平衡分析确定。

雨水进入景观水体之前应设置前置塘、植被缓冲带等预处理设施，同时可采用植草沟转输雨水，以降低径流污染负荷。景观水体宜采用非硬质池底及生态驳岸，为水生动植物提供栖息或生长条件，并通过水生动植物对水体进行净化，必要时可采取人工土壤渗滤等辅助手段对水体进行循环净化。

（二）建筑

屋顶坡度较小的建筑可采用绿色屋顶，绿色屋顶的设计应符合《屋面工程技术规范》（GB 50345）的规定。采取雨落管断接或设置集水井等方式将屋面雨水断接并引入周边绿地内小型、分散的低影响开发设施，或通过植草沟、雨水管渠将雨水引入场地内的集中调蓄设施。

建筑材料也是径流雨水水质的重要影响因素，应优先选择对径流雨水水质没有影响或影响较小的建筑屋面及外装饰材料。

水资源紧缺地区可考虑优先将屋面雨水进行集蓄回用，净化工艺应根据回用水水质要求和径流雨水水质确定。雨水储存设施可结合现场情况选用雨水罐、地上或地下蓄水池等设施。当建筑层高不同时，可将雨水集蓄设施设置在较低楼层的屋面上，收集较高楼层建筑屋面的径流雨水，从而借助重力供水而节省能量。

应限制地下空间的过度开发，为雨水回补地下水提供渗透路径。

（三）小区道路

道路横断面设计应优化道路横坡坡向、路面与道路绿化带及周边绿地的竖向关系等，便于径流雨水汇入绿地内低影响开发设施。路面排水宜采用生态排水的方式。路面雨水首先汇入道路绿化带及周边绿地内的低影响开发设施，并通过设施内的溢流排放系统与其他低影响开发设施或城市雨水管渠系统、超标雨水径流排放系统相衔接。路面宜采用透水铺装，透水铺装路面设计应满足路基路面强度和稳定性等要求。

（四）小区绿化

绿地在满足改善生态环境、美化公共空间、为居民提供游憩场地等基本功能的前提下，应结合绿地规模与竖向设计，在绿地内设计可消纳屋面、路面、广场及停车场径流雨水的低影响开发设施，并通过溢流排放系统与城市雨水管渠系统和超标雨水径流排放系统有效衔接。道路径流雨水进入绿地内的低影响开发设施前，应利用沉淀池、前置塘等对进入绿地内的径流雨水进行预处理，防止径流雨水对绿地环境造成破坏。有降雪的城市还应采取措施对含融雪剂的融雪水进行弃流，弃流的融雪水宜经处理（如沉淀等）后排入市政污水管网。低影响开发设施内植物宜根据水分条件、径流雨水水质等进行选择，宜选择耐盐、耐淹、耐污等能力较强的乡土植物。

五、城市道路

城市道路径流雨水应通过有组织的汇流与转输，经截污等预处理后引入道路红线内、外绿地内，并通过设置在绿地内的以雨水渗透、储存、调节等为主要功能的低影响开发设施进行处理。低影响开发设施的选择应因地制宜、经济有效、方便易行，如结合道路绿化带和道路红线外绿地优先设计下沉式绿地、生物滞留带、雨水湿地等。城市道路低影响开发雨水系统典型流程示例如图 3-4 所示。

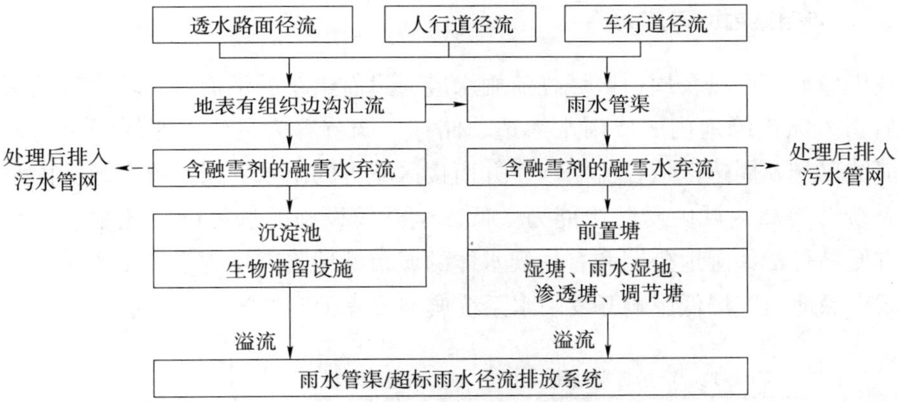

图 3-4　城市道路低影响开发雨水系统典型流程示例

城市道路应在满足道路基本功能的前提下达到相关规划提出的低影响开发控制目标与指标要求。为保障城市交通安全，在低影响开发设施的建设区域，城市雨水管渠和泵站的设计重现期、径流系数等设计参数应按《室外排水设计标准》（GB 50014）中的相关标准执行。道路人行道宜采用透水铺装，非机动车道和机动车道可采用透水沥青路面或透水水泥混凝土路面，透水铺装设计应满足国家有关标准规范的要求。道路横断面设计应优化道路横坡坡向、路面与道路绿化带及周边绿地的竖向关系等，便于径流雨水汇入低影响开发设施。作为超标雨水径流行泄通道的城市道路，其断面及竖向设计应满足相应的设计要求，并与区域整体内涝防治系统相衔接。路面排水宜采用生态排水的方式，也可利用道路及周边公共用地的地下空间设计调蓄设施。路面雨水宜首先汇入道路红线内绿化带，当红线内绿地空间不足时，可由政府主管部门协调，将道路雨水引入道路红线外城市绿地内的低影响开发设施进行消纳。当红线内绿地空间充足时，也可利用红线内低影响开发设施消纳红线外空间的径流雨水。低影响开发设施应通过溢流排放系统与城市雨水管渠系统相衔接，保证上下游排水系统的顺畅。城市道路绿化带内低影响开发设施应采取必要的防渗措施，防止径流雨水下渗对道路路面及路基的强度和稳定性造成破坏。城市道路经过或水源保护区时，应在道路两侧或雨水管渠下游设计雨水应急处理及储存设施。雨水应急处理及储存设施的设置，应具有截污与防止事故情况下泄漏的有毒有害化学物质进入水源保护地的功能，可采用地上式或地下式。道路径流雨水进入道路红线内外绿地内的低影响开发设施前，应利用沉淀池、前置塘等对进入绿地内的径流雨水进行预处理，防止径流雨水对绿地环境造成破坏。有降雪的城市还应采取措施对含融雪剂的融雪水进行弃流，弃流的融雪水宜经处理（如沉淀等）后排入市政污水管网。低影响开发设施内植物宜根据水分条件、径流雨水水质等进行选择，宜选择耐盐、耐淹、耐污等能力较强的乡土植物。

六、城市绿地与广场

城市绿地、广场及周边区域径流雨水应通过有组织的汇流与转输，经截污等预处理后引入城市绿地内的以雨水渗透、储存、调节等为主要功能的低影响开发设施，消纳自身及周边区域径流雨水，并衔接区域内的雨水管渠系统和超标雨水径流排放系统，提高区域内涝防治能力。低影响开发设施的选择应因地制宜、经济有效、方便易行，如湿地公园和有景观水体的城市绿地与广场宜设计雨水湿地、湿塘等。城市绿地与广场低影响开发雨水系统典型流程示例如图 3-5 所示。

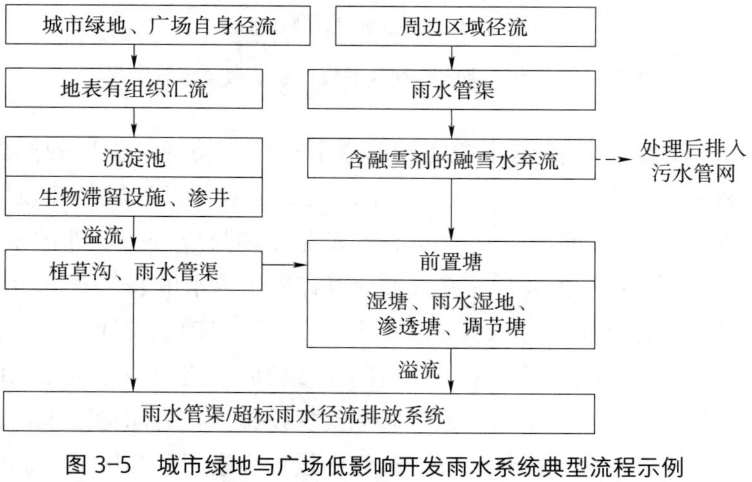

图 3-5　城市绿地与广场低影响开发雨水系统典型流程示例

城市绿地与广场应在满足自身功能（如吸热、吸尘、降噪等生态功能，为居民提供游憩场地和美化城市等）的条件下，达到相关规划提出的低影响开发控制目标与指标要求。城市绿地与广场宜利用透水铺装、生物滞留设施、植草沟等小型、分散式低影响开发设施消纳自身径流雨水。城市湿地公园、城市绿地中的景观水体等宜具有雨水调蓄功能，通过雨水湿地、湿塘等集中调蓄设施消纳自身及周边区域的径流雨水，构建多功能调蓄水体 / 湿地公园，并通过调蓄设施的溢流排放系统与城市雨水管渠系统和超标雨水径流排放系统相衔接。规划承担城市排水防涝功能的城市绿地与广场，其总体布局、规模、竖向设计应与城市内涝防治系统相衔接。城市绿地与广场内湿塘、雨水湿地等雨水调蓄设施应采取水质控制措施，利用雨水湿地、生态堤岸等设施提高水体的自净能力，有条件的可设计人工土壤渗滤等辅助设施对水体进行循环净化。应限制地下空间的过度开发，为雨水回补地下水提供渗透路径。周边区域径流雨水进入城市绿地与广场内的低影响开发设施前，应利用沉淀池、前置塘等对进入绿地内的径流雨水进行预处理，防止径流雨水对绿地环境造成破坏。有降雪的城市还应采取措施对含融雪剂的融雪水进行弃流，弃流的融雪水宜经处理（如沉淀等）后排入市政污水管网。低影响开发设施内植物宜根据设施水分条件、径流雨水水质等进行选择，宜选择耐盐、耐淹、耐污等能力较强的乡土植物。

七、城市水系

城市水系在城市排水、防涝、防洪及改善城市生态环境中发挥着重要作用，是城市水循环过程中的重要环节，同时也是超标雨水径流排放系统的重要组成部分。湿塘、雨水湿地等低影响开发末端调蓄设施是城市水系的重要组成部分。

城市水系设计应根据其功能定位、水体现状、岸线利用现状及滨水区现状等，进行合理保护、利用和改造，在满足雨洪行泄等功能条件下，实现相关规划提出的低影响开发控制目标及指标要求，并与城市雨水管渠系统和超标雨水径流排放系统有效衔接。

应根据城市水系的功能定位、水体水质等级与达标率、保护或改善水质的制约因素与有利条件、水系利用现状及存在问题等因素，合理确定城市水系的保护与改造方案，使其满足相关规划提出的低影响开发控制目标与指标要求。应保护现状河流、湖泊、湿地、坑塘、沟渠等城市自然水体。应充分利用城市自然水体设计湿塘、雨水湿地等具有雨水调蓄与净化功能的低影响开发设施，湿塘、雨水湿地的布局、调蓄水位等应与城市上游雨水管渠系统、超标雨水径流排放系统及下游水系相衔接。规划建设新的水体或扩大现有水体的水域面积，应与低影响开发雨水系统的控制目标相协调，增加的水域宜具有雨水调蓄功能。应充分利用城市水系滨水绿化控制线范围内的城市公共绿地，在绿地内设计湿塘、雨水湿地等设施调蓄、净化径流雨水，并与城市雨水管渠的水系入口、经过或穿越水系的城市道路的排水口相衔接。滨水绿化控制线范围内的绿化带接纳相邻城市道路等不透水面的径流雨水时，应设计为植被缓冲带，以削减径流流速和污染负荷。有条件的城市水系，其岸线应设计为生态驳岸，并根据调蓄水位变化选择适宜的水生及湿生植物。地表径流雨水进入滨水绿化控制线范围内的低影响开发设施前，应利用沉淀池、前置塘等对进入绿地内的径流雨水进行预处理，防止径流雨水对绿地环境造成破坏。有降雪的城市还应采取措施对含融雪剂的融雪水进行弃流，弃流的融雪水宜经处理（如沉淀等）后排入市政污水管网。低影响开发设施内植物宜根据水分条件、径流雨水水质等进行选择，宜选择耐盐、耐淹、耐污等能力较强的乡土植物。

参考文献

[1] 车伍，Frank Jian，张雅君等．奥克兰现代雨洪管理介绍 [J]. 给水排水，2012，38(3): 30-34.
[2] 徐雁，徐祖信，李怀正．国外暴雨模型介绍及对我国模型发展的启示 [J]. 给水排水，2012，38: 466.
[3] 秦川．城市内涝研究与国外实践经验 [J]. 给水排水，2013，39: 134.
[4] 赵杨．城市积水与内涝对策研究 [D]. 北京：北京建筑工程学院，2012.
[5] 住房城乡建设部．海绵城市建设技术指南 [S]. 2014.
[6] 耿莎莎．基于城市规划视角下的城市内涝防治研究 [D]. 兰州：兰州大学，2013.
[7] 禹华谦，袁浩．基于设计状态的城市既有雨水管道排水效率计算 [J]. 给水排水，2012，38: 433.
[8] 谢映霞．从城市内涝灾害频发看排水规划的发展趋势 [J]. 城市规划，2013，37(2): 45-50.

第四章　智慧水务概述

第一节　智慧水务概念

2018年，李克强总理在《政府工作报告》中强调，推动大数据、云计算、物联网广泛应用，加强新一代人工智能研发应用。信息化发展正酝酿着重大变革和新的突破，更高水平的智慧化发展已成为必然趋势。

2008年，“智慧地球”这一理念被国际商业机器公司（IBM）提出后，各国建设智慧城市热情高涨，智慧水务作为智慧城市发展的必然产物也应运而生。目前，我国正处于高速城市化阶段，同时伴随着高速工业化产生的环境恶化、资源短缺、交通拥堵等问题也日益严重，这些问题导致流域水循环发生严重变异，城市水系不断衰退，严重威胁经济和生态安全。作为智慧城市建设的重要环节，积极规划和推进智慧水务建设具有重要的现实意义。

城市水务关系到国计民生，是世界上所有国家和地区极为重视的长生行业，世界各国都大力发展城市水务行业以应对水资源危机。如：IBM利用智能技术将水资源管理分为利用、预测、协调3个步骤；日本开发了一套“智能水系统”，可以对各种水处理设施的运行数据进行一元化管理；韩国将高端技术融入现有水资源管理中，以推进区域化的智能水网建设；在我国的深圳、上海、浙江、江苏等地先后开展了智慧水务建设，国内许多学者也对智慧水务建设提出了构想。

智慧水务是指运用物联网、云计算、大数据、空间地理信息集成等新一代信息技术，实时感知城镇水务系统的运行状态，通过数据分析对水务信息进行及时处理，辅助科学决策，形成融合智能感知、智能仿真、智能诊断、智能预警、智能调度、智能处置、智能控制和智能服务的全方位水务系统，从而实现水务系统全流程的科学化、精细化、智能化运行管理。

该系统通常包括感知层、传输层和应用层，涉及计算机、物联网、物理学、水利学等多个学科的理论和技术。智慧水务系统架构见图4-1。

智慧水务是城镇水务信息化、数字化和智能化发展的产物，涉及领域涵盖了水源调度、智慧水厂、智慧管网、海绵城市建设与管理、城市水环境监管、城市防洪排涝、智慧客服、二次供水监管以及综合性管控平台等。智慧水务的应用，可有效提升城镇水务系统的运营管理效率。

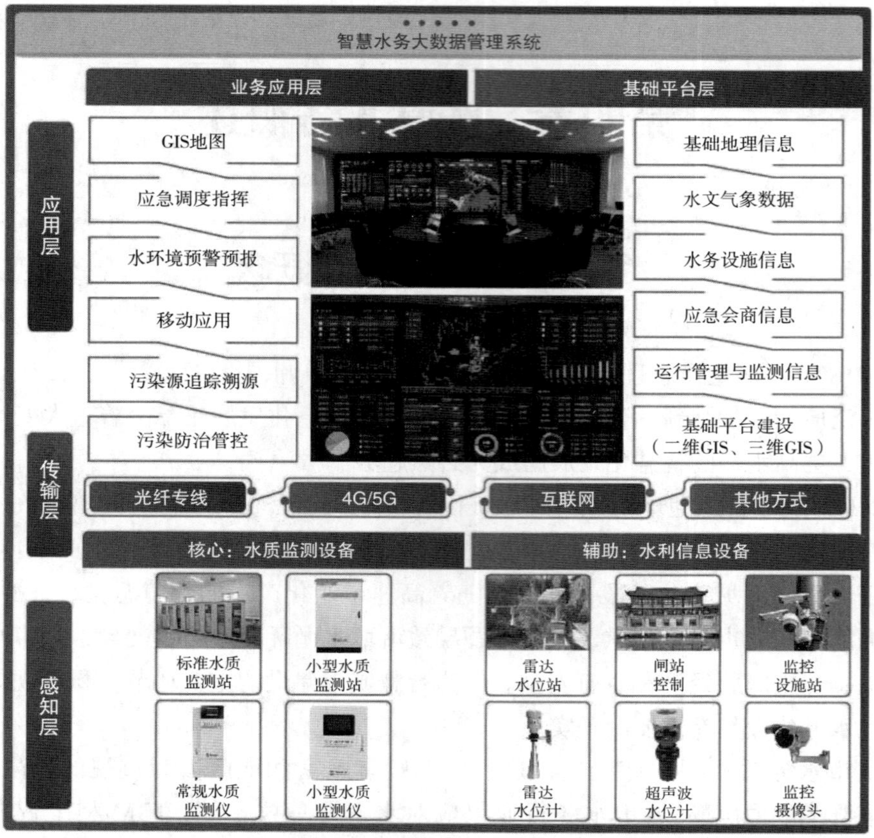

图 4-1　智慧水务系统架构

第二节　智慧水务的建设与发展

一、建设智慧水务的主要原因

（一）水资源供需存在矛盾

城市化进程的快速推进使城市人口激增，城市对水的需求也随之增加。当前我国的水资源需求主要集中于沿海发达地区的中心城市，南方水资源较为丰富，其基本供水难度较低；而北方水资源相对匮乏，地表水相对较少，因此，供水难度、水资源开发难度较大，传统的水资源开发已经不能满足这些城市用水的需求，急需新的供水模式。

（二）水质污染情况严重

随着城市工业飞速发展，大量的污染物被排入城市下水道或者河道，加大了城市水务管理人员保护水环境质量的难度，城市污水处理行业的工作量也逐渐增加，进一步加剧了城市水务工作的压力，这些要求水务管理部门加大对水务工作的管理力度，也是城市建设智慧水务的重要原因。

（三）城市居民对水质要求提高

当前，有的城市的社区没有矿物质洁净水取水处，这表明许多城市居民对城市供水的安全性和洁净程度存在一定担忧，同时表现出城市居民对水质的更高要求。因此，城市供水中的安全问题也是智慧水务建设的重要目的。

（四）水务管理责任不清晰

由于涉水事务的管理部门较多，各个城市的管理机构也存在一定差异，城市水务存在交叉管理的现象，使水资源的管理存在职责不清晰的问题，在出现水务问题时，管理人员无法及时找到对应的责任部门，从而导致对策难以实施。智慧水务的一体化建设能够加强各部门之间的交流沟通，加强相互协调能力，对多个部门联合共治具有重要意义。

二、智慧水务的发展背景

（一）技术背景

当前，世界范围内新一轮科技和产业革命正由导入期转向拓展期，新产业、新业态和新模式正在蓬勃发展。以物联网、大数据、云计算、移动互联网为代表的新一代信息技术正在以前所未有的速度发展，为智慧水务的建设和发展提供了有力的技术支撑：一是物联网技术不断成熟，为实现人与人、人与物、物与物的万物互联；二是地理信息系统（GIS）的快速发展，实现水务设施空间数据、属性数据、拓扑关系的一体化管理提供了技术基础，为智慧水务系统全面掌握运营基础信息提供了坚实保障；三是移动互联网融合了移动通信技术和互联网技术，实现了水务系统与智能手机等移动通信设备的双向联通，为智慧水务系统与用户进行直接互动提供了便捷途径；四是 5G 技术的发展，具备远程管理控制功能的智能化网络推动社会进入互联互通时代，奠定了智慧水务建设的通信基础；五是大数据和云计算技术崛起，为智慧水务系统的信息存储、挖掘和智能化分析提供了技术保障，强化了智慧水务“大脑”建设；六是人工智能技术的不断迭代更新，加强了智慧水务决策的科学性和可靠性。以上六大技术的发展，为智慧水务的实现和发展提供了强有力的技术驱动力。

（二）政策背景

从“十二五”开始，我国陆续出台一系列政策文件，鼓励智慧城市和智慧水务建设与发展，如2012年5月住房和城乡建设部、国家发展和改革委员会印发的《全国城镇供水设施改造与建设“十二五”规划及2020年远景目标》、2014年3月中共中央、国务院印发的《国家新型城镇化规划（2014—2020年）》等。在住房和城乡建设部推行的智慧城市试点中，80%的城市有涉水项目的建设需求。2015年《水污染防治行动计划》（简称“水十条”）发布，各级政府积极响应，智慧水务建设工作更加如火如荼地推进。此时，国内多数城市已经完成了供排水信息化管理系统的初步构建工作。“十三五”末期，随着国家新的中长期发展目标确定，党中央、国务院和多个政府管理部门发布了一批新的利好政策，智慧水务迎来了一个新的发展时期，未来的智慧水务将在大数据、5G、人工智能等新技术的加持下，向真正的智能化管理转变。

三、城市智慧水务系统的重要作用

智慧水务建设对城市水务的发展具有支撑作用。

从管理角度来看，智慧水务具有以往的技术手段无法比拟的优越性。在“智慧化”发展理念的引导下，水务企业的管理方式已发生了创新性变革，管理效率也有很大幅度提升。同时，智慧水务的发展，也将为城市管理水平提升和社会经济发展提供巨大驱动力。

（一）推动传统水务管理模式向智能化、精细化新模式转变

智慧水务建设，给传统城镇水务行业转型发展带来了良好契机。智慧水务能够精细、动态地反映水务行业生产、经营、服务各个环节的情况，能加强管理部门的监管力度，实现从宏观管理向微观管理、从结果管理向过程管理的转变。在全面感知基础上，智慧水务通过智能仿真、智能调度、智能控制等功能，为水务管理部门提供科学的决策支持。通过平台联动、数据共享，加强各管理部门之间、管理部门与水务企业之间的协同运作，提升水务管理部门的办事效率与工作质量。

（二）实现城镇水务系统的社会监督透明化和公共服务便捷化

智慧水务系统设置了可交互的客户服务平台，帮助用户在计算机、手机等移动终端设备上共享水务运行信息，方便公众随时随地查看水务系统运行状况，实现社会监督透明化，提升公众参与城镇管理的热情。同时，提供线上业务办理、信息查询等便民服务，提高公共服务质量和公众满意度。

（三）为城市智能管理提供有效数据支撑

城市水务行业是城市基础服务行业的重要组成部分，智慧水务的建设可以为城市智慧化管理和科学决策提供第一手的准确信息，为城市精细化管理提供支撑。城市供水和排水的用户消费数据，能够真实地反映居民生产生活情况，能够直观表现城市发展情况以及城市居民居住情况和流动情况，建立居民供排水信息与城市大数据间的互联互通，可以快速分析判断城市的发展情况、城市内部功能结构调整情况等，支撑城市规划建设、运行管理和社会治理。

（四）促进水务行业转型升级，带动经济发展

当前，智慧水务已经成为传统城镇水务行业转型升级的重要发展方向，信息技术赋能传统水务行业，促进行业智能化管控水平整体升级。同时，智慧化发展要求传统供排水技术与信息化技术充分融合。两者的融合形成了巨大的潜在市场，带动了环保行业和信息化专业技术团队的迅猛发展，腾讯、阿里、百度、西门子、施耐德等互联网和电气巨头，也纷纷入驻水务行业。

四、建设智慧水务的具体措施

（一）制定科学合理的评价指标体系

城市的智慧水务系统是否真正“智慧”，要从实践和数据中得到答案。城市水务管理人员应当根据城市的实际情况，制定科学合理的智慧水务评价指标体系，针对城市水务的管理情况，从产业与经济、网络基础设施和支持保障三个方面设计智慧水务建设的评价指标，以实际的管理效果评价系统的性能，更好地制定计划和调整管理方案。对于实践证明一些有效的管理措施，可在全国推广，积极调整智慧水务系统的建设方向，为城市的供排水工作做出贡献。

（二）提高智慧水务系统硬件资源利用水平

在建设智慧城市的过程中，由于承担建设任务的企业开发水平不同，形成了很多难以相互匹配的水务产品，造成了硬件资源的浪费，因此，提高水务系统硬件资源利用水平就成了提高水务智能化水平的重要方向。相关管理人员应加大对硬件的更新和维护力度，及时更换老化或落后的水务设施，在可控的范围内对水务系统硬件设施进行投资。

（三）提高智慧水务系统的安全水平

智慧水务系统的安全对水务行业事务管理具有重要的意义。在系统安全建设方

面，水务系统设计人员应提高系统独立运行和联合信息传输的安全性，使信息的传输达到标准化要求。在系统建设过程中，注意细节性问题，排除安全隐患，保障水务系统的信息能够有效记录和传递。

（四）加强智慧水务的信息规划合理性

加强智慧水务的信息规划合理性，需要对多部门的系统进行更新，系统中相关的子系统应共同升级。由于当前不同部门的信息难以匹配，使系统的纵向管理难度较大，因此应当在涉水部门所使用的系统中构建相互连接的信息传输功能，从而使信息在收集的过程中能够统一收集的形式。对于不同部门的不同信息，智慧水务管理系统应具有统一收集、分类管理和统计分析的功能。

（五）提高数据预测准确性

要提高水务系统数据预测的准确性，首先，应当从数据收集入手，充分收集城市的降水量和天气数据及居民用水相关数据，采用大数据技术进行分析，根据城市不同的职能性质摸索出城市居民用水需求、污水排放等情况。其次，准确地掌握因不合理利用水资源产生的相应环境问题，对症下药。应用智能系统的数据预测模型，针对城市可能发生用水和洪涝高峰的时段进行预测，更好地帮助有关部门做好预警工作，提前为用水峰值、降水峰值做好准备，实现更加有效的水务管理。

五、我国智慧水务发展概况

（一）我国智慧水务市场情况

我国智慧水务具有广阔的市场前景，存在着巨大的市场机遇。据《智慧水务行业深度报告》，我国智慧水务行业（智慧水务平台、智慧水厂设备、管网改造设备等）空间在 3 000 亿元以上。《2019 年中国智慧水务行业市场现状及发展前景分析》、《2020 年智慧水务行业发展现状及市场需求情况分析》和《智慧水务行业深度报告》统计数据显示：2015 年中国智慧水务行业市场规模为 50.33 亿元，同比增长 15.33%；2016 年达 58.62 亿元，同比增长 16.47%；2017 年增长至约 68.59 亿元，同比增长 17%；2018 年为 82.3 亿元，同比增长近 20%。

（二）国内城市智慧水务建设情况

早在“十五”和“十一五”期间，国内已经有城市开始探索智慧水务的建设工作，如苏州、深圳、杭州、武汉、广州、福州、重庆等一批城市，一直走在建设智慧水务的最前列，尝试开展对水务工作信息化、数字化和智慧化的探索与实践。

苏州市已围绕水务大数据中心和智水苏州调度指挥中心，构建了防汛排涝决策支持、生态河湖管理、供排水监管和信息化管理与支撑四大水务管理体系，建设了以科学治水、精准治水、依法治水、全民治水为核心的“智水苏州”智慧水务样板。

深圳市基于“政务云”和“水务控制云”，着力打造亲水型韧性城市，通过整合水务系统内外部数据，搭建全景展示、态势感知、预警预测、智能决策、联动指挥一体化的智慧水务综合管理平台，逐步推进智慧政务、调度、管理、服务四类八大管理系统。

杭州市已完成二次供水智慧平台、计量与漏损智慧管理系统、智慧服务系统、移动办公系统等智慧水务系统的建设，目前致力于建设全面感知、广泛协同、智能决策、贴心服务的智慧水务系统。

武汉市正在实施“41111”智慧水务工程，该工程包括调度指挥平台、客户服务平台、集团管控平台、综合保障平台四个平台，一个数据中心、一张多业务场景图、一套混合云计算模式和一体化网络。

广州市计划在未来3～5年，逐步构建一套标准规范、一个基础设施云“枢纽”、一个物联网平台、一个水务数据中心、水务一张图服务、一个应用支撑平台、一个视频整合平台、一个可视会商指挥平台、一个水务App，以及两套互联协同的排水和水利防灾减灾综合应用体系，整合形成“9+2”智慧治水大平台。

福州市在2019年全面启动数字水务建设，包括GIS平台、大数据中心、企业门户、综合调度、水力模型、“互联网+”客服、智能水表管理平台、供水数字化综合系统八个重点项目。目前，福州市智能水表等在线监测仪表的安装数量相较于2018年增长了约4倍，水务数据存储能力、计算能力分别增长了近三倍和两倍。

重庆市在2020年全面开启智慧水务建设工作，基于“1+1+1+N”（一个大数据平台、一个云计算中心、一套水务大数据标准体系和N个大数据人工智能创新应用场景）模式，实现大数据、云计算、物联网、人工智能等新技术与水务行业的深度融合。

近两年，国内不断涌现智慧水务签约大单，多地政府或水务管理部门联手信息化龙头企业，共同推动城镇水务从信息化向智能化和智慧化的方向转变。

2019年7月，阿里云计算有限公司联合江西省水投江河信息技术有限公司，中标4 772.09万元的江西省城乡供水一体化智能供水系统水务项目。

2019年12月，华为技术有限公司和平安国际联合体以4.46亿元中标深圳市智慧水务一期工程。

2020年1月，腾讯云与粤海水务及其旗下智慧水务平台科荣软件达成战略合作，双方在智慧水务领域展开合作，推进水务行业数字化转型。

2020年4月，阿里云计算有限公司中标3 882.65万元的重庆水务集团大数据平台建设项目。

2020年9月，中国移动通信集团江苏有限公司中标7 099.67万元的南京市智慧水务建设项目。

2020 年 11 月，浪潮软件集团有限公司 2 468 万元的中标广州市水务投资集团有限公司智慧水务综合管理系统建设项目。

可以看到，顺应行业发展趋势，智慧水务已成为我国新型城市基础设施建设中的重要一环，我国的智慧水务建设正迎来全面快速发展和不断创新升级的新阶段。

六、我国智慧水务实践过程中存在的主要问题

智慧水务的发展一般经历四个阶段：一是水务系统信息化的基础建设阶段，这一阶段实现了基础数据的自动化采集（如建成 SCADA 等）；二是基于网络技术的监管系统开发阶段，这一阶段初步实现了水务自动化、信息化（如开发网络数据服务平台、手机 App 等）；三是构建智慧水务平台阶段，这一阶段做到了水务行业的信息共享、互联互通；四是深化数据分析阶段，这一阶段实现了智慧化决策。国外的智慧水务建设起步较早，目前已基本完成第三阶段建设并开始了第四阶段的探索。我国的智慧水务建设尚处对第三阶段的探索过程中。

目前，我国智慧水务实践过程中存在的问题主要表现为以下三个方面。

一是缺乏顶层设计和统筹规划。地方涉水管理多存在城乡分割、部门分割、条块分割的现象。多头管理导致智慧水务建设缺乏整体的统筹规划和统一规范的建设标准，智慧水务建设地分散，不同地区、不同领域的智慧水务建设流程各异，业务协同能力薄弱，数据共享能力不足。

二是“数据孤岛”现象严重。虽然近年来国家和多个相关行业管理部门已颁布了一些涉及智慧水务领域的标准，但是在数据采集设备、硬件接口、数据类型、通信协议等方面都还没有统一标准，数据开放度低、兼容性差。另外，不同软件供应商存在技术壁垒，各软件系统之间存在不兼容问题，导致各个智慧水务系统相互不联通。

三是数据挖掘深度不足、智慧化决策系统薄弱。智慧水务系统大多停留在运行数据实时监测的阶段，尚未进入数据深度挖掘和智能分析阶段，决策仍然基本依靠经验。

七、我国智慧水务发展建议

智慧水务在未来发展中，需着力解决“两张皮”的问题，从真正意义上实现大数据、人工智能、物联网等技术与城镇水务的深度融合，通过智能化、智慧化提升水务系统的管理水平和服务水平。

（一）水务企业加强顶层设计和总体统筹部署

水务企业在智慧水务建设过程中，不能盲目地为了信息化建设而建设，需要深

入思考企业运行管理特点，结合业务需求，统筹考虑硬件（智能水表、传感器等）、软件信息化需求，注重优化硬件布局以及数据采集、分析和应用，着力提升对业务问题的解决能力。在此基础上开展顶层设计和业务部署，并全程参与建设开发过程，使平台具有持续更新迭代能力，形成具备实操能力的企业“大脑”。

（二）从行业层面和城市层面统一智慧水务标准，消除“数据孤岛”

城镇水务行业需在智慧水厂、智慧水务构建时，应建立统一的数据标准、建设标准和管理标准，逐步推进各地水务公司按照标准规定采集各类水务信息，逐步构建大数据中心。同时，通过规范数据结构与服务接口，达成不同系统之间的数据流通、交换与共享，实现多系统的业务联动。另外，在服务城市管理和行业管理层面，形成跨部门统一数据标准，统筹建设基于城市信息模型（CIM）的智慧水务系统，从而综合集成不同地区、不同领域的智慧水务数据，实现信息共享和跨部门协同工作。

（三）深入开发智慧决策系统

深入应用云计算、物联网、大数据等技术，结合机器学习、神经网络算法、边缘计算等尖端技术，打造基于区块链的进行多源异构数据交换、存储和综合预算的数据中台，基于水务大数据中心对水务全过程的业务场景进行多情景模拟仿真和优化探索，加深对水务数据的挖掘和分析，通过有效的数据治理和数据处理，实现智能业务（人工智能）和业务智能（商业智能）。

（四）加强智慧水务领域跨界人才的培养

面向智慧水务未来发展和行业需求，行业管理部门、地方管理部门、水务企业、高校和科研院所须重视对城镇水务和信息化跨界人才的培养，包括智慧水务领域的技术人才和管理人才，建设我国智慧水务人才战略梯队。同时，加强对从业人员的相关业务培训，为智慧水务建设提供强有力的人才支撑。

第三节　智慧水务安全

智慧水务建设必然会打通生产运行体系、服务营销体系、决策支持体系、综合管理体系等城市水务环节，实现水务企业所有相关信息（水务管网基础数据、水务管网运营数据、水务用户信息、水务系统实时监测数据、采样点水质数据、热线信息、管线工程信息等）在网络上的流转与共享，从真正意义上实现水务信息的完全共享，最终实现城市水务行业的智慧运作。这就意味着城市水务赖以运行的工业控制网络会直接与管理网、互联网联通，面临极大的安全风险。

2020年5月28日，以色列国家网络安全负责人公开承认，该国4月挫败了对其供水系统的大规模网络攻击。此次针对以色列中部供水设施的攻击不是为了经济利益，而是具有国家背景的黑客组织攻击，目标是控制用于供水网络阀门的PLC（可编程逻辑控制器），是针对以色列国家安全攻击行动的一部分，目的是引发人道灾难。此次事件再次引起各国对供水设施安全的重视，美国国土安全部的统计显示：早在2015年，供水系统已经成为排名靠前的网络攻击目标，仅次于关键制造行业和能源行业。针对关键基础设施的首个网络攻击事件不是2010年伊朗震网病毒，而是2000年澳大利亚昆士兰州恶意控制污水控制系统的网络攻击。

频发的网络安全事件表明，网络威胁已经向城市供水系统渗透，水务工业控制系统成为攻击目标，这些都为城市供水系统敲响了安全警钟。

一、智慧水务存在的风险

（一）通信协议风险

自动化、信息化的高度融合和物联网的发展使ModBus协议、ProfiBus协议、OPC协议等工业协议广泛应用于城市水务工业控制网络，协议的公开性导致其极易遭受攻击，而传统防火墙往往无法发现和防范出现的安全问题。

（二）工业设备风险

国内水务企业工业控制系统大量采用进口工业控制设备，而这些设备普遍存在漏洞，可利用漏洞进行脚本攻击改变操作指令，进而影响生产的正常进行。

（三）操作系统风险

城市水务工业控制系统的工业主机基本上都是Windows平台，为保证过程控制系统的相对独立性和系统的稳定运行，通常不会对操作系统安装任何补丁，因此存在很大的安全隐患。

（四）安全策略和管理流程风险

为追求可用性而牺牲安全性，是水务工业控制系统存在的普遍现象，缺乏完整有效的安全策略与管理流程给水务工业控制系统信息安全带来了一定的威胁。例如，移动存储介质（包括笔记本电脑、U盘等）的随意使用和不严格的访问控制策略都带来了风险。

（五）感染病毒风险

因为杀毒软件会造成工业控制应用软件运行出现异常，许多工业主机都不安装杀毒软件。而且工业主机紧张的资源配置也不能满足杀毒软件的运行要求，但是工业控制网络的数据交互会导致病毒进入工业主机（如近两年频繁的勒索病毒攻击），杀毒软件的缺失更加大了这种风险。

（六）安全监管风险

城市水务工业控制网络普遍缺乏工业安全审计设备和安全日志统计分析手段，无法实现对工业控制网络的感知与控制。

二、智慧水务安全应对措施

水务行业是国家关键基础服务行业，关系着广大人民群众的生命安全，必然会受到国内外黑客组织的重点关注和攻击。近年来，全球发生了多起针对水务行业工业控制系统的攻击事件，这些事件给人们敲响了警钟。如何应对水务行业的工业控制系统网络安全风险，是智慧水务建设过程中必须考虑和解决的现实问题。智慧水务安全防护应贯穿采水、净水、供水、排水等环节，综合采用纵深防御、大数据分析、协议深度解析、智能感知、态势监控等新技术新手段，形成贴合水务行业实际情况的应对措施。

（一）全环节态势感知

建议针对智慧水务工业控制网络安全防护手段众多、安全信息杂乱、安全态势不可见的现状，建立以水务企业为主体，涵盖其下属水源厂、净水厂、泵站、管网等生产设施，覆盖采水、净水、给水、供水、排水等全环节的工业控制安全态势感知平台，实现对下属企业全方位、全天候的网络安全态势感知，及时发现各类网络安全风险以及非法访问事件，实现工业信息安全的闭环管理，全面提高水务企业工业安全防护的整体水平。

智慧水务工业控制安全态势感知平台引入大数据威胁情报分析技术，综合底层海量数据，运用威胁情报分析能力，建立安全防护手段统筹协调、资源信息全面监控、态势分析高度集中、运营数据智能分析实时预警、态势呈现可见可控的综合监控中心，采用被动扫描方式实现资产脆弱性识别和分析，实时主动感知潜在的网络安全风险，形成高价值、高可见、高实时的战略性威胁情报，及时发现安全威胁、评估安全风险，以风险、威胁、事件等为要素构建态势模型，从计算环境、网络边界、业务流程等维度实现智慧水务工业控制网络全网安全态势感知的可视化。

（二）白名单主动防护

智慧水务工业控制系统主机存在运行资源有限、操作系统老旧、补丁难以及时更新、无法部署杀毒软件等现实的问题，建议采用应用程序白名单技术建立主动防护机制，形成以白名单技术为基础的具有应用程序数据智能采集分析、恶意代码识别阻断、移动设备安全管控功能的主机安全防护体系，通过大数据采集、分析和智能学习，自动生成工业主机操作系统及工业应用软件正常行为模式的白名单防护基线，仅允许必要的系统进程及工业应用软件运行，主动抵御已知和未知的安全风险，实现对工业主机设备的全面安全加固，同时进行病毒防护、阻止恶意软件攻击、禁止非授权程序运行等。

（三）多边界纵深防御

智慧水务网络边界主要存在于办公网、工业控制网络、互联网内部及它们之间。目前，办公网与互联网之间安全防护措施比较完善，但是工业控制网络内部及其与其他网络之间普遍缺乏安全防护措施，存在很大的安全隐患。

为了保证智慧水务工业控制网络的安全，建议对办公网、工业控制网络、互联网进行合理的安全区划分，并对工业控制网络进行细致区域划分，根据网络及工业控制设备实际情况选择合适的工业安全防护设备进行有针对性安全保护，构建多边界纵深防御体系。

1. 安全分区规划

根据网络实际情况进行梳理，将与生产管理监控相关的设备剥离出来，形成独立的管理层网络，然后再将工业控制网络按照功能属性进行网络区域划分，各网络区域内部再根据不同工艺流程或生产任务进行安全区域细分，形成更为细致合理的安全区域。

2. 办公网与工业控制网络边界防护

通过在办公网与工业控制网络边界布置工业安全防护设备，严格配置安全策略，实现网络之间数据安全交换和办公网与工业控制网络之间的纵向隔离防护，确保办公网与工业控制网络之间不互相影响。

3. 各网络区域之间边界防护

通过在各网络区域入口布置工业安全防护设备，实现对工业专有协议的深度解析，建立网络通信“白环境”，阻止区域间的越权访问及病毒、蠕虫的扩散和入侵，将危险源控制在有限范围内，有效防止安全威胁在各区域之间串扰。

4. 全流量安全审计

针对智慧水务工业控制网络中专用工业协议多、生产网络运行情况缺乏监控、安全风险难以及时预警的现状，建议建立以工业协议深度解析为基础、以持续监测数据联动为核心理念、具备实时监测分析报警功能的网络安全审计机制，对智慧水务工业控制网络中的所有层面进行全面持续的监控，通过全面的数据感知和分析，建立智慧水务安全数据库，并结合威胁情报，实现对已知威胁、高级威胁、APT 攻击的有效预防、检测、防御和过程回溯。通过安全审计实时监测智慧水务工业控制网络中与工业协议相关的恶意攻击、误操作、违规行为、非法设备接入以及病毒等恶意软件的传播，及时报警并联动安全态势感知平台动态，调整安全防护措施，避免发生安全事件。

随着新技术不断应用到智慧水务建设中，各种新的安全风险层出不穷，智慧水务的网络安全保障建设任重道远，需要从顶层规划、制度、标准、管理和技术防护等方面全面思考，才能保障智慧水务又好又快发展。

参考文献

[1] 任海静，马一祎. 我国智慧水务的发展现状及前景 [J]. 建设科技，2021(6): 60-63, 67.
[2] 李胜勇，李有明，龙岩. 基于大数据技术的城市智慧水务框架构想 [J]. 海河水利，2021(1): 105-108.
[3] 张振山，范德昌. 智慧水务安全挑战与应对措施 [J]. 中国信息化，2020(12): 63-64, 60.
[4] 弓勋. 城市智慧水务建设存在的问题及改进措施 [J]. 住宅与房地产，2020(30): 210-211.
[5] 刘观生，徐文，吴响容. 智慧水务管理系统的研究与实现 [J]. 数字技术与应用，2020, 38(10): 131-133.

第五章　城市水系统“厂网河湖”一体化系统治理模式概述

党的十八大以来，以习近平同志为核心的党中央深刻总结了人类文明发展的规律，将生态文明建设纳入中国特色社会主义“五位一体”总体布局和“四个全面”战略布局。新时代下，“绿水青山就是金山银山”的理念全面落实在各项改革措施和制度建设中，中央密集出台一系列生态文明建设相关文件，谋篇布局，推进绿色发展，生态环保法治体系不断健全。《中华人民共和国环境保护法》《水污染防治行动计划》《城市黑臭水体整治工作指南》《关于推进海绵城市建设的指导意见》等一系列环保政策法规陆续出台；“河长制”、“厂网河湖”一体化、“山水林田湖草沙”系统治理等一个个创新模式加快推进绿色发展，从源头上扭转了生态环境恶化的趋势，为人民创造了良好的生产生活环境，为全球生态安全做出了贡献。

第一节　“厂网河湖”一体化的实施背景

2015 年 4 月国务院颁布的《水污染防治行动计划》提出了“到 2020 年，地级及以上城市建成区黑臭水体均控制在 10% 以内”和“到 2030 年，城市建成区黑臭水体总体得到消除”的控制性目标。为了实现这一总体目标，2015 年 8 月住房和城乡建设部联合环保部共同颁布了《城市黑臭水体整治工作指南》，明确提出了综合应用控源截污等措施，全面消除黑臭水体。

“控源截污”主要包括污水收集处理和面源污染控制两层含义。污水收集处理是最有效的技术措施，也是城镇排水系统的主要功能，应做到污水全收集、收集全处理、处理全达标。城镇排水系统由排水管网和污水处理厂串联组成，需要二者统筹建设、协调运行，才能完整发挥其水环境保障功能。但是，目前我国大多数城市的污水处理厂与排水管网仍分属不同单位运营管理，由于运营目标和管理考核标准不一致，厂网统筹建设及协调运行方面出现了诸多问题，导致城镇排水系统不能完全发挥其应有的作用。在统筹建设方面，主要问题是排水管网的污水收集能力和污水处理厂的污水处理能力不匹配，要么是排水管网随着城市的发展同步建设，但污水处理厂并未随之同步改扩建，造成超过污水处理厂处理能力的污水直接排入水体；要么是污水处理厂按照规划建成，但排水管网尚未完全接通，未被收集的污水直接排入了水体。在协调运行方面，突出问题是污水处理厂只能被动接收排水管网输送的污水，且排水管网没有为污水处理厂提供污水水量数据和水质的预报、预警，导致污水处理厂的工艺调控滞后，可能造成达到高峰流量时污水在厂前直接溢流排放，或是部分污水的不达标排放。由此可见，污水处理厂和排水管网的一体化运营更符合城镇排水系统的内在特性要求，且污水处理厂和排水管网作为城镇基础设施的服务定位，也决定了一体化运营更有利于充分发挥其水环境保障功能。

总之，我国城市黑臭水体整治取得显著成效，但依然存在治理效果不稳定、黑臭易反弹、雨后黑臭等诸多问题，须建立长效机制，以实现城市水体“长治久清”。

第二节　“厂网河湖”一体化的基本内涵

所谓“厂网河湖”一体化，是指以流域水质达标为目标，对所辖流域内所有的河、池、口、闸、站、雨污管网及污水厂进行统一调度和一体化管理，逐步实现各涉水环节信息化、自动化和智慧化运行的目标，保证城市水系统安全高效运转。它彻底改变过去“分头治理、头痛医头、脚痛医脚”的模式，实现水生态、水环境、水资源、水安全的有机统一和流域环境与城市建设的协调发展。当前海绵城市建设、黑臭水体治理最核心就是“厂网河湖”（污水处理厂、排水管网系统、城市内河或内湖、湿地等）一体化建设和运营。基于“厂网河湖”一体化的未来排水系统发展框架见图 5-1。

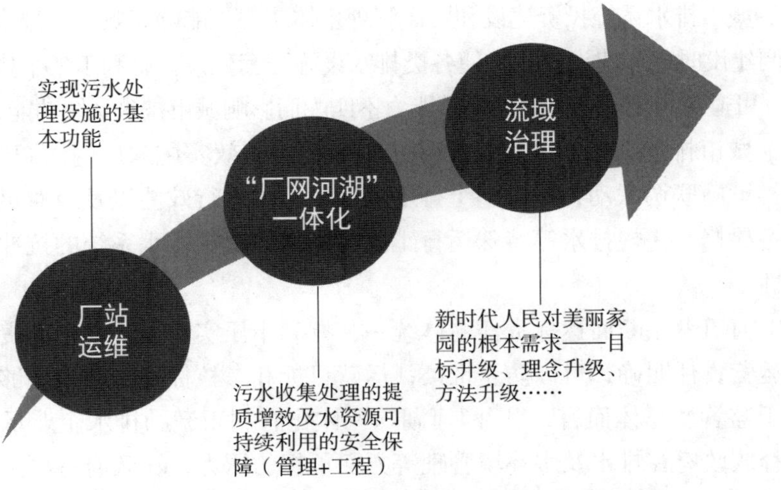

图 5-1　基于“厂网河湖”一体化的未来排水系统发展框架

第三节 “厂网河湖”一体化的必要性及优势

一、排水设施管理与运营存在的问题

目前，在城市排水行政管理方面，多数城市呈现“多龙治水”“多头管理”“多头都不管”的局面，主要表现在两个层次。

第一，多头管理，缺乏统筹。同一区域或流域内城市排水“多头管理”的问题易使整个排水系统在规划、建设、运营、监管等各个环节都缺乏良好的系统统筹，导致城市排水系统出现各类缺陷和问题，制约排水系统优化完善和功能提升，这是造成城市水环境问题的重要因素。

第二，多方运营，协调困难。目前，同一区域或流域内的污水处理厂、排水管网、泵站、河道等仍由多家单位分别运营。运营单位的不同，使他们负责运营的项目间难以高效协调，整个排水系统也无法达到最优功效，城市排水系统保障水平低下，最终导致了城市水环境质量不稳定及内涝等城市水问题久治不绝。

二、实施“厂网河湖”一体化的优势

城市排水系统是由排水管网、污水处理厂站及城市河湖等串联成的一个复杂的一体化开放系统，系统内的各类设施之间存在着相互联通、相互影响、相互联动的内在特性和规律，实施“厂网河湖”一体化更符合城镇排水系统的内在特性要求，且因其作为城镇基础设施的服务定位，“厂网河湖”一体化更有利于充分发挥其水环境保障功能。城市排水系统“上下游、左右岸、干支流”的内在系统性逻辑关系决定了实施“厂网河湖”一体化的必要性。其主要优势体现在以下三个方面。

（1）城市排水系统投资建设和资产管理主体统一，能够高效进行排水设施统筹建设，协调建设时序和建设条件，使各类排水设施配套建设，有利于整个排水系统的建设完善，可避免出现因各类设施规模能力不匹配而影响城市排水系统功能实现的问题。

（2）城市排水系统设施运行主体统一，能够高效实施“厂网河湖”协调运行，通过各类设施联调联动，提升整个排水系统的整体运行效能以及应对汛期、突发事故、设备检修、违规排水等特殊运行工况的能力，提升排水系统的抗冲击能力和运行稳定性。

（3）河道考核断面达标责任主体统一，有利于压实责任，便于追责；设施权属统一，运营责任明确，可以防止推诿；运营目标和考核标准统一，能够避免权责不清，利于监管。总体而言，“厂网河湖”一体化有利于激励排水企业承担运营主体责任，释放政府在排水及水环境管理等方面承担的压力，让政府有更多的精力统筹规划，加强方向性、指导性顶层设计工作，有利于保障政府预期治水目标的实现。

第四节 实施“厂网河湖”一体化的总体思路

遵循城市排水系统“上下游、左右岸、干支流”的内在系统性，践行“厂网河湖”一体化运营理念，梳理整合各类排水资源，创新改革现有排水管理方式及运营体系，实现全流域、全系统或全区域排水管理主体统一和运营主体统一，构建以城市水安全、水环境、水资源、水生态保障为中心的“厂网河湖”一体化运营管理机制，形成责权利统一的排水管理及运营新体系，融合“厂网河湖”运营管理区域，捋顺管理链条，通过“厂网河湖”统筹建设和协调运行实现全流域、全系统或全区域排水设施综合效能最大化，提高排水系统统筹保障能力和服务水平，加强水安全保障度，提升水环境质量，加大水资源保护力度。

推进实施“厂网河湖”一体化建设需要摸清底数，开展现状设施排查；落实规划，建设完善排水系统；统筹调度，实行一体化协调运行，形成一体化运营机制。涉及的主要工作环节包括排水普查、制订方案、工程实施、监测评估、长效管理等，具体见图 5-2。

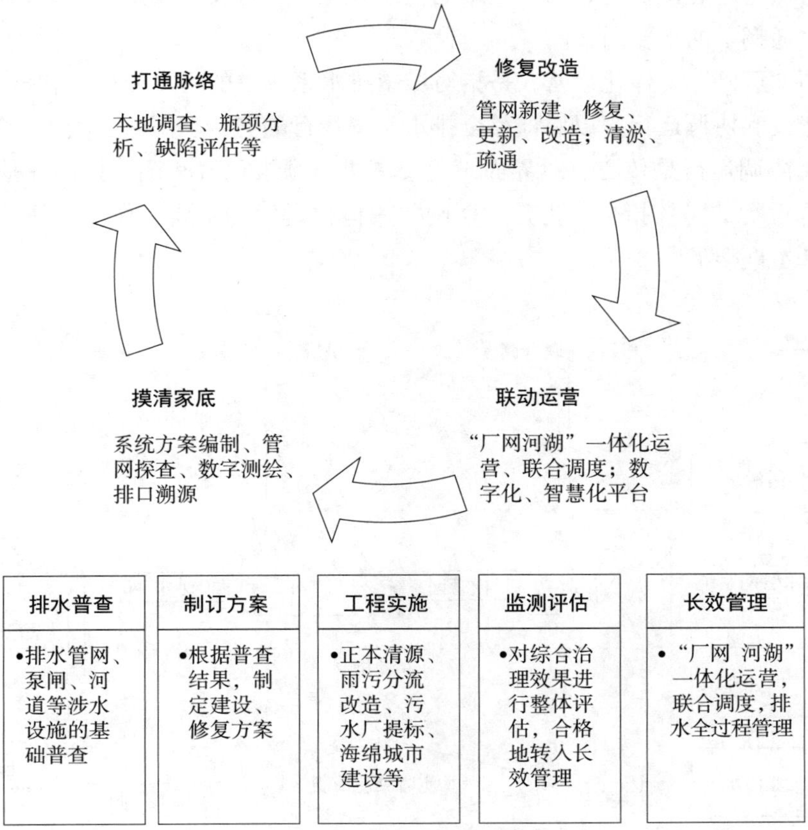

图 5-2 “厂网河湖”一体化建设思路

第五节 “厂网河湖”一体化案例

一、北京排水集团“厂网”一体化运营管理模式

北京排水集团率先提出“厂网”一体化运营的概念，经过不断的研究和实践，形成了较为完备的“厂网”一体化运营管理模式，建成了指挥调度中心、系统，实现了对中心城区排水系统建设及运行的统一调度，得到了住房和城乡建设部的充分肯定。

（一）“厂网”一体化运营的界面工艺要素

城镇污水处理厂及其上游排水管网的运营管理界面，即二者的物理分界面。这一界面位于排水管网总干管的末端或污水处理厂进水泵房粗格栅的前端。

界面工艺要素包括污水水量、水质和水位。其中，水量和水质是排水管网收集输送污水的重要指标，也是污水处理厂运行工艺调控和进行扩建改造的决策依据；对于重力流排水管网而言，水位是影响污水处理厂运行安全（是否产生管道淤积或影响排水通畅）的重要因素。

所谓“厂网”一体化运营，是指对城镇排水系统中的污水处理厂和排水管网进行统筹建设和协调运行，以保证整个排水系统运行的安全、高效。其中，统筹建设是前提，协调运行是核心。对界面工艺要素进行预报预警和调度控制，是“厂网”之间协调运行的考核指标，也是“厂网”一体化运营的主要工作。“厂网”一体化运营的基本框架见图 5-3。

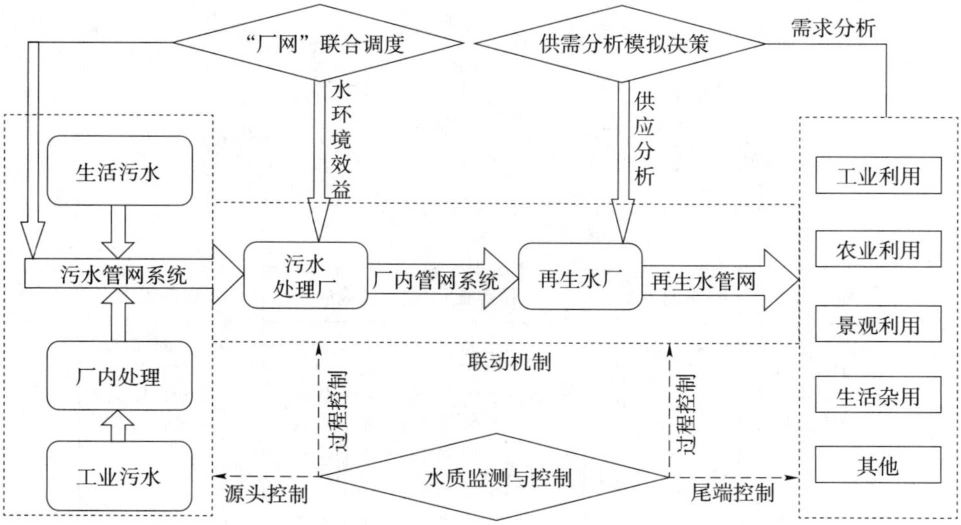

图 5-3 “厂网”一体化运营的基本框架

（二）“厂网”一体化运营的基本模式

该集团形成了水质保障、水量均衡、水位预调 3 种基本的“厂网”一体化运营模式。

1. 水质保障

“厂网”一体化运营可使排水管网充分发挥排入水质源头监控、水质水量预报预警、超标排水追溯管控、无机杂质厂前去除的水质保障作用，保证进厂污水符合污水处理厂设计要求，保障其运行安全。

（1）排入水质源头监控。排入水质源头监控是指对于可能超标排入污水的排水户，通过在其排水口设置在线监测装置或定期进行采样检测，监测排入污水的水质、水量；发现超标情况（尤其是发现影响污水处理厂运行安全的有毒重金属和特种有机物）及时报告并配合水政执法进行管控处理，预判对污水处理厂运行安全的影响，及时发出预警；而对于排放污水中含有优质碳源（BOD/COD＞0.75）的排水户，通过签订排水协议适当放宽浓度限制，利用其排出的碳源帮助污水处理厂脱氮除磷，降低污水处理（包括排水户的预处理）成本。

（2）水质水量预报预警。水质水量预报预警是指在排水管网的适当位置安装在线监测装置，实时监测收集污水的水质、水量，并建立污水在管网中的水量叠加模型和水质传递模型，为污水处理厂提供进厂污水水质、水量的预报、预警，以便污水处理厂及时进行工艺调控，保障其高效、稳定运行。对污水中特种有机物和有毒重金属类进行预报、预警，应当注重对重点排水户排入污水的源头监控。从污水处理厂工艺调控的需要考虑，主要关注污水中常规污染物的预报、预警，对 pH、悬浮物、化学需氧量、生化需氧量、氨氮、总氮、总磷等控制项目，可根据实际情况进行选择监测。对于排水管网中特定的（重力流）管道而言，其水位与流量可建立起一定的对应关系，实践中一般采用水位监测来代替流量监测，以降低投资和成本。

（3）超标排水追溯管控。超标排水追溯管控是指若污水处理厂检测或推算发现（某时段）进厂污水中某项或某几项污染物浓度超标，应由排水管网追溯查找出排入源头并及时进行管控，以保障污水处理厂运行安全。北京中心城区排水系统中，所有污水处理厂都不同程度地存在进水水质超标的现象。在结合排水管网小流域管理进行超标排水追溯时，对于连续或经常超标排水的排水户，可以快速进行追溯；而对于超标排水没有规律的排水户，如垃圾转运站 / 处理站 / 填埋场、粪便消纳场和城建施工工地等，因无法同步取样进行检测，快速追溯比较困难。经小规模试点发现，在排水管网小流域的末端安装自动取样装置可以很好地解决同步取样问题，目前正逐步推广。

（4）无机杂质厂前去除。无机杂质厂前去除是指在排水管网的小流域末端、主干管末端、总干管末端等适当位置设置多功能检查井，将污水中的无机泥沙沉淀拦截下来（特别是当管网进行清淤、疏通作业或合流制管网排入初期雨水时），以减少污水处理厂的处理负担和设备设施的磨损，保障污水处理厂运行安全。

2. 水量均衡

“厂网”一体化运营可有效利用排水管网的内部空间和跨流域调配设施，充分发挥其“均衡进厂污水流量、调整各厂运行负荷”的水量均衡作用，保障污水处理厂的高效、稳定运行。

（1）均衡进厂污水流量。在保证排水管网运行于安全水位的前提下，充分利用管网内部空间，满足进厂污水流量尽量均衡的要求。目前，我国大多数污水处理厂的运营是仅考虑自身运行方便，不考虑排水管网安全，使管网长期运行在超高水位甚至处于部分满流状态，导致部分管道特别是进厂总干管淤积严重，给管网的运行维护造成困难。均衡进厂污水流量基本不需要额外增加设备、设施，是最常用也是最容易实现的“厂网”一体化运营模式。

（2）调整各厂运行负荷。调整各厂运行负荷是指当污水处理厂关键设备（设施）进行计划性维护或故障抢修时、处于超负荷运行状态（如改扩建尚未完成投产，或上游管网新建截污截流设施等）时、考虑保障处理水质、处理成本最优时，可通过将部分污水跨厂（流域）调配，调整各厂的运行负荷（处理水量）。能够根据需要调整各厂运行负荷是一个城市排水系统运行调度现代化的重要体现，对于提高系统保障度有重要作用，但需要在排水管网的适当位置新建污水跨厂（流域）调配设施，包括枢纽泵站（闸井）、联通管线等。

3. 水位预调

管网水位预调包括管网维护抢险配合、防汛预警“厂网”联动两种模式。

（1）管网维护抢险配合。管网维护抢险配合是指排水管网（特别是主干管和总干管）在进行计划性维护或故障抢险抢修期间，污水处理厂及时加大污水抽升（处理）量，以控制界面水位使排水管网在低水位下运行，为管网维护或抢险抢修创造有利条件。

（2）防汛预警“厂网”联动。防汛预警“厂网”联动是指对于采用合流制管道的排水管网，当汛期接到防汛预警时，污水处理厂及时加大污水抽升（处理）量，控制界面水位使排水管网在低水位下运行，为雨水预留排水管网（包括调蓄设施）内部空间，以实现内涝防治和溢流污染控制双重目标。

近年来，北京排水集团按照统筹建设、协调运行的理念，对北京中心城区排水系统“厂网”一体化运营进行了积极的探索和实践，实现了厂网建设及运行的统一调度，使北京中心城区的污水处理率由2010年的95%逐渐提高到2014年的97%。

实践表明，污水处理厂和排水管网的一体化运营，更符合城镇排水系统的内在特性及其作为城镇基础设施的服务定位，更有利于充分发挥其水环境保障功能；该集团提出的“水质保障、水量均衡、水位预调”3种基本模式，涵盖了城镇排水系统“厂网”一体化运营管理的核心内容，现阶段在城镇排水行业具有一定的可复制性。

二、北京排水集团——以“厂网河”系统生态理念治理城市水环境的实践与创新

（一）北京市中心城区黑臭水体情况

2015年年底，北京市对大大小小的河流、沟渠进行了全面排查，共确定了141条/段黑臭水体。其中，中心城区黑臭水体共计47条/段，占全部河道的20%，主要集中在城乡接合部。这些黑臭水体沿岸排水口数量多，共计5 000余个。北京市中心城区黑臭水体成因，一是区域排水规划不完善，设施不健全，河道沿岸存在2 200余个污水直排口；二是汛期城市径流污染和合流管网溢流污染影响河道水环境；三是区域污水处理能力不足，无法实现收集污水的全处理；四是河道上游水源较少，年均降雨量小，河道水环境容量小。

（二）“厂网河”系统生态理念下的黑臭水体治理技术路线

结合北京中心城区黑臭水体特点，北京排水集团基于多年来的“厂网”一体化运营经验，形成了“厂网河”系统生态理念下的黑臭水体治理技术路线，即以河道为根本、以水质为目标，通过“厂网”综合规划、同步规划、同步建设、同步系统运行，实现中心城区水环境的持续改善。

厂：扩大污水处理规模，实现收集污水全处理。提标改造再生水厂，稳定向河道提供高品质再生水。对污水处理厂进行系统扩容和提标改造，不但满足了城市污水处理的需求，而且对污水进行深度处理，生产供应再生水补充城市水资源。

网：控源截流入河污水，完善区域污水管网。建设再生水补水设施，保障河道生态基流。以控源截流入河污水、完善区域管网收集系统、增强中心城区污水处理系统“厂网”能力为目标，组织实施排水管网改造建设。建设再生水补水设施，保障河道补充水源。

河：初期雨水收集处理，拦截排河口漂浮物，减少河道面源污染。西盖板河改造后形成4万m^3调蓄空间，存蓄流域内平均降雨量15 mm以内的地表径流。2017年实现占全年总场次65%的降雨“零入河”，减少初期雨水及合流制管网溢流对河道的污染。

北京中心城区污水处理能力超400万t/d，中心城区污水全处理，出水水质主要指标达到地表Ⅳ类水标准，达到了国际最严格的标准的要求；新建5座污泥热水

解消化处置中心，总处理能力为 6 128 t/d，其规模和处理标准均达至了世界先进水平；再生水管线长度为 859 km，管网输配能力为 291 万 t/d，是国内最长、供水量最大的再生水管线；流域间调水管线较为完善，总调水能力为 122 万 t/d，大幅提升了对污水处理厂污水处理效果的保障力度。基于排水设施能力的增长，中心城区在水环境方面的主要工作从治理水污染向改善水环境转变。中心城区清河、坝河、通惠河、凉水河流域基本还清，北京建成区黑臭水体基本得以消除，清水绿岸、鱼翔浅底，四条水系如丝带萦绕京城，并汇入大运河、永定河两条文化带，流入城市副中心及天津、河北等地，显著改善了京津冀区域水环境和自然生态状况。

（三）“厂网河湿地”一体化流域治理新理念

北京排水集团以实现水生态、水环境、水资源、水安全的有机统一为理念，在“厂网河”系统生态理念的基础上，进一步拓展“厂网河湿地”一体化流域治理新理念，该理念在广西南宁那考河水环境流域综合治理项目（国内首个城市水环境流域综合治理 PPP 项目）中成功应用。南宁那考河水环境流域治理项目整体统筹控源截污和厂网建设，突出水环境生态修复，实现了排水系统在防涝减灾、雨水利用、污染治理等方面功能，全面达到了“水清、岸绿、景美”的目标，该项目获得了 2017 年全国人居环境奖。南宁那考河水环境流域综合治理工程的介绍具体见本章第六节。

三、深圳水务集团流域“厂网河”一体化全要素治理模式探索与实践

深圳河流域面积为 312.5 km^2，其中深圳市内的面积为 187.5 km^2，共有莲塘河、沙湾河等 5 条支流汇入深圳河干流，最终汇入深圳湾，其干支流、左右岸、上下游之间的水量和水质彼此影响、互相制约，支流差则干流差，干流差则河口差。一直以来，深圳河流域“厂网河”设施运营和管理主体不一、管理范围碎片化，壁垒效应明显，各类信息要素不全，“厂网河”设施无法有效联动。

深圳水务集团意识到，要确保国考断面全面达标，在推进深圳河流域治理时必须坚持将流域作为完整的系统单元，遵循水文循环规律，构建流域一张信息网络，打造流域一个管理平台，充分发挥流域内排水设施的综合能力，提高流域污水收集、输送与处理保障水平，最大限度地削减入河污染物的量。

为强化设施联动，该集团基于综合调度信息平台，积极推行深圳河流域“厂网河”全要素治理，进行调度源头管控、过程调控，确保结果可控。

一是围绕深圳河断面水质达标要求，绘制“厂网河”全要素图和排水 GIS 信息图。全面厘清深圳河流域内治污设施之间的拓扑关系，并在一张图上展示。同时，聚力攻克薄弱环节，打通污水调配通道，实现管网互联互通，拓展调度广度；分流

域概化管网系统，明确支流治理目标，从源头治理，精准施策，扎实推进正本清源、净口行动，全力提高治水设施治污效率，减少入河污染量。

二是设施统一调度、协同运行。流域治理往往涉及多家管理、运维单位，通过统一指挥调度中心，打破碎片化治理弊端，实现流域一体化调度，凝力出击，优化资源配置，有效提升流域治理效果。梳理全要素图，结合气象预报、设施运行情况、断面水质情况，紧盯薄弱环节、加强预警，由深圳水务集团统一下达调度指令，责任单位按指令操作，确保设施高效联动。

三是统筹治污设施建设，确保入网污水全处理。完成罗芳水质净化厂（40 万 t/d）扩能提标、滨河水质净化厂（30 万 t/d）管理提标，加强对埔地吓水质净化二厂（5 万 t/d）和布吉水质净化一厂、二厂（25 万 t/d）的运营技术指导工作，切实强化设施建设、运行保障，各厂出水水质均达到地表Ⅳ类水质标准，满足了流域内的污水处理需求。

以新洲河为例，新洲河横贯市中心，是连接深圳河的重要支流，河流两岸是密集的居民区和写字楼，曾经反复治理、反复污染，效果并不理想，是深圳市民的“心病”。2018 年，深圳水务集团从源头上实现雨污分流、清污分流，彻底治愈了新洲河水污染这一“顽疾”，基本实现旱季无污水入河。同时，在新洲河 67 个排水口实行净口责任制，确保新洲河沿河 DN 2000 的截污主管低水位运行，整个污水系统实现外水减量，增加了雨季排水管网缓解面源污染的能力，彻底解决了新洲河反复治理、反复污染的问题。如今的新洲河一改旧日“脏、臭、乱”的面貌，河水清澈见底，水草飘逸，鱼儿游荡，闻不到明显的气味，成了深圳市区内一道亮丽的风景线。2018 年 12 月下旬，深圳河河口断面以氨氮、总磷、COD 远低于地表水Ⅴ类标准限值的成绩顺利通过考核，深圳河湾的水环境质量明显提升。

第六节　案例分析——南宁那考河水环境流域综合治理

一、工程位置

竹排江上游植物园段（那考河）发源于位于南宁市东北郊高峰岭的高峰水库，河水自北向南于茅桥路以西约 100 m 处汇入竹排江干流。竹排江支流昆仑大道至金桥客运站河段河道自东向西，于广西药用植物园内汇入竹排江上游植物园段干流。该项目北起环城高速路，南至茅桥湖北岸，穿昆仑大道、药用植物园、厢竹大道、长罡路、湘桂铁路。涉及主河道长为 5.135 km，支流河道长为 1.215 km，全长约 6.4 km。具体范围见图 5-4。

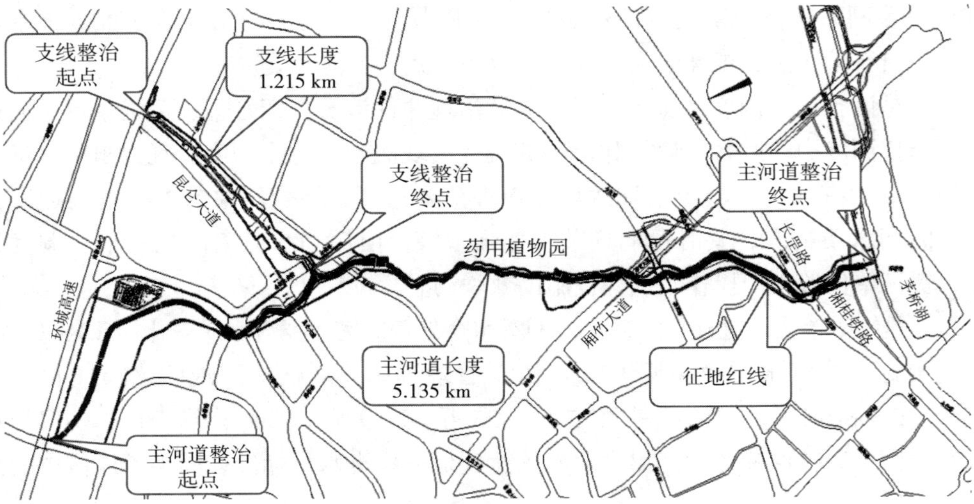

图 5-4　南宁竹排江上游植物园段（那考河）水环境流域治理项目工程范围

二、那考河流域需要治理的问题

那考河流域需要治理的问题包括城市过度硬化，雨水径流量大，合流制溢流污染严重；初期雨水面源污染严重；河湖水系被侵占，内河驳岸硬化严重削弱防洪排涝功能；河道水质恶化；水生态功能严重退化。那考河流域部分河段治理前的情况见图 5-5。

图 5-5　那考河流域部分河段治理前的情况

三、主要措施

（1）多管齐下，控制合流制溢流污染。以年径流量总量及其控制率作为重要的控制目标和设计依据，采用分散式源头生态措施，减少城市地表硬化面积，削减雨水径流量，控制合流制溢流污染；最大限度地利用污水处理设施的调蓄和治理能力，控制合流制溢流污染。

（2）因地制宜，实现雨水自然净化。在河道两侧建立多个有调蓄功能的雨水口和预处理净化设施；结合排水口与河道液位高差、占地面积、土地用途等因素，采用旋流沉砂池、雨水净化湿地、人工湿地、稳定塘等技术，净化初期雨水，达标后向河道就近补水。

（3）多级防治，还那考河水清岸绿。那考河水体存在的主要问题是污染严重、水生态严重恶化。通过统筹布局，那考河形成了“前端控制（污水厂净化）—中间保障（湿地净化）—末端修复（生态浮岛）”多级防治机制。

（4）开拓挖潜，构建智慧防控体系。深入探查城市内涝频发的原因（如河道淤积、路面硬化过度、雨水径流量大、排水管网输水差、缺少城市排水管理体系等），增强城市防洪能力（如河道清淤、护岸改造、溢流坝与水闸建造、建立智慧管理系统等）。

（5）恢复生态，打造城市新名片。因地制宜，构建“一带三段多节点”（“一带”指那考河河道滨水休闲绿带；“三段”指湿地植物观赏段、科普植物观赏段、滨水香花植物观赏段；“多节点”指沿那考河流域分布的多个景观节点）景观结构，形成“万米桂花溪谷、千棵朱槿水岸”的壮乡特色景观。

四、项目工程内容

（一）河道整治工程

整治河段基本顺原河道布置，不改变流向。平面布置尽显生态与自然，根据地形地貌特征能弯则弯、随弯就弯、能宽则宽，尽量形成弯曲河流特性。该工程设计主河道底宽 8～25 m，河底纵坡 0.106%～0.753%；支线河道底宽 10 m，河底纵坡 0.199%～0.30%。

横断面设计：横断面为梯形断面和复合型断面。该工程设计的河道断面，河底至游步道坡比为 1∶2，游步道高程均为常水位以上 0.5 m。游步道以上边坡采用自然放坡，部分不稳定边坡及高差过大无法放坡的边坡采用抗滑桩与护坡桩护坡。

设置的主要构筑物（设施）有溢流坝和水闸（图 5-6）。溢流坝（堰）在主河道和支流上布置，共 12 座；在主河道上设置 3 座水闸，以实现河道景观壅水及防洪排涝功能。

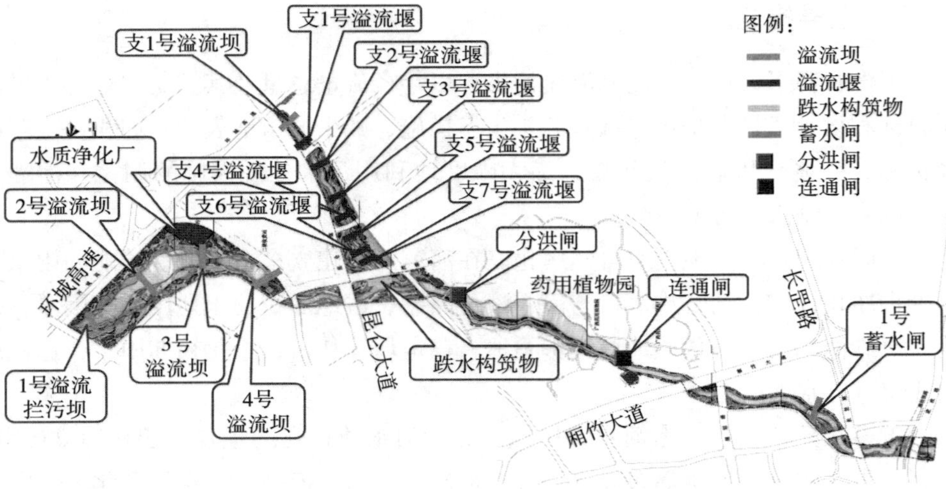

图 5-6　竹排江设置的主要构筑物（设施）情况

（二）河道截污工程

该项目设计范围内那考河污水流域面积为 760.2 hm^2。该项目范围涉及 2 个污水流域：那考河右岸区域属南湖竹排江污水流域，规划污水量为 100 $m^3/(hm^2 \cdot d)$；那考河左岸区域属凤岭北片区污水流域，规划污水量为 123 $m^3/(hm^2 \cdot d)$。

布设那考河两岸截污管，同时将规划未建的市政污水管及污水泵站进行相应的调整，将该项目涉及区域的污水排放至那考河上游水质净化厂处理，并将二级出水进行深度处理后作为那考河的补水水源，以改善现状河道水体的水质。

污水管由南向北沿河道左岸敷设，收集和输送厢竹路以东、那考河以西、水南高速以南、昆仑大道以北围合区域 309.5 hm^2 范围内的污水及那考河（昆仑大道以南）段流域范围内 450.7 hm^2 的污水至那考河上游水质净化厂处理（图 5-7）。

那考河工程范围内截流 39 个现况出水口，其中截流主河道、支线河道左岸现况合流口 21 个；截流主河道、支线河道右岸现况合流口 18 个；位于工程范围外合流口 3 个；拦污坝前截流支线河道合流口 4 个。

（三）河道补水工程

该工程采用上游水质净化厂的尾水作为河道的补水水源，由于水质净化厂处理后的尾水指标达到《城镇污水处理厂污染物排放标准》（GB 18918—2002）中一级 A 标准的要求，但无法达到《南宁市竹排江上游植物园段（那考河）流域治理 PPP 项目协议》中的水质要求，故在主河道起点左岸、上游污水处理厂北侧设置了潜流湿地，进一步提高了污水处理厂尾水的水质，使其达到采购文件要求的水质后补充河道。工程分 2 个补水点，补水点 1 在主河道起点处，补水规模为 5 万 m^3/d；补水点 2 在支流起点处，补水规模为 2 万 m^3/d。工程总平图见图 5-8。

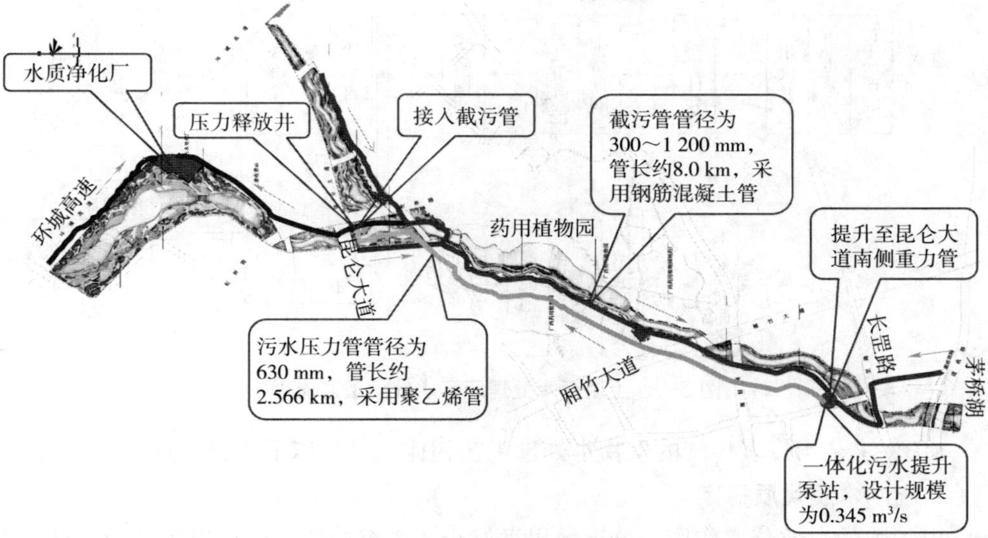

图 5-7　河道截污工程总平图

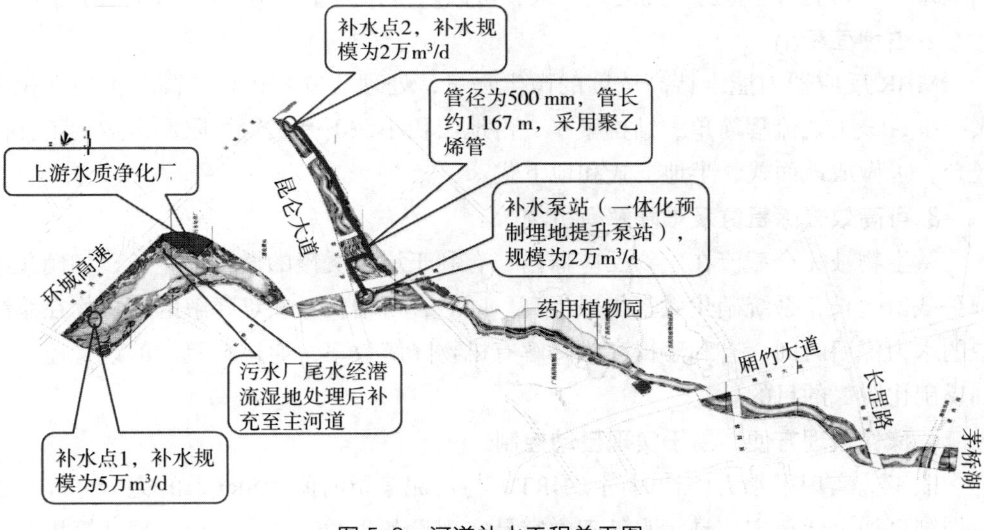

图 5-8　河道补水工程总平图

（四）污水厂建设工程

该项目上游水质净化厂工程建设规模为 5 万 t/d，占地面积为 2.60 hm^2。新拟建厂址的围墙在原水质净化厂场地现况的高压线垂直投影中线 30 m 外。该污水厂污水处理采用 MBR 工艺（图 5-9）。为满足污泥出泥含水率小于 60% 的要求，污泥处理采用“机械浓缩脱水 + 板框压滤脱水”工艺。

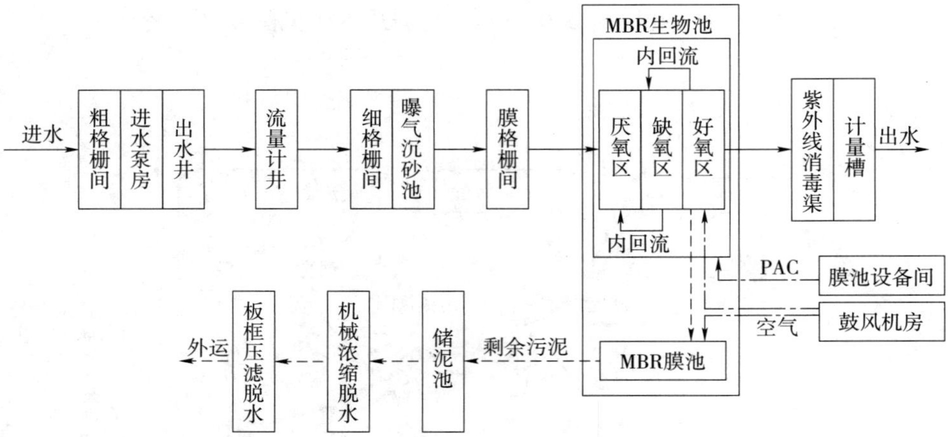

图 5-9　上游污水处理厂污水处理工艺流程

MBR 工艺与许多传统的生物水处理工艺相比，具有以下主要特点。

1. 出水水质优质稳定

由于膜的高效分离作用，分离效果远好于传统沉淀池，处理出水清澈，悬浮物和浊度达标，细菌和病毒被大幅去除，出水水质优于《城市污水再生利用　城市杂用水水质》（GB/T 18920—2002）要求，可以直接作为非饮用市政杂用水回用。

2. 占地面积小

MBR 反应器内能维持高浓度的微生物量，处理装置容积负荷高，占地面积大大减少；该工艺流程简单、结构紧凑、占地面积小，不受设置场限制，适用于任何场合，可做成地面式、半地下式和地下式。

3. 可高效去除氨氮及难降解有机物

微生物被完全截流在生物反应器内，有利于增殖缓慢的微生物生长，如硝化细菌被截留生长，系统硝化效率得以提高。同时，可增长一些难降解的有机物在系统中的水力停留时间，有利于提高难降解有机物降解效率，通过缺氧区的设置还能达到反硝化脱氮的目的。

4. 操作管理方便，易于实现自动控制

该工艺实现了水力停留时间（HRT）与污泥停留时间（SRT）的完全分离，运行控制更加灵活稳定，是污水处理中容易实现设备化的新技术，可实现计算机自动控制，从而使操作管理更为方便。

该污水厂设计进、出水水质主要指标见表 5-1。

表 5-1　污水厂设计进、出水水质主要指标

项　目	设计进水	设计出水	去除率 /%	备注
BOD_5/（mg/L）	120	≤ 6	≥95.0	《地表水环境质量标准》Ⅳ类水质标准
COD_{Cr}/（mg/L）	300	≤ 30	>90.0	《地表水环境质量标准》Ⅳ类水质标准

续表

项　目	设计进水	设计出水	去除率 /%	备注
SS/（mg/L）	200	≤10	>95.0	达到《城镇污水处理厂污染物排放标准》一级 A 标准
TN/（mg/L）	40	≤15	>62.5	达到《城镇污水处理厂污染物排放标准》一级 A 标准
NH_4^+-N/（mg/L）	30	≤1.5	>95.0	达到《地表水环境质量标准》Ⅳ类水质标准
TP/（mg/L）	5.0	≤0.3	>94.0	达到《地表水环境质量标准》Ⅳ类水质标准
粪大肠菌群数 /（个 /L）		≤1 000		达到《城镇污水处理厂污染物排放标准》一级 A 标准

（五）沿岸景观工程

1. 设计主题

在对项目地域特征和周边环境研究的基础上，确定本项目沿岸景观工程设计主题为“那色生香”。

那——指那考河景观滨水绿地及南宁本地特色的壮乡“那”文化；

色——指沿岸植物群落组成的彩色乔灌木带；

生——形容那考河运用海绵城市手法展现良好生态的区域景观绿地；

香——打造“万米桂花溪谷、千棵朱槿水岸”，突出香气沁人的景观效果。

2. 景观特色

以万米桂花溪谷为品牌基础，举办包括对歌、抛绣球、相亲等民俗活动的桂花节，集水、树、花、香、歌、节等景观和人文因素于一体。

3. 景观结构

构建“一带三段多节点”景观结构（图 5-10），其中“一带”指那考河河道滨水休闲绿带；“三段”指湿地植物观赏段、科普植物观赏段、滨水香花植物观赏段；“多节点”指沿那考河流域分布的多个景观节点。

图 5-10　河岸景观工程景观结构分段

（1）湿地植物观赏段

该观赏段总用地面积为 50.13 hm^2。湿地公园区段位于水南高速南梧立交的西侧，规划物流园区的东侧，河道全长 2 km，其水域是整个竹排江水系的源头，也是城市河道与自然山水格局之间的过渡。该观赏段在利用大量的植物对水体进行净化保证下游水质的同时，提高了湿地植物的观赏价值，设置的水上娱乐设施，为市区居民提供了一处远离城市喧嚣、零距离接触大自然的娱乐场地。主要景点包括田园牧歌、花溢水榭、池畔鱼影、欢歌广场、朱槿水岸等。

（2）科普植物观赏段

该观赏段总用地面积为 8.79 hm^2，处于竹排江流域中段，全长 1.1 km，临近南宁药用植物园。该段以自然河道为主，水边较窄，水流速度较快。景观设计遵循“探索植物之魂”的理念，此外，根据药用植物园的景观特色，方案以植物园内现有湖边休憩平台及道路为界，将该段的场地分为“本草纲目区”（南部）与“四气五味园区”（北部）两个区，以体现河道景观建设与药用植物园周边环境的完美融合，该观赏段建设的目的是为游人提供一个学习药用植物知识、展示植物别样风情、展现和谐鸟语花香生境的平台，让人们在观赏景观的同时，探索植物知识，体会生态之美和中草药文化之妙（图 5-11）。

（a）改造前

（b）改造后

图 5-11　科普植物观赏段改造前后对比效果

（3）滨水香花植物观赏段

该观赏段总用地总面积为 13.06 hm^2。滨水香花植物观赏区以观赏滨水香花植物为主，集休闲娱乐于一体，将滨水香花与人们的生活有机融合。滨水香花植物观赏段的景观设计以“赏花、文化、现代、生态”为主题，设计在保留当地民族文化特色的基础上结合现代时尚元素，以满足城市居民生活需求为重点，兼顾城市生态环境改善，坚持以人为本的原则。利用公园内部的自然生态景观，为公园积聚旺盛人气。该观赏段主要景点包括凤舞广场、桂花溪谷、石径生花、童趣乐园。

（六）海绵城市示范工程

按照《南宁市海绵城市建设试点城市实施方案》，那考河植物园段为生态保护与生态修复示范区，年径流总量控制率目标为95%。主要工程内容包括低影响开发（LID）设施和排水口净化设施的建造。

1. 场地条件分析及采取的主要措施

干流上游河段场地相对宽阔，南岸有大量弃土。采取的措施是建设北岸尾水湿地和南岸湿地公园（图5-12）。

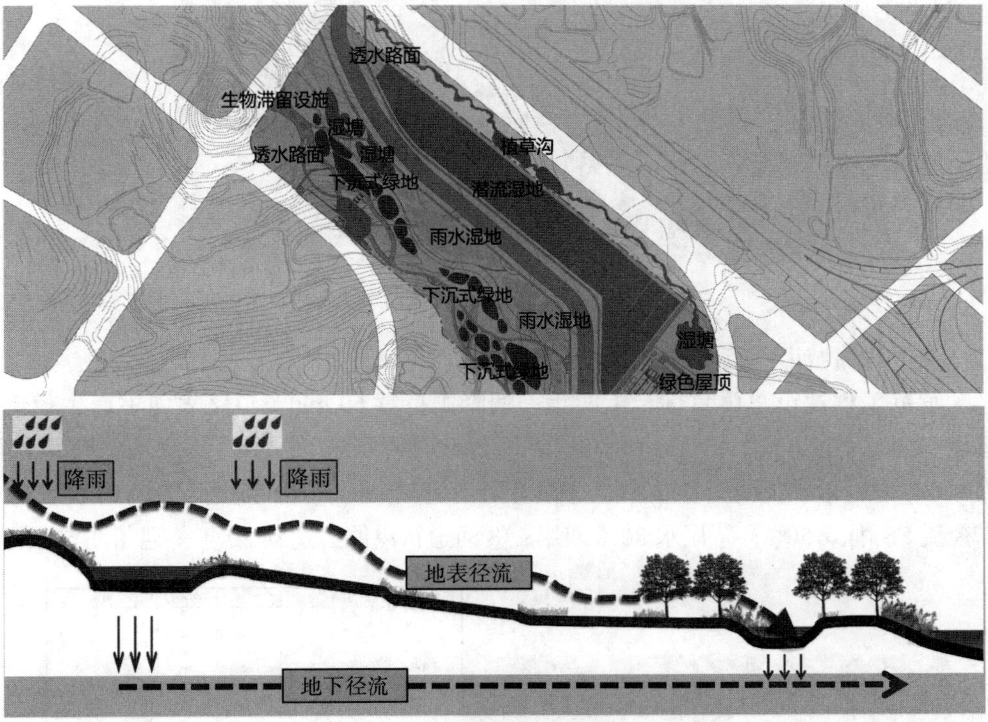

图5-12　上游河段湿地分布示意图

干流中游河段红线内用地狭窄，无海绵建设用地。采取的措施是增加用药用植物园内湖的利用水平。

干流下游河段排水口较为密集，且下游穿过铁路用地。采取的措施是进行透水铺装和草沟开挖，建造排水口旋流沉砂器（图5-13）等。

支流河段河道与沿岸高差大，且两岸均有市政道路。采取的措施是建造上游梯田式海绵体（图5-14），同时利用盛天东郡湿地公园发挥净化作用。

图 5-13 排水口旋流沉砂器建造示意图

图 5-14 梯田式海绵体建造示意图

（2）海绵城市示范工程建设总体目标

示范工程建设总体目标：①两年一遇降雨持续 60 min，道路表面不产生径流；②透水铺装率＞90%、绿色屋顶率＞70%；②设计降雨量 50 mm，年径流总量控制率为 90%；④下沉式绿地率＞20%；⑤设计降雨量 70 mm，年径流总量控制率为 95%；⑥径流 SS 削减 50%；⑦尾水 80% 回用；⑧河道行洪能力达到 50 年一遇（图 5-15）。

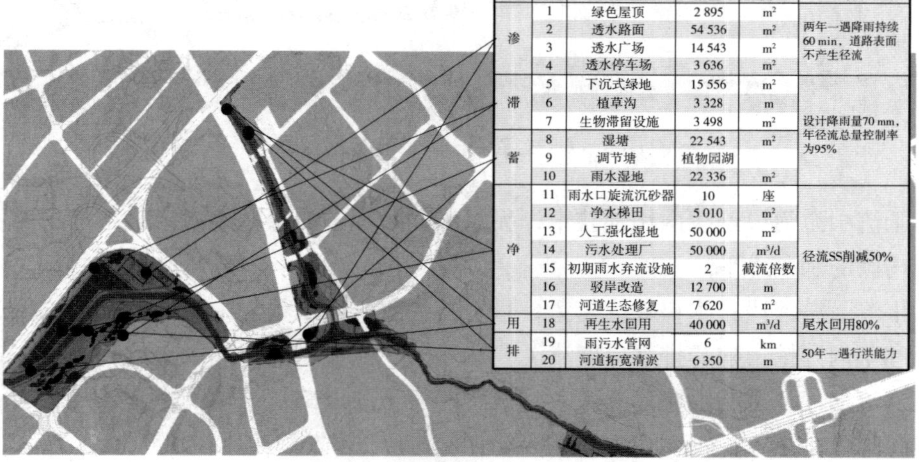

类型	序号	工程措施	数量	单位	效果
渗	1	绿色屋顶	2 895	m²	两年一遇降雨持续60 min，道路表面不产生径流
	2	透水路面	54 536	m²	
	3	透水广场	14 543	m²	
	4	透水停车场	3 636	m²	
滞	5	下沉式绿地	15 556	m²	设计降雨量70 mm，年径流总量控制率为95%
	6	植草沟	3 328	m	
	7	生物滞留设施	3 498	m²	
蓄	8	湿塘	22 543	m²	
	9	调节塘	植物园湖		
	10	雨水湿地	22 336	m²	
净	11	雨水口旋流沉砂器	10	座	径流SS削减50%
	12	净水梯田	5 010	m²	
	13	人工强化湿地	50 000	m²	
	14	污水处理厂	50 000	m³/d	
	15	初期雨水弃流设施	2	截流倍数	
	16	驳岸改造	12 700	m	
	17	河道生态修复	7 620	m²	
用	18	再生水回用	40 000	m³/d	尾水回用80%
排	19	雨污水管网	6	km	50年一遇行洪能力
	20	河道拓宽清淤	6 350	m	

图 5-15 海绵城市示范工程建设总体目标布局

（七）信息控制工程

该工程在那考河干流入河口、支流入河口及 4 个监控断面各建设 1 座水质自动监测站，共建 6 座；在那考河上游建设 1 座气象自动监测站；建设覆盖关键区域的视频监控系统及语音播报系统（图 5–16）。那考河生态公园河道智慧管理系统见图 5–17。

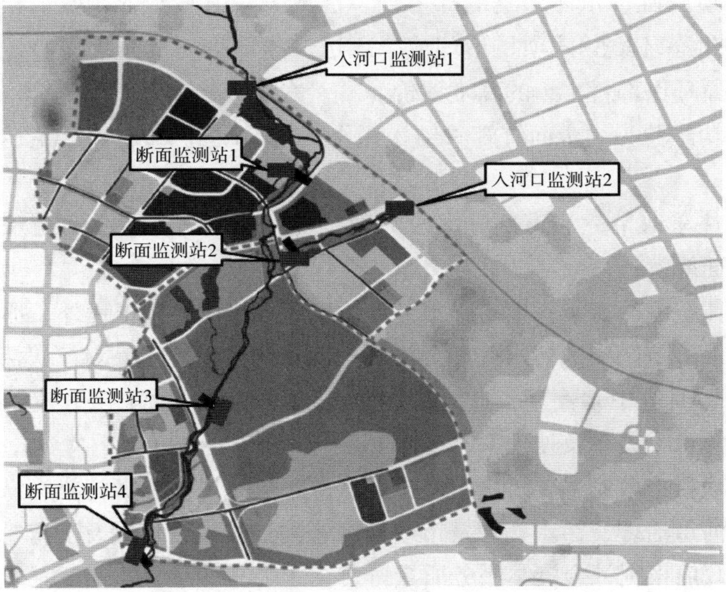

图 5–16　水质自动监测站位置示意图

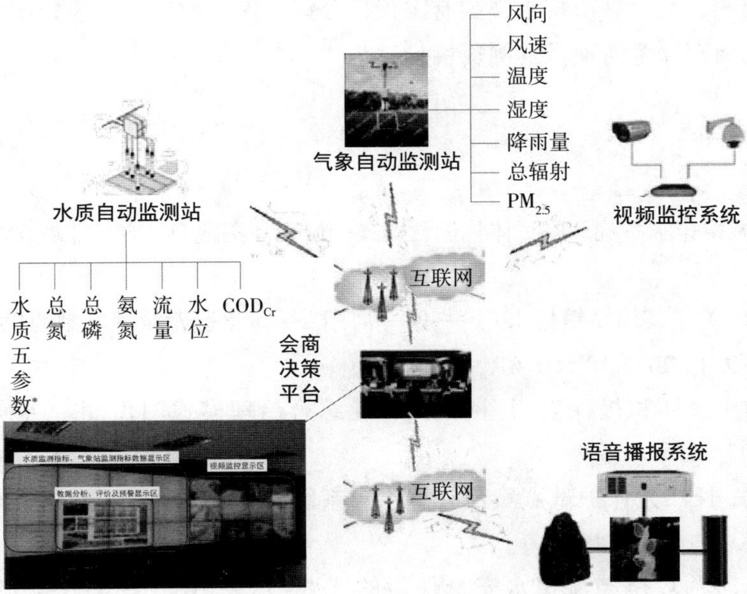

图 5–17　那考河生态公园河道智慧管理系统

注 *：水质五参数指的是 pH、电导率、溶解氧、浑浊度和温度。

五、项目借鉴价值

该项目是国内首个集流域治理、海绵城市建设于一体的城市水环境流域综合治理 PPP 项目，主要内容包括河道整治、河道截污、河道生态、沿岸景观、污水处理、海绵城市、信息化监控工程等，总投资 10 亿元。经过两年多的治理，原来河道狭窄、环境脏乱、水体黑臭的那考河，已成为“山水相依、城水相融、人水相亲”的美好生态环境。该项目治理成果入选住建部第一批海绵城市建设典型案例集，并得到原环保部督察组的高度评价。

项目成功经验为“全面统筹 + 纳入污水厂提标改造 + 发挥社会资本优势”，具体如下所述。

一是以往采取单一河道部分河段治理，现对流域内多条主河道及支流展开治理，实现全面统筹；

二是除传统截污清淤、生态补水、堤防稳固等河道治理工程外，那考河 PPP 项目还纳入了统筹范围内的污水处理及市政排水管网工程建设，对已建污水处理厂实施提标改造、促进中水回用；此外，还对城区排水管网的雨污分流管道进行了改造，提高了污水收集率及处理率；

三是该项目中政府主要负责解决工业点源污染和农业面源污染，从源头控制污染产生，而河道治理、污水处理及市政排水管网工程投资建设及运营管理交由社会资本负责，政府根据社会资本服务质量付费。

特别感谢：北京城市排水集团有限责任公司、南宁建宁水务投资集团有限责任公司提供的南宁那考河项目案例资料。

参考文献

[1] 郑江 . 城镇排水系统厂网一体化运营模式的研究与实践 [J]. 给水排水，2016，42(10): 47-51.

[2] 徐士森 . 关于实施城镇排水“厂—网—河湖”一体化运营管理机制的思考 [J]. 工程建设与设计，2020(18): 60-61.

[3] 北京排水集团积极探索“厂网河一体化综合治理模式”[J]. 北京水务，2019(2): 封 4.

[4] 孔祥文 . 长江大保护试点城市智慧水务系统构建探索 [J]. 水利信息化，2020(6): 12-16.

[5] 水污染防治攻坚与城镇水安全保障的实践与思考 [N]. 首都建设报，2019-07-04(005).

[6]“厂网河”全要素治理　深圳河清波重现 [N]. 深圳特区报，2019-09-26（A14）.
[7] 北京排水集团“厂网河一体化综合治理”创造了系统化治水的成功模式 [EB/OL]. [2020.2.13]. http：//www.h2o-china.com/news/287222.html.
[8] 深圳水污染防治新“药方”：“厂网河一体化”全要素治理模式 [EB/OL]. [2020-7-21]. http：//epaper.oeeee.com/epaper/H/html/2019-01/18/content_2178.htm.